RIYONG BOLI HANGYE
HUANJING GUANLI

日用玻璃行业环境管理

宁 可 孙晓峰 高敏瑞 主编

化学工业出版社
·北京·

内容简介

本书以日用玻璃行业应满足的环境管理制度为主线，主要介绍了日用玻璃行业发展现状、生产工艺及产排污情况，梳理了日用玻璃行业现行的环境保护政策法规标准，总结了日用玻璃行业从项目建设到生产运营不同阶段应满足的环境管理要求，并重点从职业卫生防护、排污许可、清洁生产、环境信息披露、绿色制造和低碳发展等不同角度提出了日用玻璃行业应重点关注的内容。

本书是对近几年我国日用玻璃行业环境保护工作的经验总结，可供日用玻璃行业企业生产人员、环境管理人员参考，也可供高等学校环境科学与工程、无机非金属材料工程及相关专业师生参阅。

图书在版编目（CIP）数据

日用玻璃行业环境管理 / 宁可，孙晓峰，高敏瑞主编. — 北京：化学工业出版社，2024. 4
ISBN 978-7-122-45112-5

Ⅰ. ①日… Ⅱ. ①宁… ②孙… ③高… Ⅲ. ①日用品－玻璃－化学工业－环境管理 Ⅳ. ①X322

中国国家版本馆 CIP 数据核字（2024）第 041515 号

责任编辑：刘　婧　刘兴春　　文字编辑：丁海蓉
责任校对：杜杏然　　装帧设计：王晓宇

出版发行：化学工业出版社
（北京市东城区青年湖南街 13 号　邮政编码 100011）
印　　装：北京盛通数码印刷有限公司
787mm×1092mm　1/16　印张 18　字数 418 千字
2024 年 8 月北京第 1 版第 1 次印刷

购书咨询：010-64518888　　售后服务：010-64518899
网　　址：http://www.cip.com.cn
凡购买本书，如有缺损质量问题，本社销售中心负责调换。

定　　价：138.00 元

《日用玻璃行业环境管理》编写人员名单

主　编：宁　可　　孙晓峰　　高敏瑞

副主编：罗祥波　　赵万帮　　唐　永

参编人员（按姓氏笔画排序）：

刁晓华　　王均光　　宁　可　　孙　慧

付　震　　高敏瑞　　孙晓峰　　李　纯

陈　达　　陈　晨　　陈小通　　罗祥波

赵万帮　　赵安琪　　钱　堃　　高　山

唐　永　　蒋　彬　　靳晓鹏　　刘雷陈

吴萌萌

前言

日用玻璃的使用是现代文明的象征，日用玻璃产业是国民经济发展不可或缺的民生产业，是加快生态文明建设的绿色产业。日用玻璃产品作为世界公认的安全的食品包装材料之一，不断丰富和繁荣着消费市场，美化着人民生活，日用玻璃行业不断发展壮大。

我国已经成为日用玻璃的制造大国和消费大国。2022 年产品产量达到 2700 万吨，营业收入超过 1200 亿元，出口总额 85.6 亿美元，均位居世界前列。在行业快速发展的同时，环境问题也逐渐凸显，污染物排放总量偏大、资源能源消耗偏高、污染治理设施运行不规范、环境管理意识薄弱等诸多问题制约了行业的健康与可持续发展。

为更好地指导日用玻璃企业开展环境管理工作，便于日用玻璃企业环境管理人员了解最新法律法规和政策标准要求，本书从项目建设、过程控制、末端治理、职业卫生、排污许可、清洁生产、信息披露、制度建设、绿色制造和低碳发展等方面详细介绍了日用玻璃行业应达到的环境管理要求，旨在使读者全方位掌握日用玻璃行业环境管理知识，并在实际工作中推动我国日用玻璃行业健康、稳定、持续发展。

本书由北京市科学技术研究院资源环境研究所、龙净科杰环保技术(上海）有限公司、远富新(厦门）节能新材料科技有限公司、山东景耀玻璃集团有限公司、中国日用玻璃协会、山东省日用硅酸盐工业协会、北京济元紫能环境科技有限公司、中科国清(北京）环境发展有限公司、中国轻工业日用玻璃绿色制造工程技术研究中心相关技术和管理人员共同完成。本书编写分工如下：第 1 章、第 2 章、附录由宁可、陈达、刁晓华、吴萌萌编写；第 3 章、第 4 章由宁可、孙晓峰、陈小通、王均光、赵万帮、罗祥波编写；第 5 章、第 6 章由宁可、孙慧、蒋彬、孙晓峰、赵万帮、付震、吴萌萌编写；第 7 章由宁可、孙晓峰、陈小通、高敏瑞、靳晓鹏、刘雷陈、罗祥波编写；第 8 章由宁可、孙晓峰、孙慧、赵万帮、罗祥波、唐永、付震编写；第 9 章由宁可、赵安琪、蒋彬、钱堃、吴萌萌编写；第 10 章、第 11 章由宁可、孙晓峰、钱堃、陈达、李纯、高山编写；第 12 章、第 13 章由宁可、刁晓华、赵安琪、钱堃、高敏瑞编写；第 14 章由宁可、钱堃、陈达、刁晓华、吴萌萌编写；第 15 章由宁可、陈晨、付震、唐永编写；全书最后由孙晓峰、宁可、高敏瑞统稿并定稿。

本书在编写过程中引用了一些科研、设计以及生产同行的参考文献资料，也得到了相关企业和设计单位提供的工程实例基础资料，谨在此一并表示衷心的感谢。

感谢远富新(厦门）节能新材料科技有限公司、龙净科杰环保技术(上海）有限公司、山东景耀玻璃集团有限公司、北京济元紫能环境科技有限公司对本书编写和出版给予的大力支持！

限于编者水平和编写时间，书中不足和疏漏之处在所难免，敬请读者批评指正。

编者

2023 年 9 月

目录

第1章 环境管理概述

1.1 环境管理概念

环境管理是指依据国家的环境政策、法律、法规和标准，坚持宏观综合决策与微观执法监督相结合，从环境与发展综合决策入手，运用各种有效管理手段，调控人类的各种行为，协调经济、社会发展同环境保护之间的关系，限制人类损害环境质量的活动以维护区域正常的环境秩序和环境安全，实现区域社会可持续发展的行为总体。其中，管理手段包括法律、经济、行政、技术和宣传教育五类手段。

1.1.1 法律手段

法律手段是环境管理的一种强制性手段，依法管理环境是控制并消除污染，保障自然资源合理利用，并维护生态平衡的重要措施。环境管理一方面要靠立法，把国家对环境保护的要求全部以法律的形式固定下来，强制执行；另一方面还要靠执法。环境管理部门要协助和配合司法部门与违反环境保护法律的犯罪行为进行斗争，协助仲裁；按照环境法规、环境标准来处理环境污染和环境破坏问题，对严重污染和破坏环境的行为提起公诉，甚至追究法律责任；也可依据环境法规对危害人民健康、财产，污染和破坏环境的个人或单位给予批评、警告、罚款或责令赔偿损失等。我国自20世纪80年代开始，从中央到地方颁布了一系列环境保护法律、法规，目前已初步形成了由国家宪法、环境保护基本法、环境保护单行法规和其他部门法中关于环境保护的法律规范等组成的环境保护法律体系。

1.1.2 经济手段

经济手段是指利用价值规律，运用价格、税收、信贷等经济杠杆，控制生产者在资源开发中的行为，以便限制损害环境的社会经济活动，奖励积极治理污染的单位，促进节约和合理利用资源，充分发挥价值规律在环境管理中的杠杆作用。方法主要包括对直接向环境排放应税污染物的企业事业单位和其他生产经营者，按照污染物的种类、数量和浓度征收环境税；对违反环境保护规定造成污染的单位和个人处以处罚；对排放污染物损害人类健康或造成财产损失的排污单位，责令对受害者赔偿损失；要求从事资源开发的单位或个人为其行为后果承担经济责任，以缴纳补偿费的形式补偿开发行为对生态环境造成的不良影响；开展排污权交易，通过市场自由交易，排污权从治理成本低的企业流向治理成本高的企业，有利于整个社会以最低成本实现污染物总量减排；环境管理部门对积极防治环境污染而在经济上有困难的企业、事业单位发放环境保护补助资金；推行押金制度，鼓励具有潜在污染性商品的生产者和使用者安全地处置相关商品；对积极开展“三废”综合利用、减少排污量的企业给予减免税和利润留成的奖励；推行开发、利用自然资源的征税制度等。

1.1.3 行政手段

行政手段主要指国家和地方各级行政管理机关，根据国家行政法规所赋予的组织和指挥权力，制定方针、政策，建立法规，颁布标准，进行监督协调，对环境资源保护工作实施行政决策和管理。主要包括环境管理部门定期或不定期地向同级政府机关报告本地区的环境保护工作情况，对贯彻国家有关环境保护方针、政策提出具体意见和建议；组织制定国家和地方的环境保护政策、规划与工作计划，并把这些计划和规划报政府审批，使之具有行政法规效力；运用行政权力对某些区域采取特定措施，如划分自然保护区、重点污染防治区域、环境保护特区等；对一些污染严重的单位要求限期治理，甚至勒令其关、停、并、转、迁；对易产生污染的工程设施和项目，采取行政制约的方法，如审批开发建设项目的环境影响评价文件，审批新建、扩建、改建项目的“三同时”设计方案，发放与环境保护有关的各种许可证，审批有毒有害化学品的生产、进口和使用；管理珍稀动植物物种及其产品的出口、贸易事宜；对重点城市、地区、流域的防治工作给予必要的资金或技术帮助等。

1.1.4 技术手段

技术手段是指借助那些既能提高生产效率，又能把对环境污染和生态破坏控制到最小限度的技术以及先进的污染治理技术等来达到保护环境目的的手段。运用技术手段，实现环境管理的科学化，包括制定环境质量标准、污染物排放标准、污染防治技术政策和技术规范等；通过环境监测、环境统计方法，根据环境监管资料以及有关的其他资料对本地区、本部门、本行业污染状况进行调查；编写环境公报和环境统计年报；组织开展环境影响评价工作；交流推广无污染、少污染的清洁生产工艺及先进治理技术及装备；组织环境科研成果和环境科技情报的交流等。许多环境政策、法律、法规的制定和实施都涉及许多科学技术问题，所以环境问题解决得好坏，在极大程度上取决于科学技术。

1.1.5 宣传教育

宣传教育是环境管理不可缺少的手段。环境宣传既是普及环境科学知识，又是一种思想动员。通过报纸、杂志、电影、电视、广播、展览、专题讲座、文艺演出等各种文化形式广泛宣传，使公众了解环境保护的重要意义和内容，提高全民族的环境保护意识，激发公民保护环境的热情和积极性，把保护环境、热爱大自然、保护大自然变成自觉行动，形成强大的社会舆论，从而制止浪费资源、破坏环境的行为。《中华人民共和国环境保护法》

规定：各级人民政府应当加强环境保护宣传和普及工作，鼓励基层群众性自治组织、社会组织、环境保护志愿者开展环境保护法律法规和环境保护知识的宣传，营造保护环境的良好风气。教育行政部门、学校应当将环境保护知识纳入学校教育内容，培养学生的环境保护意识。新闻媒体应当开展环境保护法律法规和环境保护知识的宣传，对环境违法行为进行舆论监督。

环境教育可以通过专业的环境教育培养各种环境保护的专门人才，提高环境保护人员的业务水平；还可以通过基础的和社会的环境教育提高社会公民的环境保护意识，来实现科学管理环境以及提倡社会监督的环境管理措施。例如，把环境教育纳入国家教育体系，从幼儿园、中小学抓起，加强基础教育，做好成人教育以及对各高校非环境专业学生普及环境保护基础知识等。

1.2　环境管理主体和职责

环境管理的主体，广义地说是指环境管理活动中的参与者和相关方。环境问题的产生源自人们的社会经济活动，人类社会经济活动的主体可以分为 3 个方面，即政府、企业、公众。因此，环境管理的主体也是这三者。政府、企业和公众各方职责简述如下。

1.2.1　政府职责

政府作为社会公共事务的管理主体，包括地方各级的行政机关，还包括立法、司法等机关。政府依法对整个社会进行公共管理，而环境管理则是政府公共管理中的一部分。在三大行为主体中，政府是整个社会行为的领导者和组织者，同时它还是各地政府间冲突协调的处理者和发言人。政府能否妥善处理政府、企业和公众之间的利益关系，促进保护环境的行动，对环境管理起着决定性的作用。所以，政府是环境管理中的主导力量。

政府作为环境管理主体的管理内容包括：制定适当的环境发展战略，设置必要的专门的环境保护机构，制定环境管理的法律法规和标准，制定具体的环境目标、环境规划、环境政策制度，提供公共环境信息和服务，开展环境教育等。另外，在全球环境问题管理方面，政府作为环境管理主体的管理内容是对以国为基本单位的国际社会作用于地球环境的行为进行管理，如国际合作、全球环境条约协议的签署和执行等。

1.2.2　企业职责

企业在社会经济活动中是以追求利润为中心的经济单位。企业是各种产品的主要生产者和供应者，是各种自然资源的主要消耗者，同时也是社会物质财富积累的主要贡献者。因此，企业作为环境管理的主体，其行为对一个区域、一个国家乃至全人类的环境保护和管理有着重大的影响。

企业的环境管理职责包括：制定自身的环境目标、规划，开展生态设计，推行清洁生产和循环经济，通过 ISO 14000 环境管理体系认证并按其执行，实行绿色营销，发展企业绿色安全和健康文化等。

1.2.3 公众职责

公众包括个人和各种社会群体。公众是环境管理的最终推动者和直接受益者。公众在人类社会生活的各个领域和方面发挥着最终的决定作用。公众能否有效地约束自己的行为，推动和监督政府与企业的行为是公众主体作用体现与否的关键。《中华人民共和国环境保护法》规定：公民应当增强环境保护意识，采取低碳、节俭的生活方式，自觉履行环境保护义务。

1.3 环境管理制度

1.3.1 环境管理框架

环境管理制度是一类程序性、实践性很强的管理对策与措施，体现了国家环境保护的法律、法规、方针和政策，是对人们的环境保护行为的一种具体的规定。环境管理制度是从强化环境管理的角度确定环境保护工作应遵循的准则和一系列可以操作的具体实施办法，是环境保护工作的规范化指南。我国环境管理的制度体系包括：国家环境保护的法律、法规、方针、政策，以及与环境保护相关的其他法律、法规、方针和政策；行业及地方制定的环境保护规章制度以及与此相关的法规、政策；单位、部门制定的环境保护的规章制度，采取的工作措施和实施办法等。20 世纪 70 年代以来，我国在环境保护的实践中，经过不断地实践和总结，形成了以环境影响评价制度、“三同时”制度等八项制度为核心的环境管理制度体系。

我国环境管理框架如图 1-1 所示。

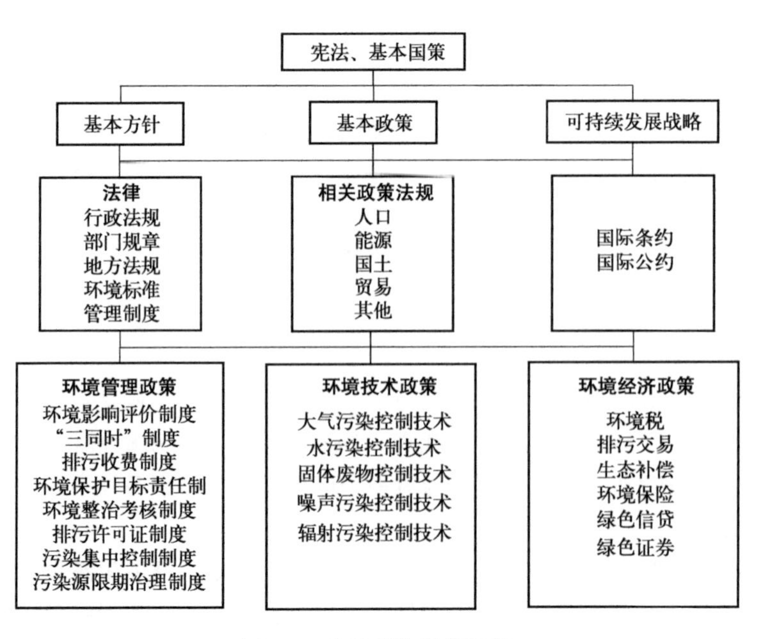

图 1-1　我国环境管理框架

1.3.2　环境管理制度概述

自 1973 年召开第一次全国环境保护会议至今，我国在积极探索环境管理办法中找到了具有中国特色的环境管理制度。经过不断地探索和总结，逐步形成了符合中国国情的八项环境管理制度，即：a. 环境影响评价制度；b. “三同时” 制度；c. 排污收费制度；d. 环境保护目标责任制；e. 城市环境综合整治定量考核制度；f. 排污许可证制度；g. 污染集中控制制度；h. 污染源限期治理制度。随着环境管理工作的深入开展，目前又形成了一些新的管理制度，如总量控制和减排目标责任制、淘汰落后产能、区域限批、危险化学品环境管理、信息公开制度等。部分环境管理制度说明如下。

（1）环境影响评价制度

为加强建设项目环境保护管理，严格控制新的污染，保护和改善环境，1986 年 3 月 26 日国务院环境保护委员会、国家计委、国家经委颁布了《建设项目环境保护管理办法》，共 25 条，附录为“项目环境影响报告书内容提要”。该办法适用于中国领域内的工业、交通、水利、农林、商业、卫生、文教、科研、旅游、市政等对环境有影响的一切基本建设项目和技术改造项目，以及区域开发建设项目。它规定凡从事对环境有影响的建设项目都必须执行环境影响报告书的审批制度。各级人民政府的环境保护部门对建设项目的环境保护实施统一的监督管理，各级计划、土地管理、基建、技改、银行、物资、工商行政部门都应结合该规定将建设项目的环境保护管理工作纳入工作计划。执行防治污染及其他公害的设施与主体工程同时设计、同时施工、同时投产使用的“三同时”制度；扩建、改建、技改工程必须对原有污染在经济合理的条件下同时进行治理。建设项目建成后其污染物的排放必须达到国家或地方规定的标准和符合环境保护的有关法规。该办法还具体规定了对建设项目环境影响报告书的编制要求、审批权限，以及对从事环境影响评价的单位实施资格审查的制度。

环境影响评价制度为项目的决策、项目的选址、产品方向、建设计划和规模以及建成后的环境监测与管理提供了科学依据。20 世纪 80 年代末，环境影响评价工作又有了新的发展，由过去单一项目的孤立评价开始逐渐转向区域性的综合性评价，这种转变不仅适应了我国区域性经济开发的需要，而且为环境污染的区域性防治，尤其是为推行区域总量控制技术奠定了坚实的基础。此外，也为经济合理地解决区域环境问题和大系统的多方案优化决策创造了条件。

近年来，生态环境部门积极推动环境影响评价（以下简称环评）制度改革，取消了生态环境部环评机构资质行政许可等审批权，同步建立了信用管理的新机制，并通过加强环境影响报告书（表）复核、从业单位和人员信息公开等措施，实现了放管结合，震慑了环评违法违规行为，有力维护了环评制度的效力。

（2）“三同时”制度

所谓“三同时”是指新、扩、改项目和技术改造项目的环保设施要与主体工程同时设计、同时施工、同时投产。“三同时”制度是我国早期的一项环境管理制度，它来自 20 世纪 70 年代初防治污染工作的实践，这项制度的诞生标志着我国在控制新污染的道路上迈上了新的台阶。在全面总结实践经验和教训的基础上，1986 年又对其进行了修改和完善，并由国务院环境保护委员会、国家计委、国家经委联合颁布了《建设项目环境保护管理办法》，具体规定了“三同时”制度的内容。“三同时”制度是在我国出台最早的一项环境管理制度，是我国的独创，是在我国社会主义制度和建设经验的基础上提出来的，是具有中国特色并行之有效的环境管理制度。

“三同时”制度与环境影响评价制度相辅相成，是防止新污染和破坏的两大“法宝”，是我国预防为主方针的具体化、制度化。

（3）排污收费制度（环境保护税）

排污收费制度是指向环境排放污染物或超过规定的标准排放污染物的排污者，依照国家法律和有关规定按标准交纳费用的制度。征收排污费的目的是促使排污者加强经营管理，节约和综合利用资源，治理污染，改善环境。排污收费制度是“污染者付费”原则的体现，可以使污染防治责任与排污者的经济利益直接挂钩，促进经济效益、社会效益和环境效益的统一。排污收费的管理依据主要是《排污费征收使用管理条例》。

《中华人民共和国环境保护税法》（以下简称《环境保护税法》）及《中华人民共和国环境保护税法实施条例》自 2018 年 1 月 1 日起施行，这意味着我国实行了近 40 年的排污收费制度已经退出历史舞台。环境保护税法的总体思路是由“费”改“税”，即按照“税负平移”原则，实现排污费制度向环保税制度的平稳转移。《环境保护税法》将“保护和改善环境，减少污染物排放，推进生态文明建设”写入立法宗旨，明确“直接向环境排放应税污染物的企业事业单位和其他生产经营者”为纳税人，确定大气污染物、水污染物、固体废物和噪声为应税污染物。

（4）环境保护目标责任制

环境保护目标责任制，是通过签订责任书的形式，具体落实地方各级人民政府和有污染的单位对环境质量负责的行政管理制度。这一制度明确了一个区域、一个部门乃至一个单位环境保护的主要责任者和责任范围，理顺了各级政府和各个部门在环境保护方面的关系，从而使改善环境质量的任务能够得到层层落实。这是我国环保体制的一项重大改革。环境保护目标责任制产生至今，经过不断充实和发展逐步形成了下列特点。

① 有明确的时间和空间界限，一般以一届政府的任期为时间界限，以行政单位所辖地域为空间界限；

② 有明确的环境质量目标、定量要求和可分解的质量指标；

③ 有明确的年度工作指标；

④ 有配套的措施、支持保障系统和考核奖惩办法；

⑤ 有定量化的监测和控制手段。

这些特点归结起来，说明这项制度具有明显的可操作性，便于发挥功能，能够起到改善环境质量的重大作用。

（5）城市环境综合整治定量考核制度

城市环境综合整治，就是把城市环境作为一个系统、一个整体，运用系统工程的理论和方法，采取多功能、多目标、多层次的综合的战略、手段和措施，对城市环境进行综合规划、综合管理、综合控制，以较小的投入，换取城市环境质量最优化，做到“经济建设、城乡建设、环境建设同步规划、同步实施、同步发展”，以使复杂的城市环境问题得到有效的解决。

城市环境综合整治定量考核是由城市环境综合整治的实际需要而产生的，它不仅使城市环境综合整治工作定量化、规范化，而且增强了透明度，引入了社会监督的机制。因此，这项制度的实施使环保工作切实纳入了政府的议事日程。

1）定量考核的对象和范围　根据市长要对城市的环境质量负责的原则，城市环境综合整治定量考核的主要对象是城市政府。考核范围分为二级。

① 国家级考核：国家直接对部分城市政府在组织开展城市环境综合整治、保护城市环境方面的工作情况进行的考核。目前，国家直接考核的城市有32个，包括北京、天津、上海、重庆4个直辖市，省会及自治区首府（除拉萨市和台湾省外）25个，此外还有桂林、苏州、大连3个城市。

② 省（自治区）级考核：各省、自治区考核的城市由省、自治区人民政府自行确定。据不完全统计，省、自治区考核的城市达242个。

2）定量考核的内容和指标　根据《“十二五”城市环境综合整治定量考核指标及其实施细则》，定量考核的内容共包括十六项指标，总计100分，分别是：a. 环境空气质量（15分）；b. 集中式饮用水水源地水质达标率（8分）；c. 城市水环境功能区水质达标率（8分）；d. 区域环境噪声平均值（3分）；e. 交通干线噪声平均值（3分）；f. 清洁能源使用率（2分）；g. 机动车环保定期检验率（5分）；h. 工业固体废物处置利用率（2分）；i. 危险废物处置率（12分）；j. 工业企业排放稳定达标率（10分）；k. 万元工业增加值主要工业污染物排放强度（3分）；l. 城市生活污水集中处理率（8分）；m. 生活垃圾无害化处理率（8分）；n. 城市绿化覆盖率（3分）；o. 环境保护机构和能力建设（7分）；p. 公众对城市环境保护满意率（3分）。

（6）排污许可证制度

当前，排污许可证制度已成为污染源环境管理的核心制度，是助力打好污染防治攻坚战的重要基础。通过排污许可证制度的完善能够推进行业污染物产生、处理、排放的有效和规范化管理，对推进行业环境管理系统化、科学化、法治化、精细化、信息化具有重要意义。近年来，在党中央、国务院的领导下，排污许可证制度改革成效显著，排污许可证制度体系已基本建立，正按行业、分时序逐步实现排污许可证管理全覆盖。

（7）污染集中控制制度

污染集中控制是在一个特定的范围内，为保护环境所建立的集中治理设施和所采用的管理措施，是强化环境管理的一项重要手段。污染集中控制，应以改善区域环境质量为目的，依据污染防治规划，按照污染物的性质、种类和所处的地理位置，以集中治理为主，用最小的代价取得最佳效果。污染集中控制在各地实行的时间并不长，但它已经显示出强大的生命力，主要表现在以下几个方面。

① 有利于集中人力、物力、财力解决重点污染问题。集中治理污染是实施集中控制的重要内容。根据规划对已经确定的重点控制对象进行集中治理，有利于调动各方面的积极性，把分散的人力、物力、财力集中起来，重点解决最敏感或者难度大的污染问题。

② 有利于采用新技术，提高污染治理效果。实行污染集中控制，使污染治理由分散的点源治理转向社会化综合治理，有利于采用新技术、新工艺、新设备，提高污染控制水平。

③ 有利于提高资源利用率，加速有害废物资源化。实行污染集中控制，可以节约资源、能源，提高废物综合利用率。例如，集中控制废水污染，可把处理过的没有毒害的污

水用于农田灌溉；集中治理大气污染，可同时从节煤、节电角度着手等。

④ 有利于节省防治污染的总投入。集中控制污染比分散治理污染节省投资，节省设施运行费用，节省占地面积，也大大减少管理机构、人员，解决了有些企业缺少资金或技术，难以承担污染治理责任，或虽有资金但缺乏建立环保治理设施的场地，或虽有污染治理设施却因管理不善达不到预期效果等问题。

⑤ 有利于改善和提高环境质量。集中控制污染是以流域、区域环境质量的改善和提高为直接目的，其实行结果必然有助于环境质量状况在相对短的时间内得到较大改善。

（8）污染源限期治理制度

限期治理是以污染源调查、评价为基础，以环境保护规划为依据，突出重点，分期分批地对污染危害严重、群众反映强烈的污染物、污染源、污染区域采取的限定治理时间、治理内容及治理效果的强制性措施，是人民政府为了保护人民的利益对排污单位采取的法律手段。

限期治理污染制度与治理污染计划不同，限期治理制度是一种法律程序，具有法律效能，而治理计划则只是一种经济管理手段，无法完成也不负法律责任。为了完成限期污染治理任务，限期治理项目应按基本建设程序无条件地纳入本地区、本部门的年度固定资产投资计划之中，在资金、材料、设备等方面予以保证。

第2章 行业发展现状及发展趋势

2.1 日用玻璃简介

玻璃是由熔融物冷却硬化的非晶态固体。狭义的玻璃是指无机玻璃，即具有连续不规则网络结构的硅酸盐类非金属材料，其化学氧化物的组成为 $Na_2O \cdot CaO \cdot 6SiO_2$，主要成分是二氧化硅。

按照我国现行国民经济行业分类标准，日用玻璃行业主要包括玻璃仪器制造业（行业代码 C3053）、日用玻璃制品制造业（行业代码 C3054）、玻璃包装容器制造业（行业代码 C3055）和玻璃保温容器制造业（行业代码 C3056）。

① 玻璃仪器制造业：指实验室、医疗卫生用各种玻璃仪器和玻璃器皿以及玻璃管的制造。

② 日用玻璃制品制造业：指餐厅、厨房、卫生间、室内装饰及其他生活用玻璃制品的制造。

③ 玻璃包装容器制造业：指主要用于产品包装的各种玻璃容器的制造。

④ 玻璃保温容器制造业：指玻璃保温瓶和其他个人或家庭用玻璃保温容器的制造。

日用玻璃行业产品主要有耐热玻璃器皿、晶质玻璃器皿、钢化玻璃器皿、钠钙玻璃器皿、仿玉高端玻璃餐具、中性料药用玻璃管、太阳能集热管、钠钙玻璃管、啤酒瓶、葡萄酒瓶、白酒瓶、可乐瓶、食品饮料瓶、化妆品瓶、泡壳（灯）、玻璃储罐、硼硅料奶瓶、高脚杯、保温容器、艺术玻璃（琉璃）等系列产品。典型日用玻璃行业产品见图 2-1。日用玻璃是人们生活的必需品，不仅为酿酒、饮料、食品、医药等行业提供优质的包装材料，而且为城乡居民提供安全、绿色环保的各种居家玻璃制品，为改善和提高人们生活水平、促进消费做出了积极贡献。

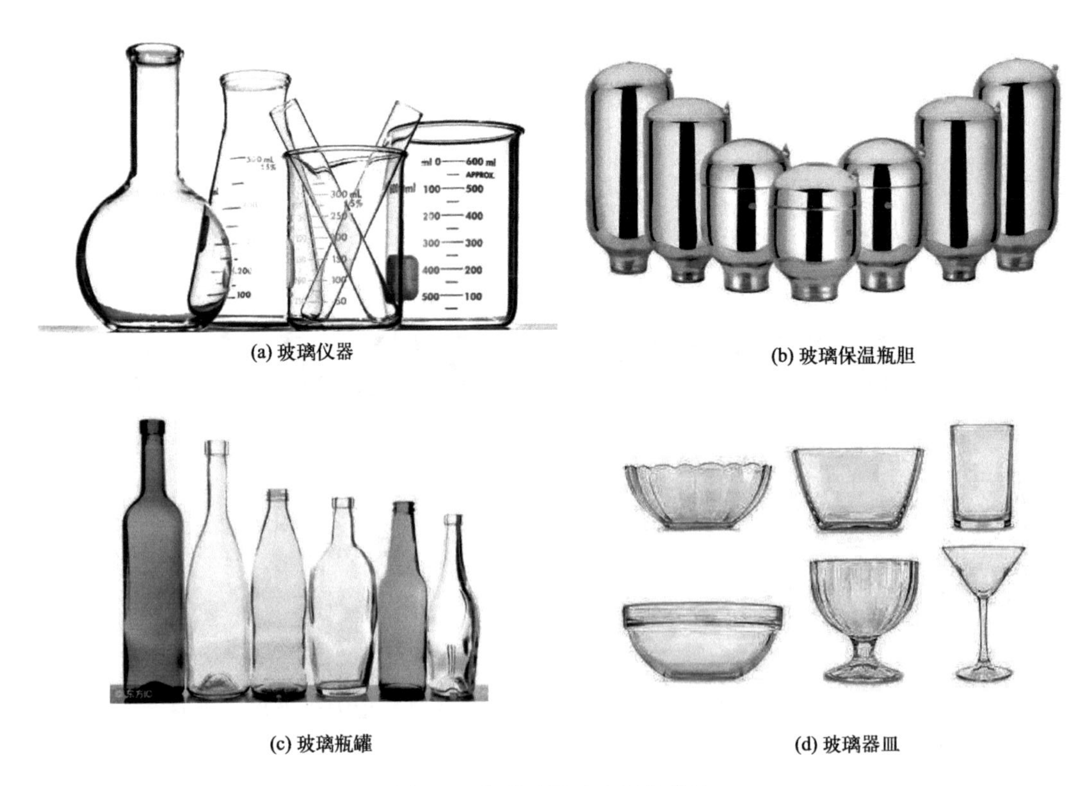

(a) 玻璃仪器　(b) 玻璃保温瓶胆

(c) 玻璃瓶罐　(d) 玻璃器皿

图 2-1　典型日用玻璃行业产品

2.2　日用玻璃行业发展历史

我国日用玻璃行业历史悠久，在我国古代玻璃器具有非常高的收藏价值及艺术价值。早在西周时期，古人就已经能够自己生产和制造玻璃器具，但由于当时生产力落后，只能生产简单的玻璃珠作为玉器的替代品出现。直到魏晋南北朝时期，我国古代玻璃器具发生重大转折，外国玻璃进入我国市场，带动了我国玻璃器具技艺的提升，北魏之后玻璃制品以玻璃瓶、玻璃杯等陈设品、日常生活用品居多。东晋葛洪《抱朴子》中记载："外国作水精碗，实是合五种灰以作之，今交广多有得其法而铸作之者。"文中提到的用五种灰做成的"水精碗"指的就是玻璃碗。而后的唐宋元明清，玻璃器皿一直在变化发展，并形成了历代各自的特点，从目前我国出土的玻璃器皿文物就可以看出各个朝代玻璃行业工艺水平和特点。直至清朝晚期，即嘉庆中晚期至宣统时期，此时的玻璃生产一落千丈，各方面都没有突出的变化。之后由于种种原因，我国玻璃行业始终没有得到稳固发展。

随着时代的发展，科技的进步，当西方国家的日用玻璃走向机械化生产时，我国日用玻璃仍停留在手工业阶段，产品以仿珠宝玉石以及装饰品、陈设品、收藏品为主，玻璃瓶罐、器皿等品种少，产量低。20 世纪初，近代玻璃制造技术传入我国，1904 年在山东博山建立博山玻璃公司，产生了最早的民族玻璃工业。20 世纪 30 年代在上海建立的晶华玻璃厂是我国第一家采用池炉和自动机连续制造玻璃瓶罐的工厂。众所周知，玻璃工业一直发展缓慢，大部分工厂采用坩埚炉手工成型，新中国成立后，玻璃工业随国民经济的发展而大步向前迈进。我国的日用玻璃工业发展可分成下述几个阶段。

（1）第一阶段：新中国成立后至 20 世纪 60 年代

该阶段是我国日用玻璃工业开始起步的阶段。在第一个五年计划期间北京玻璃厂自德国引进了全套玻璃生产技术和设备，建成了当时亚洲最大的玻璃工厂，后相继新建了广东玻璃厂、北京玻璃二厂、湘潭玻璃厂等规模较大的瓶罐玻璃厂，并且引进了美国埃姆哈特公司和苏联的行列式制瓶机，逐步实现了生产机械化和连续化，不仅使生产能力数倍增加，而且引进的发生炉小型池炉技术、行列式制瓶机等为我国日用玻璃设备技术提供了样板，基本形成了我国日用玻璃生产技术的雏形。日用玻璃的产量也由 1952 年的 10 万吨达到 1965 年的 41.4 万吨。

（2）第二阶段：20 世纪 60 年代后期到 70 年代初

山东轻工机械厂试制成功行列式制瓶机（见图 2-2）和配套的供料机，以及玻璃池炉用黏土大砖的制造成功，促进了日用玻璃行业的生产发展，到 1976 年日用玻璃的产量突破百万吨大关，并已向国外输出全套工厂。

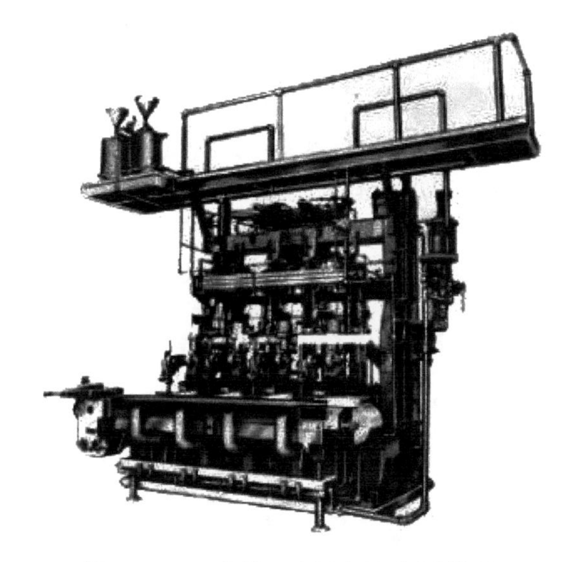

图 2-2　1967 年第一台国产行列式制瓶机

（3）第三阶段：十一届三中全会后到 20 世纪 80 年代末

随着改革开放的实行，国内对日用玻璃的需求量大幅增长，日用玻璃引进新技术、新设备、新材料，促进了国内装备、耐火材料配套水平的提高，日用玻璃工厂结合工厂的扩建改造大量采用先进技术和设备，使我国的日用玻璃在窑炉节能、生产装备和控制水平上向前迈进了一大步，并开始筹建整线引进的大型玻璃瓶工厂。先进企业的装备水平已接近国际 20 世纪 80 年代水平，大型玻璃窑炉的生产能力达 200t/d，成型机生产 640mL 啤酒瓶可达 140 个/min，能耗降到 120kg/t 玻璃液以下。据 1983 年统计数据，日用玻璃行业当时已有 561 家企业，职工 19 万多人，全行业拥有各类玻璃熔窑 784 座，各种主要生产设备 1810 台，工业产值近 7 亿元，当年产量 269 万吨，保温瓶 1 亿多只。当时全国 29 个省、自治区和直辖市都有不同规模的日用玻璃企业，基本上形成一个生产配套、布局合理的日用玻璃生产体系。

（4）第四阶段：20世纪90年代至今

日用玻璃行业随着改革开放的深入发展，企业通过股份制等深层次改革，打破了旧国有体制的束缚，股份制极大调动了职工的积极性，一大批民营、合资、股份制企业相继涌现，加上国外大量先进技术、先进设备的引进以及我国玻璃机器制造业的发展，促进了日用玻璃行业的发展，使日用玻璃行业进入了高速发展阶段。特别是在2003年以来，日用玻璃产量以每年100万吨的速度递增。据统计，2022年我国日用玻璃产量已达2700万吨，全国日用玻璃企业1300多家，职工人数30多万人，工业总产值1200多亿元。

2.3 生产经营情况

2.3.1 产品产量

目前，我国日用玻璃行业正经历由高速增长阶段向高质量发展阶段的转变。与发达国家相比，日用玻璃在我国居民日常生活中的使用仍偏少，我国日用玻璃平均价格仍偏低。随着居民消费水平的提升和消费结构的升级，未来日用玻璃行业仍呈现长期向好的发展势头。

我国是日用玻璃生产大国，产量居世界前列。2022年我国日用玻璃制品及玻璃包装容器产量2700万吨，累计同比下降5.49％，其中：日用玻璃制品产量为712万吨，同比下降15.61％；玻璃包装容器产量为1987万吨，同比下降1.24％。

近年我国日用玻璃制品及玻璃包装容器产量如图2-3所示。

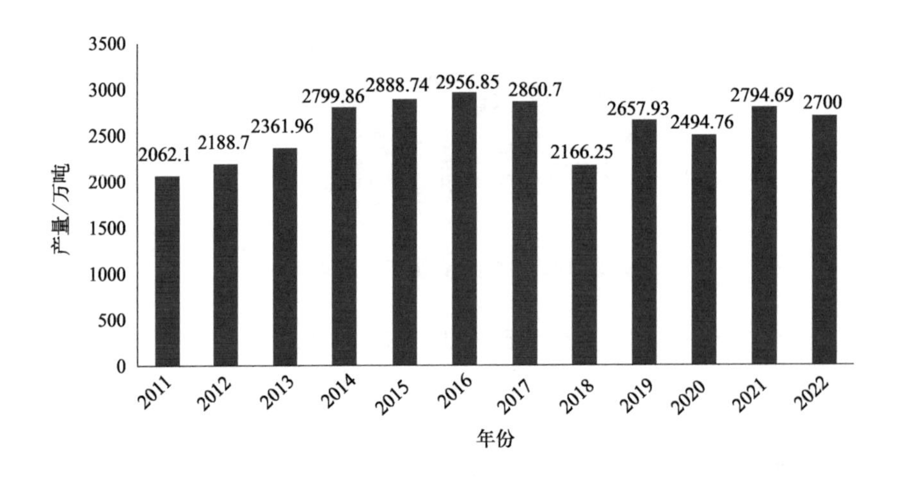

图2-3　2011～2022年我国日用玻璃制品及玻璃包装容器产量

2022年，日用玻璃制品及玻璃包装容器产量位于全国前六位的地区为四川省572万吨、山东省535万吨、广东省229万吨、河北省171万吨、湖北省147万吨、陕西省144万吨，以上6省产量占全国总产量的66.59％。其中啤酒瓶、白酒瓶、药用瓶依然是传统主流，基本上占 3/5 的市场份额，特种玻璃制品比重较小。

2022 年日用玻璃制品及玻璃包装容器产区分布如图 2-4 所示。

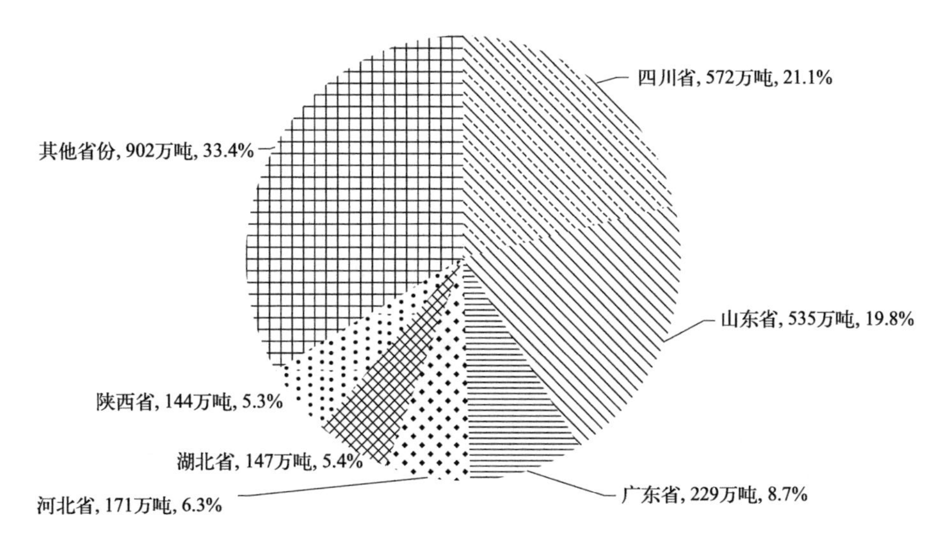

图 2-4　2022 年日用玻璃制品及玻璃包装容器产区分布

根据国家统计局月度统计快报对玻璃保温容器规模以上工业法人企业的统计，2022 年玻璃保温容器产量 12484 万个，累计同比下降 3.99%，降幅收窄 3 个百分点。

近年我国玻璃保温容器产量如图 2-5 所示。

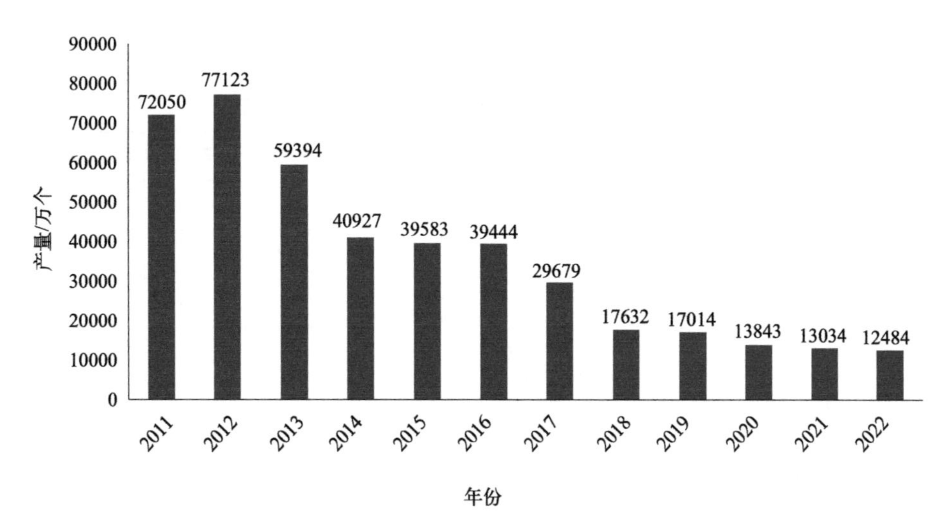

图 2-5　2011～2022 年我国玻璃保温容器产量

2.3.2　经济运行

营业收入方面，根据国家统计局月度统计快报对日用玻璃工业规模以上共计 979 家工业法人企业的统计，2022 年玻璃制品制造业营业收入 1272 亿元，累计同比增长 1.88%；

业务成本1085亿元，累计同比增长3.43%；实现利润46亿元，累计同比下降25.38%；业务收入利润率3.63%，与上年同期相比下降了1.33个百分点。

近年我国日用玻璃行业营业收入情况如图2-6所示。

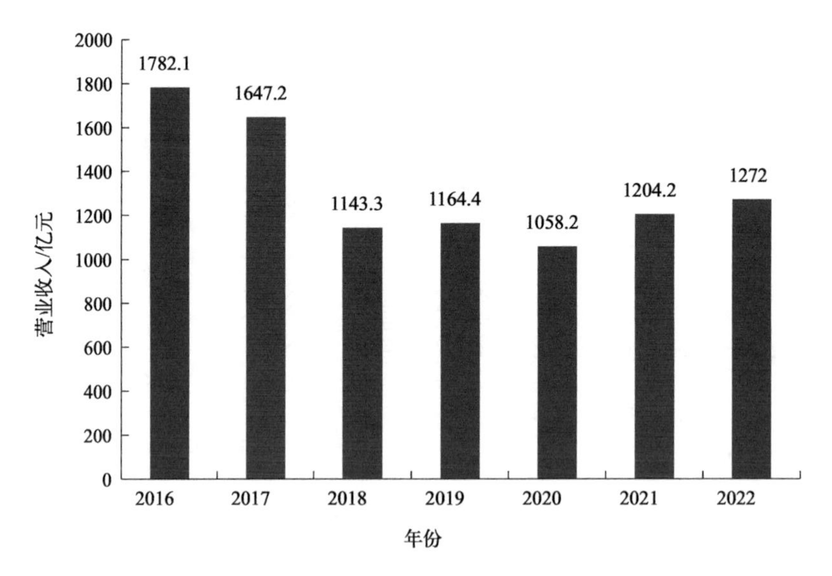

图2-6　2016～2022年我国日用玻璃行业营业收入情况

出口方面，根据海关进出口统计数据，2022年重点跟踪的日用玻璃行业22类主要产品累计出口总额85.6亿美元，出口额同比增长12.12%，增长率同比回落20.32个百分点。

2022年日用玻璃行业出口数据见表2-1。

表2-1　2022年日用玻璃行业出口量及同比情况

项　　目	单位	出口量	同比增长/%	出口额/亿美元	同比增长/%
日用玻璃（总）				85.68	12.12
玻璃瓶罐	万吨	182	8.41	30.7	20.8
玻璃器皿	万吨	146	−7.31	49	8.24
玻璃保温瓶胆	万个	3862	9.66	0.32	20.06
玻璃内胆制的保温瓶	万个	9766	−0.92	3.36	1.3
玻璃仪器	万吨	8	−1.04	2.3	6.84

2.4 行业市场概况

（1）全球市场现状

从全球范围来看，日用玻璃制品行业生产基地正在向发展中国家转移，主要原因为：一方面，欧美等发达国家受原材料资源、人工成本等因素的限制；另一方面，在中国等发展中国家，受经济快速发展、政策鼓励、丰富的原材料和较低劳动力成本等因素的影响，日用玻璃制品行业发展较快，产品出口及市场占有率不断扩大，成为日用玻璃制品行业的重要生产基地和主导产品消费市场。

此外，东南亚、非洲等国家和地区，因受原材料、技术工艺等条件的限制，还未形成相应的生产供应能力，市场需求基本上依赖进口。在行业出口方面，随着产业生产基地的转移，欧美等发达国家日用玻璃产能近年来呈现一定的萎缩趋势，主要发达国家及中国周边日本、韩国等发达国家日用玻璃产量逐年减少；而随着中国日用玻璃制造规模的不断扩大，生产工艺不断改进，其产品的品质和档次也在不断地提升，出口规模都有较大程度的增长。

(2) 全球市场供求

据统计，2020年世界日用玻璃器皿的总需求量约为3815万吨。其中，亚洲地区需求量约占全球50%，其次是欧洲和北美地区。欧洲、北美地区的市场尽管有法国弓箭、美国利比这样的日用玻璃器皿顶级生产厂商，但因其产能不能满足自身的市场需求缺口，主要依赖进口来弥补。非洲地区由于玻璃工业产业化进程较慢，生产技术落后，目前除生产少量的浮法玻璃外，日用玻璃器皿基本依赖进口。亚洲的中东地区由于受制于玻璃生产原料的缺乏，其日用玻璃器皿的需求也基本上依靠进口来满足。

(3) 全球市场格局

从竞争格局看，以美国、欧洲各国为代表的发达国家是世界上主要的日用玻璃制品产业聚集地，形成了以法国弓箭、美国利比等为代表的著名日用玻璃制品生产企业，占据了市场的主导地位。但由于上述国家和地区受原料、燃料、人工成本等因素的影响，日用玻璃制品制造产业正面临着结构调整和战略转移，向高质低产和高技术方向发展，日用玻璃制品行业的产业集中度越来越高。相反，以中国为代表的发展中国家在生产传统、原料供应、劳动力成本等方面均具有比较大的优势，日用玻璃制品行业近年来得到了迅速发展，但由于产业起步较晚，生产技术与欧美等发达国家存在一定差距，其产品的竞争优势主要集中在中、低档产品上。

2.5 “十三五”期间行业发展情况

(1) 依靠技术进步，促进行业发展

2016～2020年期间，日用玻璃行业重点骨干企业持续加大投入，科技研发投入和技改投入占主营业务收入的比重有较大提高，一批科技研发项目和技改项目取得成功，如出料量达300t/d大型节能环保型玻璃窑炉，全氧窑炉和全电熔窑及技术应用，轻量化玻璃瓶罐生产技术，多组多滴料行列式制瓶机，多工位压制、压吹玻璃成型设备，新型耐火材料的应用，智能化装备，在线检测设备，自动化托盘包装设备，高精度玻璃模具的研发和应用，生产工艺技术的改造，环保设备的投入和污染治理技术的推广等，在企业生产实践中获得较好效果。共有8项科技成果荣获中国轻工业科技进步奖，其中，中国轻工业科技进步奖一等奖1项，二等奖3项，三等奖4项；还有一批科技项目获得省级科技进步奖。部分骨干企业建成省级重点工程技术研发中心或行业重点实验室、检测中心，创新研发成果不断涌现，较好发挥了技术支撑和引领作用，为日用玻璃制品行业的技术创新、可持续发展提供了可靠的保障。

（2）满足市场需求，产品结构优化升级

近年来，日用玻璃制品行业坚持市场需求导向，适应不同消费群体和消费升级的需求，大力开发适销对路的新产品，努力拓展产品应用领域，产品品种进一步丰富，产品结构优化升级。轻量化玻璃瓶占玻璃包装容器的比重明显提高，高硼硅玻璃器具、高档玻璃器皿、高档玻璃餐饮具、水晶玻璃饰品、玻璃工艺品及艺术品等高附加值产品进一步发展。

（3）实施“三品”战略，完善标准体系

“十三五”期间，日用玻璃行业贯彻中央关于推进供给侧结构性改革、促进稳增长调结构增效益的决策部署，实施消费品“增品种、提品质、创品牌”战略成效显著，20余家行业骨干企业连续5年被评选为全国轻工业日用玻璃行业玻璃包装容器、日用玻璃制品十强企业，一批行业优质名牌产品深受消费者青睐，产品品种丰富度、品质满意度、品牌认可度提升，中高档产品比重增加，国家监督抽查的与食品接触的相关产品质量合格率提高，有效供给的能力和水平有所提升。五年来，行业标准化工作对产品质量保障和提升的技术支撑作用进一步加强，行业全国性标准化机构（SAC/TC377、SAC/TC178、SAC/TC377/SC1、SAC/TC397/SC4）相继完成换届，组织机构和人员得到充实，共制修订标准64项，其中已发布的国家标准25项，行业标准9项，团体标准1项，行业标准化体系和工作机制逐步完善。

（4）持续推进节能减排，绿色制造取得实效

“十三五”以来，国家及地方政府发布了一系列加强环境保护、治理环境污染的政策法规，行业加大节能减排和环境保护工作力度，日用玻璃企业认真贯彻落实国家有关规定，企业节能减排、环境治理的科技研发和技改投入加大，一批研发成果和技改项目得到推广应用。《玻璃工业大气污染物排放标准》（GB 26453—2022）、主要产品能耗限额行业标准（玻璃瓶罐、日用玻璃制品、玻璃保温瓶胆单位产品能耗限额）相继发布，中国日用玻璃协会相继组织制定《日用玻璃炉窑烟气治理技术规范》（T/CNAGI 001—2020）和《日用玻璃行业涂装工序挥发性有机物污染防治技术规范》（T/CNAGI 003—2022）等团体标准，落实工信部发布的《日用玻璃行业规范条件》，企业开展清洁生产审核，大力实施污染物排放治理，行业在清洁生产、节能减排、绿色制造方面取得显著成效，重点企业单位产品综合能耗进一步下降，主要污染物的排放符合国家或地方标准规定，污染物排放量大幅度削减。

（5）特色区域建设和产业集群发展进一步提升

2016年以来，以日用玻璃产业为主要特色的区域经济和产业集群进一步发展，规范培育、共建发展特色区域和产业集群取得新进展。行业特色块状经济向现代产业集群转型升级的步伐明显加快，文化创意、历史传承、区域品牌、人才优势等为产业发展融入新动力，区域城镇化水平提高，城乡生态环境得到明显改善，促就业稳就业的富民举措进一步完善，地方经济和行业经济发展相得益彰，相互促进。

“十三五”时期，日用玻璃行业在取得较大成绩的同时一些制约行业高质量发展的问题依然十分突出，亟待加以解决。

① 发展不平衡、不充分、不协调，结构性矛盾突出，产业集中度低，总量大而不强，发展质量和效益与高质量发展的要求还有较大差距。

② 创新能力比较弱，以企业为主体的创新体系尚不健全，科技研发水平、新技术应用水平、生产效率较低，新一代信息技术与行业制造技术融合发展不足，基础研究薄弱，人才、技术储备不足，行业标准化体系建设尚欠完善，重点领域（基础、通用技术规范、检测方法）标准制修订亟待加强。

③ 产品结构与提高有效供给矛盾突出，高端产品供给不足与中低档产品供过于求并存，产品质量管控和整体质量水平低于国外先进水平，品牌竞争力薄弱，中低档产品同质化、附加值低，加剧市场低价竞争。

④ 资源、能源、环保、生产要素成本约束不断强化，资源消耗和综合利用、能耗指标与国际先进水平相比差距仍然较大，部分企业污染物未能达标排放，清洁生产评价指标体系仍需完善，绿色制造标准体系亟待健全，符合行业生产特点的污染物治理技术尚需进一步优化。

⑤ 发展环境有待改善，推动高质量发展仍存在体制机制障碍，部分政策措施落实不到位，市场竞争秩序不够规范，打击假冒伪劣及保护知识产权需要加强。

此外，我国日用玻璃生产企业所使用的熔化窑炉还有相当一部分存在熔化面积小、单位产品能耗高的状况，在产品质量和生产效率方面与国际先进水平均有一定差距。行业创新能力弱，需要从业企业加大研发投入，积极提高自身创新能力，才能进一步增强行业竞争能力。

2.6　行业发展机遇与挑战

（1）科技革命和技术创新为产业升级带来的发展机遇

新一代信息技术、数字技术、智能制造与传统制造业深度融合，新兴技术产业化，基础关键技术和先进基础工艺应用，将引发产业变革，形成新的生产方式、产业形态、商业模式和新经济增长点，为日用玻璃制品产业转型升级、提升产业基础能力和产业链水平，从而实现高质量发展提供动力。

（2）新发展格局的构建为消费市场提质升级带来的发展机遇

坚持扩大内需的战略基点，加快培育完整内需体系，供给侧结构性改革不断深化，畅通国内大循环，促进国内国际双循环，以创新驱动、高质量供给引领和创造市场需求，全面促进消费，增强消费对经济发展的基础性作用，必将对行业高质量发展发挥积极作用。日用玻璃制品品种丰富，用途广泛，具有良好、可靠的化学稳定性和阻隔性，可直接观察盛装物品质并对盛装物无污染等，是可循环和可回收再利用的无污染产品，是各国公认的安全、绿色、环保的包装材料，也是人们日常生活中所喜爱的用品。随着小康社会全面建成，人民对美好生活的需要将更加广泛并且日益多元化，消费对经济增长的推动作用将进一步强化，消费结构将向发展型升级，高端优质产品需求旺盛，市场前景广阔，发展潜力巨大。

（3）发展不平衡、不可持续问题仍然突出，各类矛盾交织叠加，经济下行压力增大带

来的挑战

资源、能源、生态环境约束强化，低碳节能、强制性排放标准的实施和严格的环保治理监管措施，使企业转型升级的难度加大。生产要素成本在波动中攀升成为常态，传统比较优势减弱，盈利空间压缩，结构性产能过剩矛盾突出，供给和需求的不协调使企业生产经营困难增加，保持经济平稳运行难度加大，“稳增长”促进高质量发展的任务艰巨。

(4) 世界经济格局的深刻调整，经济发展的不稳定性、不确定性带来的挑战

国际金融危机深层次影响依然存在，世界经济在深度调整中曲折复苏、增长乏力；受新冠肺炎疫情等多种因素影响，世界经济陷入深度衰退，全球产业链、供应链受到全面冲击，经济恢复正常增长尚需时日；国际金融市场动荡不稳，全球贸易持续低迷，单边主义、保护主义、霸权主义对世界和平与发展构成威胁，经济全球化遭遇逆流。

2.7 发展前景分析

(1) 产业政策助力行业发展

国家高度重视日用玻璃行业的发展，坚持推动日用玻璃行业向高端、节能、环保、轻量化方向发展。国家发改委在 2019 年 11 月发布的《产业结构调整指导目录（2019 年本）》中，明确将节能环保型玻璃窑炉的设计、应用列为鼓励类；2021 年 5 月，中国日用玻璃协会发布《日用玻璃行业“十四五”高质量发展指导意见》（中玻协〔2021〕35 号），提出加快建设现代化日用玻璃产业经济体系，建设日用玻璃制造强国的目标；2023 年 6 月中国轻工联发布《轻工业重点领域碳达峰实施方案》（中轻联综合〔2023〕89 号）中，对包括日用玻璃行业在内的 9 个重点领域明确提出了碳达峰行动。在国家产业政策的指导下，日用玻璃行业的产业结构将得到持续优化调整。国家产业政策的支持，对从业企业技术水平的提升起到了积极鼓励作用，有助于行业内细分龙头企业不断发展壮大。

(2) 市场需求持续增长

近年来，我国居民收入水平持续稳定提高。根据国家统计局数据，2022 年，我国城镇居民人均可支配收入达到了 4.93 万元，农村居民人均可支配收入达到了 2.01 万元，始终保持着稳定增长的态势。在我国居民收入水平稳定增长以及城镇化建设不断推进的驱动下，居民消费结构不断升级，带动了日用玻璃产业的转型和稳健发展。未来，随着国民收入水平的进一步提高和消费理念的进一步升级，符合绿色、健康、安全特点的日用玻璃行业市场规模将会迎来更加广阔的市场空间。

(3) 产品结构不断升级

国际日用玻璃生产企业巨头在向中国开拓市场的同时，也带动了国内玻璃生产企业的生产技术的改进。随着行业朝着高端、节能、环保、轻量化方向的不断创新和快速发展，落后的产能和技术被逐渐淘汰。产品结构的优化升级，带来了更科学的成本控制、更精美的产品设计、更高的技术含量和产品附加值，这都给行业的发展带来了正向冲击和带动。此外，产品结构的升级也带动了行业整合，有助于从业企业提高生产效率，优化资源配置。

第 3 章 生产工艺及产排污情况

3.1 日用玻璃产业链

日用玻璃行业产业链上游主要为石英砂、纯碱、碎玻璃等原材料及天然气、煤炭等燃料；下游被广泛应用于酒水、饮料、食品、医药、化妆品、化学试剂等领域。日用玻璃产业链如图 3-1 所示。

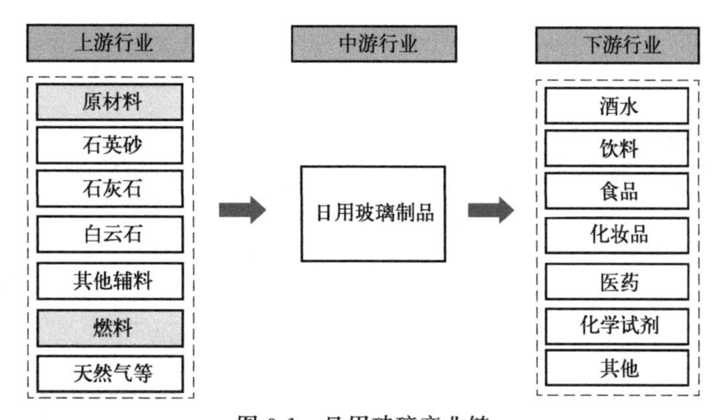

图 3-1　日用玻璃产业链

（1）上游原材料供求状况

日用玻璃行业的主要原料为石英砂、纯碱和石灰石等。其中，石英砂和纯碱是日用玻璃产品的重要原料，其品质好坏对产品的质量影响很大。

① 石英砂应用范围广泛，一般可用于玻璃原料、玻璃器皿辅料、冶金熔剂、金属表面处理以及医疗等领域。我国的石英砂分布较广，优质石英砂主要分布在安徽、山东、湖北等几个省份，其中安徽省凤阳县石英砂储量丰富，其储量和品位均居华东地区首位。

② 纯碱也是日用玻璃生产的重要原材料之一，其品质的好坏直接决定了产品的质量和生产设备的使用寿命，其中山东、江苏、河北等地区是我国重要的纯碱产区。纯碱作为大宗基础化工原料，行业的景气受经济周期波动影响较大，其价格的波动将对产品毛利率

乃至公司的盈利水平产生较大影响。

从整体上看，日用玻璃上游行业基本属于竞争性行业，生产所需原料基本上是大宗化工原料，一般均能够获得稳定的供应。

（2）下游行业需求情况

日用玻璃下游行业主要是居民家庭日常消费、酒店、餐饮等行业。下游行业对日用玻璃产品的发展具有较大的牵引和驱动作用，它们的需求变化直接决定了行业未来的发展状况。日用玻璃产品在人民日常生活、社会经济发展中具有重要作用，特别是随着生产技术的发展，市场空间正在逐步扩大。日用玻璃下游行业的发展同样也促进了日用玻璃行业的发展，而日用玻璃行业的发展，也将从根本上促进日用玻璃行业的技术进步和行业的结构调整，从而增强日用玻璃行业的整体竞争力和持续发展。

3.2　日用玻璃生产工艺流程

日用玻璃行业主要包含玻璃仪器制造、日用玻璃制品及玻璃包装容器制造、玻璃保温容器制造等子行业。

玻璃仪器制造与日用玻璃制品及玻璃包装容器制造的工艺基本相同，主要包括配合料制备、熔制、成型、退火、表面处理、加工和装饰、检验和包装等工序，生产工艺流程和主要产排污节点见图 3-2。

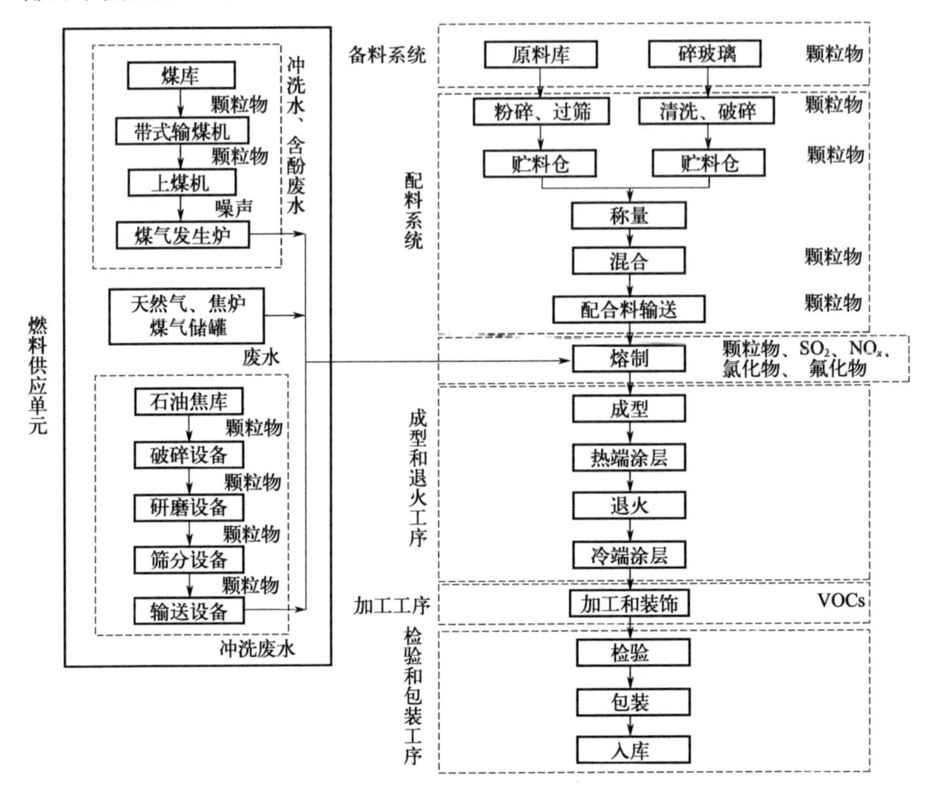

图 3-2　日用玻璃生产工艺流程及产排污节点

(1) 配合料制备

包括原料的贮存、称量、混合及配合料的输送。要求配合料混合均匀，化学成分稳定。

日用玻璃配合料主要包括石英砂、纯碱、石灰石、白云石、长石、硼砂等。此外，还有澄清剂、着色剂、脱色剂、乳浊剂等辅助材料。

主要原料种类及来源如表3-1所列。

表3-1 日用玻璃主要原料种类及来源

原料	来源
SiO_2	石英砂等
B_2O_3	硼砂（$Na_2B_4O_7$）、硼酸（H_3BO_3）等
Al_2O_3	氧化铝（Al_2O_3）、氢氧化铝［$Al(OH)_3$］、长石等
碱金属原料	纯碱（Na_2CO_3）等
碱土金属原料	方解石（$CaCO_3$）、白云石（$MgCO_3 \cdot CaCO_3$）等
澄清剂	氧化物澄清剂：氧化锑（Sb_2O_3）、硝酸盐、二氧化铈等； 硫酸盐型澄清剂：硫酸钠、硫酸钡、硫酸钙等； 卤化物澄清剂：氟化物、氯化钠、氯化铵等
着色剂	离子着色剂：锰化合物、钴化合物、镍化合物、铜化合物、铬化合物、钒化合物、铁化合物、硫、稀土元素氧化物、铀化合物； 胶态着色剂：金化合物、银化合物、铜化合物； 硫硒化合物着色剂：硒与硫化镉、锑化合物
脱色剂	化学脱色剂：硝酸钠、白砒和三氧化二锑、二氧化铈、卤素化合物； 物理脱色剂：二氧化锰、硒、氧化钴、氧化钕、氧化镍
乳浊剂	氟化合物、磷酸盐、锡化合物、氧化砷和氧化锑
助熔剂	氟化合物、硼化合物、硝酸盐、钡化合物

(2) 熔制

把配制合格的配合料加入熔炉内，配合料在高温加热的作用下形成符合要求的玻璃液的过程为玻璃熔制过程。玻璃的熔制包括物理反应、化学反应、物理化学反应，玻璃配合料在这些高温反应过程中，使各种原料的机械混合物变成了复杂的熔融物。根据整个过程中的不同变化实质，一般认为玻璃的熔制过程有5个阶段，包括硅酸盐形成阶段、玻璃形成阶段、玻璃液澄清阶段、玻璃液均化阶段和玻璃液冷却阶段。

玻璃熔炉是由多种耐火材料砌筑的熔制玻璃的主要热工设备。熔炉的任务就是将混合好的配合料在高温的作用下，经过一系列的物理化学反应，使之成为质量均匀的，无结石、条纹、气泡等缺陷，并适宜于成形各种玻璃制品的玻璃液。

玻璃熔炉也称为熔窑。按加热方式分为火焰炉和电熔炉。日用玻璃行业火焰炉主要为蓄热式马蹄焰窑炉，按其燃料的不同分为发生炉煤气、天然气等热源形式。具体炉型有以下几种。

1）蓄热式马蹄焰窑炉

主要用于各类瓶罐、钠钙玻璃器皿的生产。马蹄焰窑炉的主要特点是有一对小炉，窑炉运行时 2 个小炉的火焰约每半个小时换一次向。目前单座马蹄焰窑炉熔化面积已达 140m^2 左右。采用的燃料为发生炉煤气（约占 80%）、天然气、石油焦、重油等。日用玻璃用马蹄焰玻璃窑炉见图 3-3。

图 3-3　日用玻璃用马蹄焰玻璃窑炉

2）电熔窑

其以电能为热源。一般在窑膛侧壁安装碳化硅或二硅化钼电阻发热体，进行间接电阻辐射加热。主要用于耐热玻璃制品、玻璃仪器、太阳能管、水晶玻璃制品、泡壳等特种玻璃的生产。目前单座全电熔窑炉熔化面积一般在 20m^2 左右。日用玻璃用电熔窑见图 3-4。

图 3-4　日用玻璃用电熔窑

3）全氧熔窑

主要用于生产高附加值玻璃与特种玻璃。

4）坩埚炉

主要用于艺术玻璃（琉璃）的生产与新产品开发。日用玻璃用坩埚炉见图 3-5。

图 3-5　日用玻璃用坩埚炉

(3) 成型

把已熔化好并符合成型要求的玻璃液，通过一定方法转变为具有固定几何形状制品的过程，称为玻璃制品的成型。日用玻璃品种繁多，形状各异，其成型方法也彼此不同。通常有吹制成型、压制成型、压吹成型、离心浇注等成型方法。

(4) 退火

玻璃制品，特别是厚度不均、形状复杂的制品，在成型后从高温冷却到常温这一过程中，如冷却过快，玻璃制品产生的内外层温度差和由制品形状关系产生的各部位温差，会使玻璃制品产生热应力。当制品遇到机械碰撞或受到急冷急热时，该应力将导致制品破裂。为了消除玻璃制品中的永久应力，就需要对玻璃制品进行退火处理。退火是先把玻璃制品加热，然后按照规定的温度进行保温和冷却，这样玻璃制品的永久应力就会减小到实际允许值，把这种处理过程称为退火。

(5) 表面处理

玻璃表面的微裂纹对玻璃强度的降低有很大影响，将玻璃表面进行表面涂层处理，可以消除与减少表面裂纹或防止表面裂纹的产生，使玻璃制品的强度增加。一般通过在退火炉的热端和冷端涂层的方法对玻璃制品进行表面处理。

热端涂层是将成型后处于炽热状态（500～600℃）的瓶罐置于气化的四氯化锡、四氯化钛或四氯化锡丁酯的环境中，使这些金属化合物在热的瓶罐表面上经过分解氧化成氧化物薄膜，以填平玻璃表面微裂纹，同时防止表面微裂纹的产生，提高玻璃瓶罐的机械强度。

冷端涂层是用单硬脂酸盐、油酸、聚乙烯乳剂、硅酮或硅烷等，在退火炉出口处对温度 100～150℃的瓶罐表面进行喷涂，形成一层润滑膜，以提高瓶罐表面的抗磨损能力、润滑性和抗冲击强度。

(6) 加工和装饰

玻璃制品，尤其是玻璃器皿，在完成了成型和退火工序后，大多数要进行加工。玻璃制品的加工工序方法复杂而且多样化，包括爆口、磨口、抛光、烘口、切割钻孔、钢化等。

为了美化玻璃器皿制品和提高制品的艺术性，玻璃器皿制品一般都要进行各种装饰。因此，装饰也是玻璃器皿制品生产的重要环节。装饰按工艺特点分为成型过程的热装饰方法和加工后的冷装饰方法两类。热装饰是把各种不同颜色的易熔玻璃制成各种图案、颗粒、粉体等，利用成型时制品的高温作用，将其黏结或喷洒在制品表面。冷装饰方法是把已完成各种加工后的制品，用低温颜色釉料、玻璃花纸、有机染料等，通过彩绘、印花、贴花、喷花等工艺，使制品达到装饰效果。玻璃器皿加工装饰工序工艺流程见图 3-6。

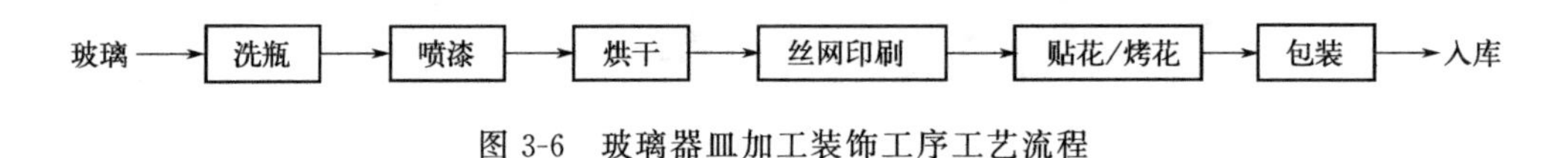

图 3-6 玻璃器皿加工装饰工序工艺流程

瓶胆生产工艺包括配合料制备、玻璃熔制、成型、退火、割口、拉底、封口、镀银、抽真空等工序。生产工艺流程见图 3-7。前几道工序属于玻璃灯工操作（如割口、割底、拉底、接尾、封口），将内外瓶坯和尾管装配成白瓶胆，后几道工序应属于物理与化学处理（如镀银与抽真空）。

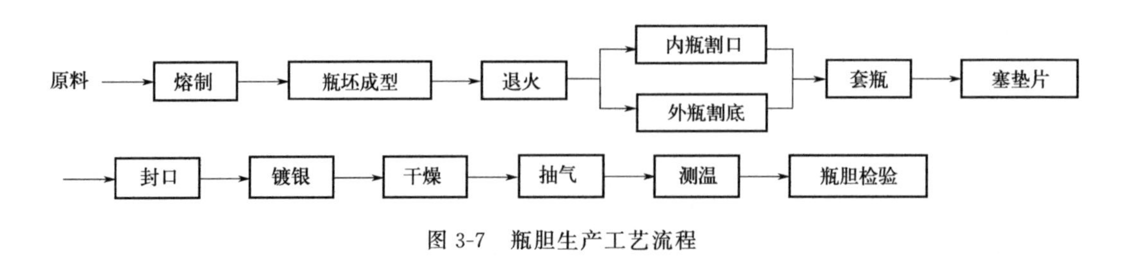

图 3-7 瓶胆生产工艺流程

保温瓶玻璃的熔制，与其他玻璃制品一样，从配合料加入熔窑，到熔化出成型所需的玻璃液，要经历硅酸盐形成、玻璃形成、玻璃液的澄清、均化和冷却五个阶段，整个过程的温度制度大体和瓶罐等玻璃相同。吹制成型的保温瓶内外瓶坯，需进一步加工处理，主要工序简述如下。

（1）瓶坯成型

保温瓶的内外瓶坯均采用吹制法成型。为满足保温瓶的性能要求，瓶坯的壁厚要做到薄而均匀（厚度一般为 0.7～2.2mm），尤其是口部和底部的厚度要均匀，不允许有合缝线，瓶口要圆整，以适应加工工艺要求。成型过程采用旋转吹制法，利用玻璃的表面张力、黏度和温度的关系，用具有弹性的空气气体对处于塑性状态的玻璃进行成型。瓶坯的成型方式有人工成型和机械成型两种。

（2）瓶坯退火

保温瓶玻璃料坯在成型及成型后的冷却过程中，由于各部分冷却不均匀，会产生不同程度的热应力，这种热应力会削弱瓶胆的机械强度和耐温急变性，尤其不利于后期的瓶胆加工处理，应力的大小直接影响到瓶胆加工的成品率。例如，瓶口应力过大，将使割口困难；并且，如果存在的应力过于集中，还会造成瓶坯自行炸裂。为了消除和减小这种热应力，成型后的瓶坯必须进行退火处理，这对于减少瓶胆在加工过程中的破损率、提高瓶胆的耐温急变性能都能起到很好的作用。

经过明火退火后的瓶坯，其表面常出现“白霜”，这是退火时玻璃表面的碱性组分与炉气中的酸性气体反应生成的盐类物质。如果有意识地在退火窑中定期加入少量硫黄或硫酸铵、氯化铵等，则“白霜”更显著。“白霜”的形成，表明瓶坯已达退火温度，应力基本消除。这种霜化处理对电退火窑或者以天然气为燃料的退火窑尤为重要，能明显增加瓶坯的机械强度，减少破损率。如果将一定数量及颗粒度的铵盐包在细薄纸中，卷成条状，直接加入内瓶坯内，再行退火，能有效提高玻璃的表面质量、耐潮气侵蚀能力及瓶胆强度，尤其能提高瓶胆的抗脱片能力，并使之后加工工序的破损减少。

(3) 割口、割底

套瓶前必须先将内瓶坯的头口和外瓶坯的底割去。内瓶坯的割口广泛采用煤气锋火焰加热切割法，用履带式煤气割口机进行割口，火焰温度为500～760℃，混合煤气火刀长度在1200～1600mm。由于加热时间较短，瓶坯颈部温度低于450℃，在应变点温度以下，因此在这种温度下加热与冷却产生的应力基本是暂时应力，当温差消失后应力也即行消失，不用退火。

割底即割除外瓶坯底部玻璃，以便使内瓶套入外瓶中。外瓶割底的原理与内瓶割口相同，所用的割底机有铁碗割底机、电热丝割底机和链板移动式煤气火刀连续割底机3种。前两种割底是固定间歇式的。铁碗割底机采用一个加热的半球面铁碗，使瓶底边缘在铁碗内滚转，被局部加热，然后用冷物接触受热点，使瓶底自动脱落。

(4) 塞垫片

在内瓶坯与外瓶坯套瓶后夹层的腰部塞入垫片（不含石棉），垫片的成分为海泡石，借助垫片粒和瓶壁间的摩擦力，使内瓶固定在与外瓶中心线重合的位置上，以便于加工操作。垫片不仅起到分隔和支撑保温瓶底内外两层瓶坯的作用，而且使封口时内外瓶间不产生撞击和位移，保持其同心度，也可以帮助外瓶承受内瓶的载荷。

(5) 封口

将内外瓶坯口部封接成保温瓶口部的操作称为封口。封口之前有两道准备工序，即外瓶割口和撴口。外瓶割口与内瓶割口的原理和方法基本相同，但要使内瓶口比外瓶口高出3～5mm，以便于封口时卷向外口而密合。外瓶割口后，应自然冷却2min（最好在5～10min）以上，方可进行撴口。撴口是调整内瓶坯颈部露出部分，使内瓶口高于外瓶口4～5mm，并使内外瓶坯保持适当的间隙，基本同心，以便于封口圆整。封口是利用煤气火焰喷嘴把内外瓶口局部预热烧熔，用封口模对准瓶口，借旋转的对顶动作使内瓶口外卷，与外瓶口相互焊接。

(6) 镀银

经拉底、封口等工序后形成的双层玻璃瓶胆，常称白瓶。镀银是利用银镜反应原理，在保温瓶白瓶的内外瓶夹层表面镀上银膜的工艺过程。瓶胆镀银通常采用化学还原法，即用还原剂（转化糖、甲醛、酒石酸钾钠等）使碱性氨基银盐溶液（由硝酸银、氨水、烧碱、纯水以一定比例配制而成）中的金属银还原出来，并使之均匀地沉积在瓶胆玻璃夹层的表面上。其化学反应（即银镜反应）式为：

$$2[Ag(NH_3)_2]OH + C_6H_{12}O_6 \longrightarrow 2Ag + C_6H_{12}O_7 + 4NH_3 + H_2O$$

镀银溶液由银液和还原液两部分组成。它们应分别配制和存放。使用时按1∶1的比例由三通针管同时注入瓶胆的夹层内，根据稀释程度和瓶胆容量的不同灌注50～110mL，使每只瓶胆的含银量约 0.2g（2L 小口瓶），若反应完全，银膜厚度约为 0.06μm。

① 镀银液的配制：

$$AgNO_3 + 2NH_4OH \longrightarrow [Ag(NH_3)_2]NO_3 + 2H_2O$$

$$[Ag(NH_3)_2]NO_3 + NaOH \longrightarrow [Ag(NH_3)_2]OH + NaNO_3$$

② 还原液的配制：还原剂的种类很多，采用较多的是葡萄糖和蔗糖。

$$C_{12}H_{22}O_{11} + H_2O \longrightarrow C_6H_{12}O_6\text{（葡萄糖）} + C_6H_{12}O_6\text{（果糖）}$$

玻璃瓶胆镀银工序见图 3-8。

图 3-8　玻璃瓶胆镀银工序

（7）抽气

为保证制品封闭后保持良好的真空度，抽真空工作应在瓶坯受热条件下进行，以除去玻璃表面吸附的各种气体及一部分残余水分。其方法主要有内瓶加热排气法和外瓶加热排气法。外瓶加热排气法即把瓶胆口部向上置于保温罩中，煤气加热的同时排气。这种方式劳动强度大，操作温度高，外壁烫手，目前除一部分大口瓶采用此法外，基本已不用。与外瓶加热法相比，内瓶加热排气法加热空间小，耗热低，环境温度也较低，可减轻劳动强度，改善操作环境，因此目前广为采用。具体方法是：瓶口朝下，将加热火管伸入内瓶里面进行加热，加热温度一般达 350～400℃；同时，瓶胆尾管朝上，由软橡胶管与真空系统的玻璃管道相连，经 8～10min 后即抽气完毕。

3.3 主要污染物分析

3.3.1 大气污染物

3.3.1.1 污染物种类

日用玻璃生产过程中对大气的污染主要有以下 3 个方面：

① 燃料燃烧产生的硫氧化物（SO_x）、氮氧化物（NO_x）等；

② 玻璃熔窑高温熔制时产生的含有高活性 Na^+、少量重金属及具有黏附性的碱性

烟尘；

③ 原料加工、配合料制备产生的粉尘。

(1) 粉尘

粉尘主要来源于原料的贮藏、粉碎、筛分、搬运、混合工序中的原料飞散。

(2) 烟尘

烟尘主要是原料及燃料在炉窑内燃烧产生的，主要来自配料夹带、熔化的玻璃中物质的挥发和反应、燃料中的金属杂质、未燃尽炭粒等。

(3) SO_x

玻璃熔炉排出废气中的 SO_x 主要来自燃料中的含硫成分；另外，部分来源于配合料中芒硝分解。SO_x 包括 SO_2 和 SO_3，其中 SO_2 占90%以上。

(4) NO_x

玻璃熔炉烟气中的 NO_x 主要来源于助燃空气中氮的燃烧，当温度高于1300℃时空气中氮气就会与氧气反应生成 NO_x。此外，还有一小部分来源于配合料中少量硝酸盐的分解及燃料中含氮物质的燃烧。

(5) 氯化氢

由于使用了含氯原料（如使用氯化钠作澄清剂）或原料中含有氯化物杂质，当配合料熔制时会产生一定量的氯化氢。

(6) 氟化氢

氟化氢主要来源于含氟原料（如使用萤石氟化钙作为乳浊剂、助溶剂，使用氟硅酸钠作为澄清剂）以及原料中含有的含氟杂质。

(7) 重金属污染物

玻璃熔窑的重金属污染物主要来源于燃料、碎玻璃以及澄清剂等原辅材料的添加。

玻璃配合料中常加入白砒（As_2O_3）作为澄清剂、脱色剂，很少单独使用，主要是以粉状白砒与硝酸盐共同使用。砷氧化物在池窑的高温作用下可以挥发进入烟气，由于其剧毒性，其蒸气应立即排出到室外。砷及其化合物是人类已确定的致癌物，人体长期暴露于低剂量（如mg/L级）砷中就能导致严重的健康问题，长期砷暴露也会使人体产生一些非致癌性的疾病，包括皮肤病变（如皮肤色素沉着、皮肤角化及黑病变）、心血管疾病、精神错乱和第二类糖尿病等疾病，0.06g即能致人死命，目前日用玻璃行业中已经很少使用。

三氧化二锑也可作为澄清剂使用，其澄清作用与白砒相似，必须与硝酸盐共同使用，才能达到良好的澄清效果。三氧化二锑的优点是毒性小，由五价锑转变为三价锑的温度较白砒低。三氧化二锑一般用于熔制铅玻璃。

铅晶质玻璃由于要求有较高的折射率、色散与密度，故加入较多量的氧化铅。按其中氧化铅的含量，分为全铅晶质玻璃（含PbO 30%～35%）、中铅晶质玻璃（含PbO 24%～30%）和低铅晶质玻璃（含PbO 12%以下）。铅晶质玻璃表面张力低，熔制过程中挥发量大。熔制时玻璃组成中含PbO越高，或温度越高，则挥发量越大。在1420～1440℃之间，温度每上升10℃挥发量增加0.5%～0.6%。熔制时间越长，挥发量也越大。通常在熔制时PbO挥发量可达10%～12%。

环境中的无机铅及其化合物十分稳定，不易代谢和降解。铅及其化合物主要以粉尘或烟雾的形式通过呼吸道或消化道进入人体，进入消化道的铅5%～10%被吸收，通过呼吸道进入肺部的铅吸收沉积率可达30%～50%。铅及其化合物对人体的毒性影响主要是损害造血和心血管系统、神经系统和肾脏。当血铅达到60～80μg/100mL时就会出现头疼、头晕、疲乏、记忆力减退和失眠症状，并伴有便秘、腹疼等症状。

(8) 挥发性有机物（VOCs）

挥发性有机物主要来源于装饰环节的喷漆、喷墨、烘干、烤花等工序。原辅材料的化学成分决定了产生的污染物的类型。装饰环节含VOCs原辅材料的VOCs含量及特征污染物如表3-2所列。

表3-2 装饰环节含VOCs原辅材料的VOCs含量及特征污染物

生产工序	含VOCs原辅材料类型	VOCs含量/%	特征污染物
喷涂	溶剂型涂料	50～70	烷烃类、芳烃类、醇类、酮类、醚类、酯类
	水性涂料	＜40（不扣水）	烷烃类、芳烃类、酯类、醚类、醇类
	水性UV固化涂料	＜10	酯类、酮类、醚类
丝网印刷	溶剂型油墨	40～60	高沸点石油类、酯类、酮类
	UV固化油墨	≤5	少量酯类、酮类
清洗	清洗剂	90～100	芳烃类、醇类、醚类、酮类、酯类
烤花	贴花纸中油墨	≤3	醇类、酯类、芳烃类

部分玻璃制品采用丝网印刷的方式将玻璃釉料（或玻璃油墨）印刷到玻璃表面，由于丝网印刷时需使用印花油（也叫刮板油、连接料），其主要成分是各种合成树脂或天然树脂及高沸点有机溶剂，因此，高温烧制时也会产生一定的挥发性有机物。根据印花油的配方不同，玻璃网印釉料分为两种：一种是普通玻璃釉料，又称为冷印玻璃釉料；另一种是热印玻璃釉料。冷印玻璃釉料的印花油通常选用松节油、松油醇、松香、乳香、乙基纤维素等，热印玻璃釉料的印花油是选用熔点较高的高级脂肪酸或高级脂肪酸醇类为主要原料，如石蜡、硬脂酸、软脂酸等。

日用玻璃行业主要大气污染物来源及排放方式见表3-3。

表3-3 日用玻璃行业主要大气污染物来源及排放方式

生产单元	生产工艺	产排污节点	主要污染物	排放方式
日用玻璃生产线	原料破碎系统	破碎、筛分、输送	颗粒物	有组织/无组织
	备料与贮存系统	装卸、输送、贮存	颗粒物	有组织/无组织
	配料系统	配料、输送	颗粒物	有组织/无组织
	碎玻璃系统	破碎、输送	颗粒物	有组织/无组织
	熔化工序	熔化	颗粒物、SO_2、NO_x、氯化氢、氟化物、重金属	有组织
	后加工喷涂工序	喷涂	颗粒物、挥发性有机物	有组织/无组织

续表

生产单元	生产工艺	产排污节点	主要污染物	排放方式
日用玻璃生产燃料供应	煤制气	储存、输送	颗粒物、硫化氢	有组织/无组织
	重油、煤焦油	储存、输送	挥发性有机物	无组织
	石油焦	破碎、研磨、筛分、输送	颗粒物	无组织
公用单元	液氨/氨水	储存、输送	氨气	无组织

3.3.1.2　污染负荷

目前我国日用玻璃生产工艺通常采用的燃料是煤制气、天然气、焦炉煤气、石油焦等，不同燃料排放的污染物浓度也不相同。此外，配料比、生产工艺、规模大小等都会影响最终窑炉烟气中污染物浓度。一般来说，窑炉烟气中颗粒物浓度在 300～3000mg/m^3之间，SO_2在 40～3500mg/m^3之间，NO_x在 1800～4000mg/m^3之间。

从调研的情况看，大中型企业大都安装了脱硫设施，配料车间均为密闭操作，粉尘收集后经除尘器处理后排放，但小企业废气治理设施不健全。日用玻璃行业内对污染物的治理水平存在着较大差异。每吨玻璃液主要大气污染物排放情况如表 3-4 所列。

表 3-4　每吨玻璃液主要大气污染物排放情况（干烟气、273K、压力 101.3kPa、8%含氧量状态下）

污染物	吨产品排放量（欧盟水平）/(kg/t)	吨产品排放量（我国水平）/(kg/t)
颗粒物	0.2～0.6	0.31～2.96
硫氧化物（以 SO_2计）	0.5～7.1	1.2～12.8
氮氧化物（以 NO_2计）	1.2～3.9	1.5～11.7
氯化氢	0.02～0.08	0.03～0.23
氟化物	0.001～0.022	0.002～0.045
重金属	0.001～0.011	0.002～0.027

此外，已有部分日用玻璃企业采用全电熔炉熔制玻璃液，电窑炉烟气主要成分为烟尘、硝酸钠高温分解产生的氧气和少量氮氧化物。采用电熔工艺，热量在配合料下面释放出来，各种配合料组分产生的气体要通过配合料层向上逸出，由于配合料温度较低，各挥发分的气体就会凝聚在冷的配合料中，减少损失，从而使流出的玻璃液与加入熔炉的配合料在成分上基本保持一致。

窑炉所排放的烟尘具有粒径小的特点，污染气体也同时具有含碱量高、附着性强、腐蚀性强的特性，如果燃烧之后不对这些污染气体和粉尘进行处理，造成环境污染的后果将会十分严重。其特点介绍如下。

（1）成分复杂

燃料的多样性导致烟气成分差异巨大，不同燃料的烟气颗粒物特征及主要污染物浓度见表 3-5、表 3-6。

表 3-5 玻璃窑炉不同燃料烟气颗粒物组成 单位:%

燃料种类	SO_3	Na_2O	K_2O	CaO	Cr_2O_3	Fe_2O_3	SiO_2	Sb_2O_3	Al_2O_3
天然气	10.58	35.68	9.82	4.17	0.54	3.51	8.83	—	2.59
煤制气	28.72	7.43	8.64	3.23	—	2.46	9.26	4.14	7.31
重油	37.65	7.47	8.49	8.54	0.63	0.78	12.64	2.14	5.31
石油焦	41.53	22.19	4.24	2.66	1.42	1.21	5.70	0.54	5.66

表 3-6 窑炉烟气主要成分及原始浓度 单位：mg/m^3

燃料类型	颗粒物	SO_2	NO_x	氯化氢	氟化物	重金属
煤制气	400～1000	600～2000	1800～3000	5～90	1～20	1～15
石油焦	1000～3000	1500～3500	2000～3500			
天然气	300～500	40～400	2000～4000			
石油焦	1000～3000	1500～3500	2000～3500			

注：窑炉火焰换向时废气中各成分有所变化。

（2）碱金属含量高

日用玻璃的主要制造原料为石英砂、纯碱、白云石和芒硝等，窑炉烟气中 Na、K、Ca 和 Mg 等含量较高，容易中和催化剂酸活性位导致催化剂活性下降。因此，玻璃窑炉烟气在进入 SCR 脱硝系统前，先对烟气进行预除尘十分必要。

（3）NO_x 含量高

玻璃熔制工艺温度高达 1480℃以上，熔制过程中采用空气助燃时会产生大量热力型 NO_x。

（4）烟气波动大

玻璃窑炉生产作业时每半小时左右需要进行换火、回火等操作，烟气温度及组分易发生波动，不利于窑炉的 SCR 脱硝。

（5）粉尘粒径小

以天然气和煤制气为燃料的窑炉烟气粉尘粒径分布如表 3-7 和图 3-9 所示。这些细小的粉尘尤其是粒径$<3\mu m$ 的粉尘是形成大气中 $PM_{2.5}$的重要因素，且不易捕捉。

表 3-7 粉尘粒径分布

粒径/μm	<1	1～3	3～10	10～32	32～36
天然气/%	61.38	21.33	10.96	6.02	0.31
煤制气/%	65.61	20.21	9.32	4.71	0.15

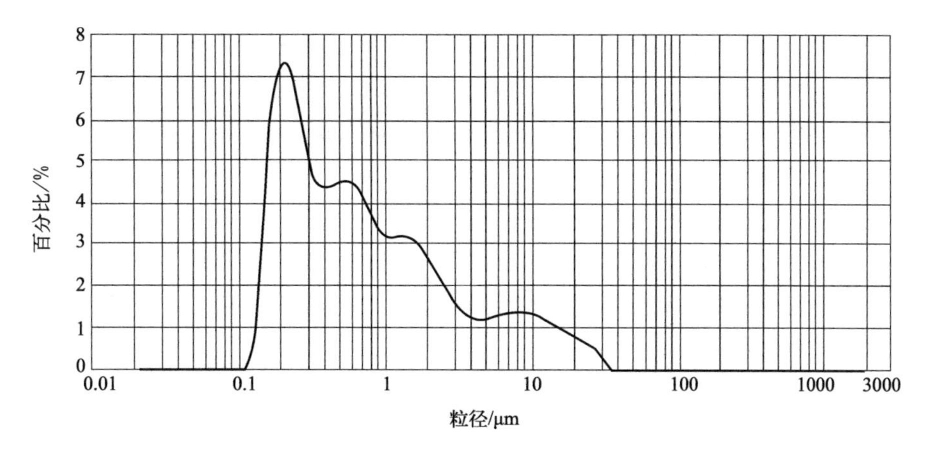

图 3-9　某天然气玻璃窑炉粉尘分布情况

3.3.2　水污染物

日用玻璃企业产生的废水包括生产废水、初期雨水和生活污水。生产废水主要包括碎玻璃清洗水、车间冲洗废水、循环冷却系统排污水和软化水制备系统排污水等，采用重油、煤焦油作为燃料的企业会产生含油废水，设有发生炉煤气站的企业会产生含酚废水，设有液氨罐区的企业进行液氨罐年检会产生含氨废水，采用湿法脱硫技术的企业会产生脱硫废水。此外，生产保温玻璃瓶胆的企业产生的废水中还有含银废水，加工工序中有刻蚀工序的还会产生含氟刻蚀废水。日用玻璃制造企业产生的水污染因子主要包括 pH 值、化学需氧量、五日生化需氧量、悬浮物、氨氮、总磷、动植物油和石油类等。

（1）设备与玻璃液冷却水

设备与玻璃液冷却水包括循环冷却水、含污冷却水。循环冷却水指熔窑池壁水包和水管冷却水、玻璃液冷却水、成型机及其他设备冷却水。此类水使用后水质不发生变化，主要是水温升高，经冷却后可循环使用。而含污冷却水是指冷却设备时，可能会带入一些油类污染物，如成型时的模具冷却水，这种水如污染物较少，可直接循环使用，如污染物较多，也可经过处理后循环使用。玻璃液冷却水是直接与玻璃液接触的冷却水，包括池窑放料、供料机放料等所用冷却水。

（2）原料加工处理中的废水

原料加工处理中的废水包括石英原料擦洗、浮选及化学除铁所产生的废水，一般含有泥沙以及因浮选剂不同而有酸、氟、有机物等污染物；碎玻璃回收清洗所产生的含有悬浮物、污泥、有机物等的废水。

（3）燃料及其加工处理中的废水

燃料及其加工处理中的废水指燃料本身含有的水分以及燃料气化过程中所产生的废水。当熔窑以重油为燃料时，重油在装卸、输送、储存过程中排放 2%左右，废水中含油量在 600～6000mg/L；如以发生炉煤气为燃料时，在气化过程中的沥滤水含有煤粉和悬浮物，发生炉灰盘水封水和洗涤煤气的洗涤水中含有悬浮物、煤焦油、酚、硫化物等，熔炉煤气交换器的水封水中也含有上述污染物。

（4）玻璃加工废水

在玻璃打磨、抛光和清洗生产过程中，需要使用清洗液对在玻璃打磨过程中产生的废物料不断地进行清洗与处理，因此，在玻璃打磨的过程中就会产生大量的玻璃打磨清洗液废水，这种玻璃打磨清洗所产生清洗液废水中含有大量的油泥、NH_3-N、BOD_5、SS、COD_{Cr}、玻璃屑、固体杂质等污染物。

（5）地面与设备冲洗水

车间不同工段与不同类型、不同用途的设备冲洗时废水中含有的污染物也不同，如原料车间的含硅质粉尘、各种矿物粉尘，熔制车间污水含有配合料粉尘、玻璃粉末等，成型车间污水中含有玻璃粉末、油污等。

（6）含氟废水

玻璃蚀刻技术主要用于玻璃的表面蚀刻、减薄和抛光等工艺过程，是玻璃行业中一种重要的工艺技术。化学蚀刻工艺主要包括光面蚀刻和毛面蚀刻，其中光面蚀刻主要是利用氢氟酸与玻璃表面进行反应，形成可溶性盐类，而毛面蚀刻则需要加入氟化铵（NH_4F），在与玻璃和氢氟酸的反应中生成硅氟化铵微晶。由于玻璃蚀刻技术会大量使用氢氟酸和氟化铵，同时在工艺过程中会产生氟化硅（SiF_4）和氟硅酸（H_2SiF_6）等物质，玻璃蚀刻液废水中含有高浓度的氨氮和氟。

采用化学蒙砂工艺的企业，也会产生含氟废水。玻璃蒙砂是用玻璃蒙砂粉配成的溶液或其他化学原料对玻璃表面进行处理的一种方法。玻璃蒙砂材料主要有蒙砂液、蒙砂膏、蒙砂粉。蒙砂液是由氢氟酸及添加剂配制而成的液体；蒙砂粉是由氟化物及其添加剂配制成的粉状物，使用时加入硫酸或盐酸，产生氢氟酸，实质上应属于蒙砂液范畴；蒙砂膏是由氟化物加酸调制成的膏状物或氢氟酸和添加剂调制而成的膏状物。日用玻璃制品在蒙砂完毕后需用清洗水进行清洗，产生清洗废水。

（7）含银废水

含银废水主要来源于保温瓶胆镀银工序。镀银在镀银车上进行，瓶坯不停旋转或翻转，使银液均匀分布。镀好的瓶子从镀银车另一端取下，斜放在一个专用于倒入残液的设备上，在此环节产生含银废水。随后灌入蒸馏水短时间存放后倒出残液，也会产生含银废水。

银是人体组织内的微量元素之一，微量的银对人体是无害的，世界卫生组织规定银对人体的安全值为0.05mg/L以下，饮用水中银离子的限量为0.05mg/L。但是，当银在皮肤组织中沉积时，会导致银质沉着病。银质沉着病可在局部皮肤出现，也可能发生于全身皮肤。银在局部皮肤上由于光的作用转变为蛋白银，在一定组织上遇硫化氢转变为硫化银，而在真皮的弹力纤维中形成蓝灰色斑点所构成的色素沉着，进而形成由细微的银颗粒构成的放射状网，即所谓的“职业性斑点症”。银对眼睛有伤害；对呼吸道的损害主要是呼吸道银质沉着症，并可能伴有支气管炎症。

（8）含有机物废水

含有机物废水主要来源于有喷涂工序的日用玻璃企业采用湿式除尘（水帘柜、喷淋塔）时产生的废水，此部分废水循环使用，定期排放，废水中污染物主要包括喷漆作业产生的漆雾和有机溶剂。

3.3.3 固体废物

日用玻璃生产过程中主要固体废物有碎玻璃、除尘器收集的粉尘、脱硫副产物（如石膏等）、污水处理站污泥、废弃耐火材料和生活垃圾等，使用煤制气作为燃料的企业会有煤气发生炉炉渣。产生的危险废物主要有废脱硝催化剂（钒钛系）、废矿物油及 VOCs 治理过程中产生的废过滤材料，使用煤制气作为燃料的企业会有酚水池污泥及煤焦油，使用重油及煤焦油的企业会有油罐清理废油渣。此外，企业回收的废玻璃瓶若是农药瓶和医药用瓶，也属于危险废物。

固体废物产生及处理处置情况见表 3-8。

表 3-8　固体废物产生及处理处置情况一览表

名称	产生工序	性状及成分	废物属性	处理或处置方式
碎玻璃	切割工序	SiO_2、Na_2O、CaO	一般固体废物	厂家回收、再利用
脱硫固体废物	脱硫除尘系统	Na_2SO_4、Na_2SO_3	一般固体废物	玻璃原料、建筑墙体材料
原料系统除尘灰	原料混合系统	颗粒物	一般固体废物	回收利用或外售
废耐火材料	冷修过程	砖块	一般固体废物	厂家回收
废水处理站污泥	废水处理站	污泥	一般固体废物	外送卫生填埋
废催化剂	SCR 脱硝系统	WO_3、V_2O_5等	危险废物，代码 HW50-772-007-50	再生使用或委托有资质的单位处理处置
废过滤材料	涂装工序	活性炭	危险废物，代码 HW49-900-039-49	委托有资质的单位处理处置
失效离子交换树脂	软水制备系统	树脂类有机物	危险废物，代码 HW13-900-015-13	委托有资质的单位处理处置
废机油及含油抹布	检修过程	废油	危险废物，代码 HW08-900-249-08	委托有资质的单位处理处置
油罐清理废油渣	油罐区	废油	危险废物，代码 HW08-900-249-08	委托有资质的单位处理处置

3.3.4 噪声

日用玻璃企业产生的噪声主要来自生产过程中设备运行产生的机械振动、冲击和风机运行时产生的噪声，包括：原料车间的物料破碎、筛分、混合和提升作业，车间内的投料、熔窑燃烧、风机、碎玻璃破碎机等作业产生的噪声。此外，还有公辅系统的循环冷却塔、空气压缩站、风机、水泵等设备产生的噪声。日用玻璃生产企业产生的工业噪声一般在 85～105dB 范围内。

玻璃工厂通常很多设备都会产生噪声，噪声对人类的危害不可小觑，轻者可以影响人类的正常生活，降低工作效率，严重的可以引发疾病，致人耳聋。玻璃生产过程中产生的噪声污染同其他噪声污染一样，会导致人们心情烦躁、身体不适、精神衰弱等，应引起重视。

3.4　日用玻璃行业环境管理现状

玻璃及其制品作为食品、饮料、医药、化妆品等领域的重要包装材料被广泛应用。近几年，我国玻璃制品制造业快速增长，产量连续多年居世界第一。玻璃产业不断发展的同时，随之引起的环境问题也日趋突出。其主要危害表现如下：固体废物堆放占用大面积土地，严重影响厂容厂貌，不仅会造成土壤污染，而且间接污染地表水环境和地下水环境。玻璃熔窑排放的颗粒物、二氧化硫、氮氧化物等污染物，具有产生量大、毒害作用强等特性，其中二氧化硫和氮氧化物是酸雨、光化学污染及臭氧污染的主要成因，不仅对人类造成危害，而且对动物、植物和建筑物均造成损伤。玻璃行业的废水污染种类较多，其中包括一些引起人类感官不愉快的污染物，如恶臭、异味、泡沫和不正常的颜色等。

一般情况下，企业发展和环境保护是相互矛盾的，企业为了存活和发展，片面地追求经济，不顾及环境的承载能力，造成环境的污染和破坏；人们对环境保护重要性的认识不足，意识低；环保资金投入不足；管理制度落后，无法发挥监管作用。环境问题日益突出，已成为人类发展道路上共同面临的问题，改善、保护环境已刻不容缓，人们的环境保护意识也在日渐提高，相关环境保护的法律法规日趋严厉。为确保日用玻璃企业污染防治设施的建设和运行得以落实，预防和避免上述危害造成严重的环境影响与社会影响，企业在项目建设和运行阶段必须做好环境管理工作。

3.4.1　企业环境管理现状

近年来，许多日用玻璃企业采取了多种措施推行节能环保工作，如实施燃料煤改气、煤改电工程，降低二氧化硫排放，现又建成并运行除尘脱硝设施，减少粉尘及氮氧化物排放；采用超细小苏打粉末干法脱硫工艺，脱硫副产物硫酸钠回用于生产，有效节约资源并减少固体废物产生，并且没有生产废水的处理和排放问题。但由于行业对自身环境责任重视度相对不足，并没有着手建立一套完整的、科学的企业内部环境管理体系。目前，玻璃企业实行的环境管理措施主要有以下几个方面。

3.4.1.1　制度建设方面

根据相关部门的要求，玻璃企业必须推行环境标准化达标建设，实行节能减排，达到环境标准化；建立《危险废物管理制度》和《一般固体废物管理制度》，对生产中需要及产生的危险物品和废物品进行规范化管理；建立《有组织废气污染治理设施运行管理制度》《在线监测设施运行管理制度》《废水处理设施运行管理制度》等，对在生产过程中产生的废气、废水进行标准化的处理；同时一些玻璃企业还编制了《突发环境事件应急预案》，并上报市级应急管理中心备案，确保在突发环境事件时能够及时采取措施，从而有效防止污染事件扩大化。《突发环境事件应急预案》的内容主要包含以下 8 个方面。

① 应急预案的编制目的、编制依据、适用范围、环境污染事件分级、工作原则；

② 应急指挥体系和岗位职责、人员分工；

③ 污染事件预防与预警机制；

④ 应急处置程序，包括污染事件先期处理、应急响应等级划分、应急响应程序确定、污染事故应急处理启动、伤亡人员防护与救治等；

⑤ 应急终止；

⑥ 后期处理；

⑦ 应急保障；

⑧ 应急监督管理，包括应急预案演练、应急预案学习培训等。

3.4.1.2 环保设施建设方面

（1）工艺废气处置

玻璃熔窑熔化过程主要产生二氧化硫、氮氧化物、颗粒物等污染物。对于二氧化硫，玻璃企业通过燃烧天然气、安装脱硫设施等措施，可实现浓度低于国家标准 200mg/m^{3}的要求；对于氮氧化物，国家标准规定日用玻璃企业氮氧化物排放浓度不高于 500mg/m^3，一些重点地区针对日用玻璃企业还出台了相应的地方排放标准，玻璃企业通过建设脱硝系统，大大削减了氮氧化物的排放量；对于颗粒物，由于燃烧天然气也减少了颗粒物的产生，从监测结果看，安装布袋除尘器等处理设施后颗粒物排放浓度也能达到国家标准限值。

（2）固体废物处置

1）危险废物

建立危险废物贮存场所。目前许多日用玻璃企业已经建立了危险废物贮存仓库，并对各类危险废物进行标识完善工作。仓库地面都必须做硬化处理，确保防止泄漏、防止渗透；同时在所有生产车间、办公区域内均配备各类消防器材，并指定安全负责人，按照区域分组负责，预防各类安全事故；对于生产过程中产生的各类危险废物，则定期委托有处理资质的危险物品处置单位进行处理。

2）一般固体废物

日用玻璃企业已经建立了一般固体废物堆放仓库，并实现了固体废物的分类分区贮存，区域地面必须进行硬化，确保防泄漏、防渗；仓库地面也必须做硬化处理，确保防止泄漏、防止渗透，并在仓库周围设置围墙。同时，多数日用玻璃企业也都与当地废物处置单位签订固体废物清理运输协议，委托相关机构定期对各类固体废物进行清理，并支付费用。

3.4.1.3 环保设施运行维护方面

近年来，随着日用玻璃企业对环境保护工作的不断重视，废气处理设施等环境保护设施的运行维护也得到不断加强。企业通过制定废气治理设施的日常运行、管理和维护的规章制度及操作规范，设置专职环保人员，将环境保护设施与生产设施一样纳入正常检修计划，同步运行，同步生产，以充分发挥环保设备设施的运行效率，提高环保设施在保护和改善环境中的作用。

3.4.1.4 人员培训方面

日用玻璃企业对新入厂的职工、环保设施操作人员都必须进行上岗培训教育和环保知识培训，确保具备相应的设备操作能力和环保意识。不定期组织集中讨论学习，督促员工认真学习公司关于环境体系的运行文件，主要包括国家法律法规及上级部门规章制度、环保知识、公司环保情况及物料危险特性介绍、公司环保事故应急预案以及预防事故的基本知识、环保设施、设备岗位操作规程、典型环保事故案例等。同时，对员工不定期开展环保知识宣讲和培训活动，大力宣传组织环境保护图片展览，组织员工管理环境保护纪录片，加强全体员工的环境保护意识。

3.4.2 日用玻璃企业环境管理存在的问题

日用玻璃行业是资本、技术和劳动密集型产业，主要产品是为食品、酿酒、饮料、医药等行业提供各种包装配套和满足社会消费需求，下游行业的强劲发展、国内外市场需求旺盛和人民生活水平的提高，促进了日用玻璃行业的不断发展壮大。近年来，国家高度关注玻璃行业的环境保护工作，先后颁布实施了《玻璃工业大气污染物排放标准》(GB 26453—2022)、《玻璃制造业污染防治可行技术指南》(HJ 2305—2018)、《日用玻璃行业规范条件（2017年本）》、《排污许可证申请与核发技术规范 工业炉窑》(HJ 1121—2020) 等一系列环境保护标准法规，《日用玻璃炉窑烟气治理技术规范》(T/CNAGI 001—2020)、《日用玻璃行业涂装工序挥发性有机物污染防治技术规范》(T/CNAGI 003—2022) 等与日用玻璃行业密切相关的团体标准也发布实施。在各项标准的指导下，日用玻璃企业环境管理能力也不断加强，但一些企业仍存在不重视环境保护工作的现象，部分行为还受到了当地生态环境管理部门的行政处罚，严重影响了行业的健康持续发展。典型处罚案例如表 3-9 所列。

表 3-9 部分日用玻璃企业行政处罚情况

序号	地点	时间	存在问题	处理情况
1	常州市	2022 年 5 月	查阅该单位危险废物管理台账及江苏省危险废物全生命周期监控系统，均显示库存废油漆桶、含漆废手套质量为 0.017t，废有机溶剂质量为 0.02t。但经现场称重，实际库存废油漆桶、含漆废手套质量为 0.044t，废有机溶剂质量为 0.018t。该单位虽已建立危险废物管理台账，但未如实记录有关信息	处 10 万元罚款
2	廊坊市	2022 年 5 月	某玻璃制品有限公司玻璃窑炉配套废气净化系统对应排放口烟气在线监测设施氮氧化物小时浓度超标，废气治理设施故障和焖炉情况未在重点排污单位自动监控与基础数据库系统中进行标记	责令改正
3	淄博市	2021 年 9 月	生产正常，煤炭筛分及原料投料、混料、下料口未落实经批准的环评文件要求安装布袋除尘设施	处 20 万元罚款
4	连云港市	2021 年 8 月	玻璃生产线正在生产，脱硫脱硝废气污染物处理设施未正常运行	处 38 万元罚款
5	苏州市	2021 年 7 月	委托他人运输、利用、处置工业固体废物，未对受托方的主体资格和技术能力进行核实	处 34.3 万元罚款
6	湖州市	2021 年 3 月	废水中氨氮浓度为 482mg/L、氟化物浓度为 39.2mg/L，超过地方排放标准	处 46 万元罚款

续表

序号	地点	时间	存在问题	处理情况
7	滁州市	2020年6月	玻璃窑炉配套建设的大气污染防治设施脱硝系统的喷氨装置长期关闭，未正常使用	处10万元罚款
8	重庆市	2020年6月	新建设调漆项目未配套安装废气污染防治设施，调漆过程中产生的废气未经处理，直接排入外环境	处2万元罚款
9	惠州市	2020年4月	环境保护设施未经验收即投入生产	处16万元罚款
10	清远市	2020年4月	玻璃窑炉 SO_2 超标排放	处47.5万元罚款
11	眉山市	2019年12月	未按环评要求完成污染治理设施建设，并投入生产	处20万元罚款
12	济宁市	2017年5月	建设的年加工80万平方米玻璃项目，生产过程中增加丝印-烘干工艺，未重新报批环评	处3万元罚款

注：以上信息均来源于网络。

为进一步规范行业环境管理，有必要深入剖析行业存在的主要环境问题。日用玻璃行业环境管理方面存在的问题主要表现在以下几个方面。

3.4.2.1　企业对自身环境责任认识不足

当前，日用玻璃企业环境责任的状况与国内其他行业企业对于环境责任的认识相比，普遍处于初步认识阶段，对于环境责任缺乏了解和重视。大多数企业认为，如果要承担环境责任，则势必要投入大量资金，那么必然就会增加生产和经营成本，减少企业利润。这种理念其根源是传统的经济发展理念，而对于把经济利益放在首位的企业来说，多数企业会为了经济利益而将环境责任抛之脑后。

同时，许多环境问题都具有潜在和滞后的特点，不会在企业对环境产生污染的同时突显出环境问题，这就导致许多企业认识不到自身生产对环境的危害。另外，企业的成本对企业环境责任的承担也有很大影响，许多企业因为环境保护所带来的成本增加的影响，也很难树立环保意识。

3.4.2.2　企业环境管理的组织机构和管理制度设置不健全

在企业组织机构方面，许多日用玻璃企业并未设置专门的环保机构和专职环保负责人员，导致企业没有专职部门对环境保护问题进行统一管理，这也是当前我国大部分企业的现状。环境保护问题则是在生产过程中将环境保护的工作交给生产部门，这就使得环境保护的管理工作很难开展，无论是在人员配置上还是在人员基本技能上，生产部门和企业管理部门都不能全面有效地开展环境保护管理工作。

部分企业环境管理制度不健全，如缺少危险化学品管理制度、危险废物管理制度、环保设施运行维护制度、突发性环境污染事故应急制度、职业卫生防护制度、环境信息公开制度等，不利于企业开展环境管理。

3.4.2.3　环境管理台账不健全

部分玻璃企业尚未建立完整的记录台账。2018年1月，生态环境部发布《排污许可管理办法（试行）》（部令第48号），明确规定：a. 排污单位应当按照排污许可证中关于台账记录的要求，根据生产特点和污染物排放特点，按照排污口或者无组织排放源进行记录，台账记录保存期限不少于 3 年；b. 排污单位应当按照排污许可证规定的关于执行报告内容和频次的要求，编制排污许可证执行报告。该管理办法的发布，对企业的环境管理台账记录信息提出了明确规定。

包括日用玻璃企业在内的排污单位都应建立环境管理台账制度，做好台账的记录、整理、维护和管理，严格执行排污许可证的规定，按规范进行台账记录，并对台账记录结果的真实性、准确性、完整性负责。台账应当按照电子化贮存和纸质贮存两种形式同步管理。台账保存期限不得少于 3 年。台账记录的主要内容包括生产信息、燃料与原辅材料使用情况、污染防治设施运行管理记录、监测数据等。

管理台账和执行报告是反映企业落实按证排污要求的重要凭证，是管理部门依法实施按证监管的重要内容，贯穿于排污许可管理申请、核发、执行、监管等全过程。因此，企业应依法开展自行监测，妥善保存原始记录，建立准确完整的环境管理台账，通过执行报告定期向环保部门报告排污许可证执行情况，并自觉接受监督检查。

3.4.2.4　污染治理工艺选择不当，污染物去除效率低

污染治理设施是确保日用玻璃企业污染物达标排放的关键。近年来，随着技术的进步和企业环保意识的提高，多数日用玻璃企业建立了相对完善的污染治理设施。然而，仍有部分中小型日用玻璃企业环保设施落后，污染物治理效果差，或选用了不当的处理技术，导致污染物存在超标排放现象。主要问题表现在以下几个方面。

（1）废气治理设施水平有待提高

针对日用玻璃企业，国家尚未出台相关的废气治理技术规范，导致日用玻璃企业在选择治理技术时没有参考依据，加之我国环保市场准入门槛低、监管能力不足等问题，导致企业废气治理设施建设质量良莠不齐，应付治理、无效治理等现象突出。此外，一些企业由于设计不规范、系统不匹配等原因，即使选择了高效治理技术也未取得预期治污效果。

典型例子就是部分企业的窑炉烟气在选用除尘设备时采用的是旋风除尘器，对于日用玻璃生产企业窑炉烟尘来说，其排放的烟尘具有粒径小、黏性大、腐蚀性强等特点，使用旋风除尘时效果差，除尘效率低，尤其是对于细微的粉尘处理净化效果十分不理想，无法达到预期的处理效果，导致处理后的烟气不能保证连续稳定达标排放，且除尘后的烟气不能满足脱硝系统的要求，会影响后续脱硝系统的正常运行。

（2）废气排放筒设施不规范

按国家相关规定排气筒应高于 15m，排气筒周围半径 200m 范围内有建筑物时，排气筒高度还应高出最高建筑物 3m 以上，而部分日用玻璃企业排气筒设置不规范，如排气筒高度未达到 15m。

（3）排污口和监测平台设置不规范

针对排污口和废气监测平台，国家出台了《固定污染源排气中颗粒物测定与气态污染物采样方法》（GB/T 16157—1996）和《环境保护图形标志　排放口（源）》（GB 15562.1—1995）等标准和规范文件，企业应按上述文件要求进行设置。部分日用玻璃企业监测点位设置不规范，导致废气采样不具有代表性。

（4）环保设施运行不规范

如果环保设施运行不规范，再好的污染治理设施也难以实现稳定达标排放。目前，存

在部分企业环保设施运行不规范的现象，主要表现在以下两个方面。

① 部分企业环保设施运行维护记录不齐全，仅有开启时间和停车时间。其中，废气处理设施没有详细的检查记录（如压力差）和维修（如更换布袋、脱硝催化剂）等运行记录。

② 部分企业无废水处理设施运行记录；多数企业有运行记录，但只记录 pH 值，无加药量、排泥量、废水排放定期监测等相关记录；污水处理设施企业常年运行记录均为一人填写，存在补填数据的可能性。

3.4.2.5 无组织排放未进行有效管控

根据《排污许可证申请与核发技术规范 工业炉窑》（HJ 1121—2020）和《玻璃工业大气污染物排放标准》中的有关规定，粉状物料的储存、输送过程应采用密闭或封闭等方式贮存和输送，或在卸料口处加装集气罩并配备相应的除尘设施。部分日用玻璃企业原料储存仓库的封闭性较差，有的甚至直接露天堆放，在窑炉加料口也未加装集气罩和除尘装置，无组织颗粒物污染严重，导致车间地面和设备表面沉积的灰尘较多。某日用玻璃典型企业卸料口颗粒物无组织排放现状见图 3-10。

图 3-10 典型企业卸料口颗粒物无组织排放现状

3.4.2.6 尚未对有机废气的收集和处理进行重点关注

目前，日用玻璃企业环保治理关注的重点仍在窑炉烟气的治理上，部分企业对原辅料、灰尘等的转运、装卸、贮存过程中的无组织排放也已经做到了有效收集和处理，但是对于玻璃后加工过程，如贴花、烤花工序排放的污染物的关注并不多。烤花过程中由于加热会挥发产生一定的挥发性有机物（VOCs），必须进行有效的收集和处理，如采用活性炭吸附等处理技术。此外，对于有喷漆工序的日用玻璃企业来说，亟须找到适用于玻璃行业特点的 VOCs 治理技术，目前针对这方面的研究报道并不多。

某日用玻璃企业烤花炉见图 3-11。

3.4.2.7 部分企业未安装在线监测设施，环境监测监控能力不足

根据《排污许可证申请与核发技术规范 工业炉窑》（HJ 1121—2020）要求，对于监测频次高、自动监测技术成熟的监测指标，应优先选用自动监测技术，自动监测应满足《污染源自动监控设施运行管理办法》的要求。生态环境部等四部门 2019 年 7 月联合印发了《工业炉窑大气污染综合治理方案》（环大气〔2019〕56 号）的通知，方案明确要求：

图 3-11　某日用玻璃企业烤花炉

排气口高度超过 45m 的高架源，纳入重点排污单位名录，督促企业安装烟气排放自动监控设施；加快重点地区玻璃熔窑大气污染物排放自动监控设施建设，原则上应纳入重点排污单位名录，安装自动监控设施。

由以上文件可见，国家鼓励日用玻璃企业加装窑炉废气在线监测设施，但是目前除大型日用玻璃企业外，中小型日用玻璃企业鲜有安装在线监测设施，导致生态环境管理部门无法实现对企业的实时监管，烟气治理设施存在异常时企业也无法及时发现。

3.4.2.8　部分企业尚未对危险废物进行规范管理

烟气脱硝使用后的废催化剂、用于处理 VOCs 产生的废活性炭、设有化验室的企业化验过程中排放的废酸废碱等，均属于危险废物，如不能对其进行规范管理，可能在贮存、运输、处理处置等环节造成环境污染。危险废物管理主要存在以下问题。

① 部分企业不能按废活性炭、废催化剂、废试剂、废矿物油等对危险废物进行分类收集、贮存和统计；

② 部分企业危险废物贮存设施不符合《危险废物贮存污染控制标准》(GB 18597) 相关规定，如防渗层渗透系数不符合规定、未按《环境保护图形标志 固体废物贮存（处置）场》(GB 15562.2) 相关规定设置警示标志等；

③ 部分企业不能提供详细的危险废物转移联单，不能提供危险废物运输处理处置协议，不能提供处理单位资质证书等相关文件。

3.4.2.9　部分企业未按国家要求进行环境信息披露

按照《环境信息公开办法（试行)》(国家环境保护总局令第 35 号）相关规定，企业应进行环境信息公开。目前，《企业环境报告书编制导则》(HJ 617—2011) 已颁布实施，用于指导企业编制环境报告书。主要存在以下问题。

① 企业未编制年度环境报告书；

② 企业尚未理解国家对环境信息公开制度的要求，往往将清洁生产审核验收公示、

环评报告公示等作为环境信息公开文件上报；

③ 环境报告书未按规定格式编制，缺少污染物排放等重要信息；

④ 缺少环境信息公开的途径，未能在公司网站、地方管理部门办公平台或者相关社会责任网站进行信息公开。

3.4.2.10　环境治理与经济运营没有形成良性互动

当前，部分企业还没有将环境污染的治理和企业的运营有机结合在一起，企业仍然是将对环境的治理放在企业生产的最后环节，环境治理和企业生产没能形成一个良性的互动。另外，企业对环境资源的利用也不够科学，许多企业的环境资源成本很低，有些甚至无成本可言，这就导致了企业对环境资源成本的不重视和浪费。这种对环境资源的不重视直接影响环境的保护，而实际上有些环境成本在当前体现不出它的价值所在，一旦形成环境污染或者经过一段时间后，环境资源才能体现出它的价值。此时，则需要更大的成本去进行环境治理，最终导致了资源的浪费和无效利用。如果企业能在生产过程中重视环境资源、注重环境保护，那么就可以减少污染后治理的成本，形成一个有效的循环，使得环境治理和经济运营形成良性的互动。

由上述分析可以看出，玻璃企业多年来在推动经济发展的同时，也不可避免地催生了日益严峻的环境污染问题。当今社会，单纯地追求经济效益，不顾社会效益的企业发展理念已经与时代的发展不相符合，玻璃在生产过程中产生了大量的、各种形式的污染物，作为企业，有责任也有义务采取多种措施来防治环境污染。但从现实管理中来看，无论是企业文化上，还是机构设置上，玻璃企业并没有对自身所肩负的环境责任足够重视。对玻璃企业而言，树立并坚持绿色、可持续发展的理念，担负起自身的环境责任，采取多种措施对生产过程中的环境污染进行治理，不仅能良好地改善企业地方形象，还可以减少或避免环境污染带来的各种纠纷和赔偿，也有利于企业实现长远发展，继续做大做强。

第4章 环境政策法规标准

4.1 环境保护法律

日用玻璃企业生产应符合国家发布的环境保护相关法律要求，部分环境保护相关法律如表4-1所列。

表4-1 部分环境保护相关法律

序号	名称	发文字号
1	中华人民共和国环境保护法（2014年修订）	中华人民共和国主席令第九号
2	中华人民共和国大气污染防治法（2018年修正）	中华人民共和国主席令第十六号
3	中华人民共和国水污染防治法（2017年修正）	中华人民共和国主席令第七十号
4	中华人民共和国土壤污染防治法（2018年修正）	中华人民共和国主席令第八号
5	中华人民共和国固体废物污染环境防治法（2020年修订）	中华人民共和国主席令第四十三号
6	中华人民共和国环境噪声污染防治法（2021年修正）	中华人民共和国主席令第一〇四号
7	中华人民共和国环境保护税法（2018年修正）	中华人民共和国主席令第六十一号
8	中华人民共和国环境影响评价法（2018年修正）	中华人民共和国主席令第二十四号
9	中华人民共和国循环经济促进法（2018年修正）	中华人民共和国主席令第十六号
10	中华人民共和国节约能源法（2018年修正）	中华人民共和国主席令第十六号
11	中华人民共和国清洁生产促进法（2012年修正）	中华人民共和国主席令第五十四号

4.2 环境保护规章

涉及日用玻璃行业的环境保护相关部门规章如表4-2所列。

表 4-2　日用玻璃行业环境保护相关部门规章

序号	文件名称	发文字号	具体内容
1	日用玻璃行业规范条件（2017 年本）	工业和信息化部 2017 年第 54 号	（1）使用低硫含量的优质燃料，控制硫酸盐和硝酸盐原料的使用，禁止使用三氧化二砷、三氧化二锑、含铅原料、含氟原料、铬矿渣及其他有害原料，产品后加工工序应使用环保型颜料和制剂；采用先进的工艺技术与设备、改善管理、综合利用等。 （2）以发生炉煤气为主要燃料的新建或改扩建玻璃熔窑，必须在烟道上设置除尘或含有除尘的末端治理装置，以保证熔窑换向时烟气排放达到《工业炉窑大气污染物排放标准》（GB 9078）规定的限值要求
2	产业结构调整指导目录（2019 年本）	中华人民共和国国家发展和改革委员会令第 29 号	鼓励类： （1）轻工第 21 项：节能环保型玻璃窑炉（含全电熔、电助熔、全氧燃烧技术、NO_x 产生浓度≤1200mg/m^3 的低氮燃烧技术）的设计、应用；玻璃熔窑 DCS（分散控制）节能自动控制技术。 （2）轻工第 22 项：轻量化玻璃瓶罐（轻量化度≤1.0）工艺技术和关键装备的开发与生产。 限制类： （1）轻工第 5 项：普通照明白炽灯。 （2）轻工第 9 项：玻璃保温瓶胆生产线。 （3）轻工第 10 项：3×10^4t/a 及以下的玻璃瓶罐生产线。 （4）轻工第 11 项：以人工操作方式制备玻璃配合料及称量。 （5）轻工第 12 项：未达到日用玻璃行业清洁生产评价指标体系规定指标的玻璃窑炉。 淘汰类： （1）轻工第 20 项：燃煤和燃发生炉煤气的坩埚玻璃窑，直火式、无热风循环的玻璃退火炉。 （2）轻工第 21 项：机械定时行列式制瓶机。 （3）轻工第 34 项：添加白砒、三氧化二锑、含铅原料、含氟原料（全电熔窑除外）、铬矿渣及其他有害原辅材料的玻璃配合料
3	国家危险废物名录（2021 年版）	部令第 15 号	HW08 废矿物油与含矿物油废物：车辆、轮船及其他机械维修过程中产生的废发动机油、制动器油、自动变速器油、齿轮油等废润滑油。 HW12 染料、涂料废物：使用油漆（不包括水性漆）、有机溶剂进行喷漆、上漆过程中产生的废物。 HW30 废催化剂：烟气脱硝过程中产生的废钒钛系催化剂。 HW31 含铅废物：使用铅盐和铅氧化物进行显像管玻璃熔炼过程中产生的废渣
4	建设项目环境影响评价分类管理名录（2021 年版）	中华人民共和国生态环境部令第 16 号	环评报告表：玻璃制品制造（电加热的除外；仅切割、打磨、成型的除外）
5	固体污染源排污许可分类管理名录（2019 年版）	中华人民共和国生态环境部令第 11 号	（1）排污许可重点管理：以煤、石油焦、油和发生炉煤气为燃料的。 （2）排污许可简化管理：以天然气为燃料的。 （3）排污许可登记管理：其他

续表

序号	文件名称	发文字号	具体内容
6	环境监管重点单位名录管理办法（2022年）	中华人民共和国生态环境部令第27号	具备下列条件之一的，应当列为大气环境重点排污单位： （1）太阳能光伏玻璃行业企业，其他玻璃制造、玻璃制品、玻璃纤维行业中以天然气为燃料的规模以上企业。 （2）排污许可分类管理名录规定的实施排污许可重点管理的企业事业单位，应当列为重点排污单位。 《固定污染源排污许可分类管理名录（2019年版）》规定的实施排污许可重点管理的条件为“纳入重点排污单位名录”的企业事业单位，根据本办法第五条、第七条的规定不再符合重点排污单位筛选条件的，设区的市级生态环境主管部门应当及时予以调整

4.3　环境保护标准

4.3.1　污染物排放标准

4.3.1.1　大气污染物排放标准

（1）国家标准

日用玻璃行业大气污染物排放管理执行《玻璃工业大气污染物排放标准》（GB 26453—2022）。国家相关污染物排放标准是玻璃工业大气污染物排放控制的基本要求，地方省级人民政府对本标准未做规定的项目，可以制定地方污染物排放标准；对本标准已作规定的项目，可以制定严于本标准的地方污染物排放标准。《玻璃工业大气污染物排放标准》部分规定如表4-3～表4-5所列。

表4-3　玻璃工业大气污染物排放标准限值　　单位：mg/m^3

序号	污染物项目	适用条件	玻璃熔窑	在线镀膜尾气处理系统	涉VOCs物料加工工序①	原料称量、配料、碎玻璃及其他通风生产设施	污染物排放监控位置
1	颗粒物	全部	30	30	30	30	车间或生产设施排气筒
2	二氧化硫	全部	200	—	—	—	
3	氮氧化物	全部	400（500②）	—	—	—	
4	氯化氢	全部	30	30	—	—	
5	氟化物	全部	5	5	—	—	
6	砷及其化合物	使用含砷澄清剂	0.5	—	—	—	
7	锑及其化合物	使用含锑澄清剂	1	—	—	—	
8	铅及其化合物	铅晶质玻璃及其他含铅玻璃	0.5	—	—	0.5③	

续表

序号	污染物项目	适用条件	玻璃熔窑	在线镀膜尾气处理系统	涉 VOCs 物料加工工序①	原料称量、配料、碎玻璃及其他通风生产设施	污染物排放监控位置
9	锡及其化合物	全部	—	5	—	—	车间或生产设施排气筒
10	氨	烟气处理使用氨水、尿素等含氨物质	8	—	—	—	
11	非甲烷总烃（NMHC）	全部	—	—	80	—	
12	苯系物④	全部	—	—	40	—	
13	苯	全部	—	—	1	—	

① 涉 VOCs 物料加工工序包括：玻璃制造调胶、施胶工序，玻璃制品制造调漆、喷漆、烘干、烤花工序，制镜淋漆、烘干工序，玻璃纤维浸润剂配制、拉丝工序等。

② 适用于玻璃制品制造。

③ 适用于铅配料工序。

④ 苯系物包括苯、甲苯、二甲苯、三甲苯、乙苯和苯乙烯。

表 4-4　企业边界大气污染物浓度限值　　单位：mg/m^3

序号	污染物项目	适用条件	限值
1	砷及其化合物	使用含砷澄清剂的玻璃企业	0.003
2	铅及其化合物	铅晶质玻璃及其他含铅玻璃生产企业	0.006
3	苯	涉 VOCs 物料加工工序的玻璃企业	0.4

表 4-5　厂区内颗粒物、VOCs 无组织排放限值　　单位：mg/m^3

污染物项目	排放限值	限值含义	无组织排放监控位置
颗粒物	3	监控点处 1h 平均浓度值	在厂房外设置监控点
NMHC	5	监控点处 1h 平均浓度值	
	15	监控点处任意一次浓度值	

《玻璃工业大气污染物排放标准》的附录列举了涉 VOCs 物料加工工序排放的典型大气污染物，如表 4-6 所列。

表 4-6　涉 VOCs 物料加工工序排放的典型大气污染物

工艺类型	典型大气污染物
玻璃制品制造调漆、喷漆、烘干、烤花工序	颗粒物、丙烷、正丁烷、正己烷、苯系物（包括苯、甲苯、二甲苯、三甲苯、乙苯和苯乙烯）、乙醇、乙二醇、异丙醇、丁醇、异丁醇、仲丁醇、二丙酮醇、乙二醇乙醚、乙二醇丁醚、环己酮、乙酸甲酯、乙酸乙酯、乙酸丙酯、乙酸异丙酯、乙酸丁酯、乙酸异丁酯、丙烯酸酯类等

（2）地方标准

为推动玻璃行业污染防治工作，部分省市制定了地方大气污染物排放标准，如表 4-7 所列。地方标准中若对玻璃工业废气排放有更严格的要求，应按地方标准执行。

表 4-7　部分地方大气污染物排放标准

序号	地区	标准名称
1	山东	《建材工业大气污染物排放标准》（DB 37/2373—2018）
		《挥发性有机物排放标准 第 5 部分：表面涂装行业》（DB 37/2801.5—2018）
2	河北	《工业炉窑大气污染物排放标准》（DB 13/1640—2012）
		《工业企业挥发性有机物排放控制标准》（DB 13/2322—2016）
3	广东	《玻璃工业大气污染物排放标准》（DB 44/2159—2019，修订中）
4	天津	《工业炉窑大气污染物排放标准》（DB 12/556—2015）
5	上海	《工业炉窑大气污染物排放标准》（DB 31/860—2014）
6	河南	《工业炉窑大气污染物排放标准》（DB 41/1066—2020）
7	重庆	《工业炉窑大气污染物排放标准》（DB 50/659—2016）
8	江苏	《工业炉窑大气污染物排放标准》（DB 32/3728—2020）
9	安徽	《玻璃工业大气污染物排放标准》（DB 34/4295—2022）

4.3.1.2　水污染物排放标准

日用玻璃企业水污染物排放管理执行《污水综合排放标准》（GB 8978—1996）、《污水排入城镇下水道水质标准》（GB/T 31962—2015）或地方水污染物排放标准。

关于雨水排放，《排污许可证申请与核发技术规范 玻璃工业——平板玻璃》（HJ 856—2017）、《排污许可证申请与核发技术规范 陶瓷砖瓦工业》（HJ 954—2018）规定：选取全厂雨水排放口开展监测。对于有多个雨水排放口的排污单位，对全部雨水排放口开展监测。雨水监测点位设置在厂区雨水排放口后、排污单位用地红线边界位置。在雨水排放口有流量的前提下进行采样。雨水排放口监测指标为化学需氧量，排放期间每日至少监测一次。

针对雨水排放执行标准，生态环境部《关于雨水执行标准问题的回复》指出：企业在生产过程中，因物料遗撒、跑冒滴漏等原因，通常在厂区地面残留较多原辅料和废物，在降雨时被冲刷带入雨水管道中，污染雨水。因此，若不对污染雨水加以收集处理，任其通过雨水排口直接外排，将对水生态环境造成严重污染。为控制污染雨水，多项排放标准已将初期雨水或污染雨水纳入管控范围，要求达标排放，但是排放标准中不使用“后期雨水”的表述。企业雨水管理应严格执行该行业相应排放标准的相关要求。

4.3.1.3　厂界环境噪声排放标准

日用玻璃企业噪声控制参照执行《工业企业厂界环境噪声排放标准》（GB 12348—2008），厂界环境噪声不得超过表 4-8 规定的排放限值。

表 4-8　噪声排放限值　　单位：dB

厂界外声环境功能区类别	时段	
	昼间	夜间
0	50	40
1	55	45
2	60	50
3	65	55
4	70	55

4.3.1.4　固体废物相关标准

针对固体废物的收集、贮存和运输等环节的规范管理，生态环境部等部门制定发布了相关标准，如表 4-9 所列。

表 4-9　固体废物管理相关技术标准

序号	标准名称	标准号
1	环境保护图形标志 固体废物贮存（处置）场	GB 15562.2—1995（2023 年修改单）
2	危险废物贮存污染控制标准	GB 18597—2023
3	一般工业固体废物贮存和填埋污染控制标准	GB 18599—2020
4	一般固体废物分类与代码	GB/T 39198—2020
5	危险废物鉴别标准 通则	GB 5085.7—2019
6	固体废物鉴别标准 通则	GB 34330—2017
7	工业固体废物综合利用技术评价导则	GB/T 32326—2015
8	危险废物收集、贮存、运输技术规范	HJ 2025—2012
9	失活脱硝催化剂再生污染控制技术规范	HJ 1275—2022
10	危险废物识别标志设置技术规范	HJ 1276—2022

4.3.2　污染防治相关标准

（1）《日用玻璃炉窑烟气治理技术规范》（T/CNAGI 001—2020）

2020 年 10 月，中国日用玻璃协会发布了第一项团体标准《日用玻璃炉窑烟气治理技术规范》（中玻协〔2020〕52 号），标准规定了日用玻璃炉窑烟气治理工程的设计、施工、验收、运行和维护等技术要求，适用于日用玻璃制品以及玻璃包装容器、玻璃仪器、玻璃保温容器生产企业的炉窑烟气治理工程。

（2）《日用玻璃行业涂装工序挥发性有机物污染防治技术规范》（T/CNAGI 003—2022）

2022 年 6 月，中国日用玻璃协会发布了《日用玻璃行业涂装工序挥发性有机物污染防治技术规范》（中玻协〔2022〕26 号）团体标准，规定了日用玻璃行业涂装工序挥发性有机物污染防治的总体要求、源头控制、过程管理、末端治理、二次污染防治和环境管理，适用于日用玻璃行业涂装工序挥发性有机物污染防治，可作为环境影响评价、工程咨询、设计、施工、验收及建成后运行与管理的技术依据。

（3）资源、能耗限额标准

为进一步降低日用玻璃行业生产过程中的能源消耗，提高资源、能源利用效率，工信部《日用玻璃行业规范条件（2017年本）》中对日用玻璃熔窑能源消耗限额、日用玻璃生产主要资源消耗限额、日用玻璃单位产品综合能耗限额、日用玻璃生产项目资源能源综合利用指标等进行了规定，具体要求见表4-10～表4-13。

表4-10　日用玻璃熔窑能源消耗限额

产品分类	玻璃熔化能耗/(kgce/t 玻璃液)		窑炉周期熔化率/(t 玻璃液/m^2)	
玻璃瓶罐	①	③≤172	①	≥5000
		④≤200		≥4200
	②	③≤215	②	≥4000
		④≤250		≥3400
玻璃器皿	①≤200		①≥4200	
	②≤250		③≥3400	
玻璃保温瓶胆	≤255		≥ 3700	
玻璃仪器	①≤510		①≥1350	
	⑤≤440		⑤≥2680	

① 指项目采用天然气、优质燃料油等作为主要燃料的玻璃熔窑。

② 指项目采用优质煤制热煤气作为主要燃料的玻璃熔窑，计算能耗时，两段煤气发生炉的能源利用率按80%计。

③ 指普通玻璃料。

④ 指 Fe_2O_3<0.06%的无色玻璃。

⑤ 指全电熔窑，电力折标准煤系数按等价值计。

注：1. kgce即千克标准煤。

2. 本表中未包括高档玻璃瓶罐和高档玻璃器皿玻璃熔窑的能源消耗限额；高硼硅耐热玻璃器皿参照玻璃仪器指标。

表4-11　日用玻璃生产主要资源消耗限额

产品分类	企业纯碱消耗/(kg/t 产品)	企业硝酸银消耗/(kg/t 产品)	企业吨产品耗新水/(m^3/t 产品)
玻璃瓶罐	①≤116 ②≤204	—	≤0.62
玻璃器皿	机压≤225 吹制≤230	—	≤0.62
玻璃保温瓶胆	≤228	≤2.0	≤3.3
玻璃仪器	—	—	≤0.63

① 指普通玻璃料。

② 指 Fe_2O_3<0.06%的无色玻璃料。

表 4-12　日用玻璃单位产品综合能耗限额

<table>
<tr><th>产品分类</th><th colspan="2">单位产品综合能耗/(kgce/t 产品)</th><th colspan="2">万元产值综合能耗/(kgce/万元)</th></tr>
<tr><td rowspan="4">玻璃瓶罐</td><td rowspan="2">①</td><td>③≤320</td><td colspan="2" rowspan="2">≤1100</td></tr>
<tr><td>④≤350</td></tr>
<tr><td rowspan="2">②</td><td>③≤365</td><td colspan="2" rowspan="2">≤1200</td></tr>
<tr><td>④≤390</td></tr>
<tr><td rowspan="4">玻璃器皿</td><td rowspan="2">①</td><td>机压和压吹≤350</td><td colspan="2" rowspan="2">①≤950</td></tr>
<tr><td>吹制≤420</td></tr>
<tr><td rowspan="2">②</td><td>机压和压吹≤390</td><td colspan="2" rowspan="2">②≤1000</td></tr>
<tr><td>吹制≤470</td></tr>
<tr><td>玻璃保温瓶胆</td><td colspan="2">≤1000</td><td colspan="2">≤1750</td></tr>
<tr><td rowspan="4">玻璃仪器</td><td rowspan="2">①</td><td>压、拉制≤720</td><td rowspan="2">①</td><td>压、拉制≤850</td></tr>
<tr><td>吹制≤1280</td><td>吹制≤850</td></tr>
<tr><td rowspan="2">⑤</td><td>压、拉制≤650</td><td rowspan="2">⑤</td><td>压、拉制≤400</td></tr>
<tr><td>吹制≤950</td><td>吹制≤590</td></tr>
</table>

① 指项目采用天然气、优质燃料油等作为主要燃料的玻璃熔窑。

② 指项目采用优质煤制热煤气作为主要燃料的玻璃熔窑。

③ 指普通玻璃料。

④ 指 Fe_2O_3＜0.06％的无色玻璃料。

⑤ 指全电熔窑，电力折标准煤系数按等价值计。

注：1. 高档玻璃瓶罐和高档玻璃器皿只考核万元产值综合能耗；其他类产品在两项指标中任选其一进行考核。

2. kgce 即千克标准煤。

表 4-13　日用玻璃生产项目资源能源综合利用指标

产品分类	生产过程废玻璃回收利用率/％	硝酸银回收率/％	窑炉余热利用率/％	工业水重复利用率/％
玻璃瓶罐	100	—	≥3	≥90
玻璃器皿	100	—	≥3	≥90
玻璃保温瓶胆	100	100	≥3	≥90
玻璃仪器	100	—	≥3	≥90

2019 年 9 月，工业和信息化部批准发布 3 项与日用玻璃行业相关的能耗限额行业标准，分别为《玻璃保温瓶胆单位产品能源消耗限额》（QB/T 5360—2019）、《玻璃瓶罐单位产品能源消耗限额》（QB/T 5361—2019）和《玻璃器皿单位产品能源消耗限额》（QB/T 5362—2019），相关规定如表 4-14～表 4-17 所列。

表 4-14 玻璃保温瓶胆单位产品能源消耗限额

产品分类	单位产品综合能耗限额/(kgce/t)			窑炉单位玻璃液熔化能耗限额/(kgce/t)		
	先进值	准入值	限定值	先进值	准入值	限定值
玻璃保温瓶胆	245	250	255	950	970	1000

表 4-15 玻璃瓶罐单位产品能源消耗限额

产品种类		玻璃瓶罐单位产品综合能耗限额/(kgce/t)						玻璃瓶罐窑炉单位玻璃液熔化能耗限额/(kgce/t)					
		重油、天然气、石油焦			发生炉煤气			重油、天然气、石油焦			发生炉煤气		
指标分类		先进值	准入值	限定值	先进值	准入值	限定值	先进值	准入值	限定值	先进值	准入值	限定值
玻璃瓶罐①	高白料②	302	338	350	363	376	390	185	193	200	242	245	250
	普白料③	298	309	320	344	357	365	166	172	172	205	210	215
	颜色料	268	293	320	329	349	365	160	166	172	205	210	215

① 50mL 以上产品执行该标准，50mL 以下产品单位产品综合能耗在此基础上增加 62kgce/t 产品；在线印花产品能耗在此能耗基础上增加 52kgce/t 产品。

② 高白料指 Fe_2O_3<0.06%的玻璃料。

③ 普白料指 Fe_2O_3≥0.06%的无色玻璃料。

表 4-16 玻璃器皿单位产品能源消耗限额

产品种类		玻璃器皿单位产品综合能耗限额①/(kgce/t)								
		重油、天然气			发生炉煤气			电②		
指标分类		先进值	准入值	限定值	先进值	准入值	限定值	先进值	准入值	限定值
普通玻璃器皿	压制、压吹	331	338	350	369	376	390	—	—	—
	吹制	397	405	420	445	454	470	—	—	—
高档玻璃器皿③	压制、压吹	686	700	721	725	740	762	627	640	660
	吹制	882	900	927	931	950	980	823	840	865
硼硅玻璃器皿④	压制	680	700	720	—	—	—	615	627	650
	吹制	1200	1250	1280	—	—	—	899	917	950

① 在线钢化产品综合能耗在此能耗限额基础上增加 196kgce/t 产品。

② 电力折标煤系数取当量值。

③ 高档玻璃器皿是指 Fe_2O_3 含量不超过 0.02%、吨产品产值 6500 元以上的玻璃器皿。

④ 硼硅玻璃器皿是指含硼量大于 12%的玻璃器皿。

表 4-17　玻璃器皿单位玻璃液熔化能源消耗限额

产品种类		玻璃器皿窑炉单位玻璃液熔化能耗限额①/(kgce/t)								
		重油、天然气			发生炉煤气			电②		
指标分类		先进值	准入值	限定值	先进值	准入值	限定值	先进值	准入值	限定值
普通玻璃器皿	压制、压吹	185	193	200	240	245	250	—	—	—
	吹制									
高档玻璃器皿③	压制、压吹	206	210	216	255	260	268	145	148	154
	吹制									
硼硅玻璃器皿④	压制	490	500	510	—	—	—	145	148	154
	吹制									

① 在线钢化产品综合能耗在此能耗限额基础上增加 196kgce/t 产品。

② 电力折标煤系数取当量值。

③ 高档玻璃器皿是指 Fe_2O_3 含量不超过 0.02%、吨产品产值 6500 元以上的玻璃器皿。

④ 硼硅玻璃器皿是指含硼量大于 12%的玻璃器皿。

4.4　其他环境保护标准

日用玻璃行业应执行的其他环境保护标准如表 4-18 所列。

表 4-18　日用玻璃行业环境保护相关标准

标准名称	标准号	主要内容
排污许可证质量核查技术规范	HJ 1299—2023	(1) 为完善排污许可技术支撑体系，指导排污许可证质量核查工作，制定本标准； (2) 本标准规定了开展排污许可证质量核查的方式与要求、核查准备工作及主要核查内容
排污许可证申请与核发技术规范 工业炉窑	HJ 1121—2020	(1) 为完善排污许可技术支撑体系，指导和规范工业炉窑排污许可证申请与核发工作，生态环境部组织制定该标准； (2) 本标准规定了工业炉窑排污单位排污许可证申请与核发的基本情况填报要求、许可排放限值确定、实际排放量核算、合规判定方法以及自行监测、环境管理台账与排污许可证执行报告等环境管理要求，提出了污染防治可行技术参考要求
污染源源强核算技术指南 准则	HJ 884—2018	(1) 为完善建设项目环境影响评价技术支撑体系，指导和规范各行业污染源源强核算工作，生态环境部组织制定该标准； (2) 本标准规定了建设项目环境影响评价中污染源源强核算的总体要求、源强核算程序、源强核算原则要求等内容
排污单位自行监测技术指南 总则	HJ 819—2017	(1) 为指导和规范排污单位自行监测工作，生态环境部组织制定该标准； (2) 本标准提出了排污单位自行监测的一般要求、监测方案制定、监测质量保证和质量控制、信息记录和报告的基本内容与要求

4.5 环境保护相关文件

为推动日用玻璃行业污染防治工作，国家和地方结合玻璃行业的特点提出了环境保护要求，部分地区相关环境保护要求如表 4-19 所列。

表 4-19 部分地区相关环境保护要求

序号	国家或地区	文件名称	主要内容
1	国家	中华人民共和国国民经济和社会发展第十四个五年规划和 2035 年远景目标纲要	持续改善京津冀及周边地区、汾渭平原、长江三角洲地区空气质量，因地制宜推动北方地区清洁取暖、工业窑炉治理、非电行业超低排放改造，加快挥发性有机物排放综合整治，氮氧化物和挥发性有机物排放总量分别下降 10%以上
2	国家	关于推动轻工业高质量发展的指导意见（工信部联消费〔2022〕68 号）	开发轻量化玻璃瓶罐、高档玻璃餐饮具、微晶玻璃制品等；加大日用玻璃等行业节能降耗和减污降碳力度，加快完善能耗限额和污染排放标准，树立能耗环保标杆企业，推动能效环保对标达标；推动日用玻璃等行业废弃产品循环利用；开发节能环保型玻璃窑炉、自动化废（碎）玻璃加工处理系统、低氮燃烧技术、全氧燃烧技术、余热回收利用技术等
3	国家	“十四五”原材料工业发展规划	推进特种玻璃熔化成型技术；攻克高性能功能玻璃等一批关键材料；建设先进玻璃制造业创新中心；研究推动玻璃等重点行业实施超低排放
4	国家	“十四五”工业绿色发展规划	重点推广玻璃熔窑全燃燃烧等先进节能工艺流程；工业副产石膏综合利用率达到 73%；在重点行业推广先进适用环保治理装备，推动形成稳定、高效的治理能力；实施水泥行业脱硫脱硝除尘超低排放、玻璃行业熔窑烟气除尘、脱硫脱硝、余热利用（发电）“一体化”工艺技术和成套设备改造
5	国家	重点行业挥发性有机物综合治理方案（生态环境部 环大气〔2019〕53 号）	工业涂装、包装印刷等行业要加大源头替代力度；企业采用符合国家有关低 VOCs 含量产品规定的涂料、油墨、胶黏剂等，排放浓度稳定达标且排放速率、排放绩效等满足相关规定的，相应生产工序可不要求建设末端治理设施；使用的原辅材料 VOCs 含量（质量分数）低于 10%的工序，可不要求采取无组织排放收集措施；重点对含 VOCs 物料（包括含 VOCs 原辅材料、含 VOCs 产品、含 VOCs 废料以及有机聚合物材料等）贮存、转移和输送、设备与管线组件泄漏、敞开液面逸散以及工艺过程五类排放源实施管控，通过采取设备与场所密闭、工艺改进、废气有效收集等措施，削减 VOCs 无组织排放
6	国家	工业炉窑大气污染综合治理方案（生态环境部 环大气〔2019〕56 号）	对以煤、石油焦、渣油、重油等为燃料的工业炉窑，加快使用清洁低碳能源以及利用工厂余热、电厂热力等进行替代；重点区域禁止掺烧高硫石油焦（硫含量＞3%）；玻璃行业全面禁止掺烧高硫石油焦；加快工业炉窑大气污染物排放自动监控设施建设，重点区域内玻璃熔窑原则上应纳入重点排污单位名录，安装自动监控设施

续表

序号	国家或地区	文件名称	主要内容
7	国家	“十四五”节能减排综合工作方案（国发〔2021〕33号）	以大气污染防治重点区域及珠江三角洲地区、成渝地区等为重点，推进挥发性有机物和氮氧化物协同减排，加强细颗粒物和臭氧协同控制；稳妥有序推进大气污染防治重点区域燃料类煤气发生炉煤炭减量，实施清洁电力和天然气替代；推进原辅材料和产品源头替代工程，实施全过程污染物治理；以工业涂装、包装印刷等行业为重点，推动使用低挥发性有机物含量的涂料、油墨、胶黏剂、清洗剂
8	国家	深入打好重污染天气消除、臭氧污染防治和柴油货车污染治理攻坚战行动方案（生态环境部 环大气〔2022〕68号）	促进产业绿色转型升级，坚决遏制高耗能、高排放、低水平项目盲目发展，开展传统产业集群升级改造；强化挥发性有机物（VOCs）、氮氧化物等多污染物协同减排，以石化、化工、涂装、制药、包装印刷和油品储运销等为重点，加强VOCs源头、过程、末端全流程治理；开展低效治理设施全面提升改造工程
9	山东	山东省“十四五”生态环境保护规划	提高玻璃等行业的园区集聚水平，深入推进园区循环化改造；推进玻璃等行业污染深度治理
10	江苏	江苏省“十四五”生态环境保护规划	有序推进平板玻璃等非电非钢行业超低排放改造和工业炉窑等重点设施废气治理升级，通过提供技术帮扶、绿色审批通道、差异化能源价格、环保税减免、环保设备投资抵免税等，鼓励企业开展超低排放试点建设
11	河北	河北省建设京津冀生态环境支撑区“十四五”规划	推动平板玻璃等行业企业实行强制性清洁生产审核；邢台市推进玻璃企业超低排放改造；实施一批玻璃等特色产业清洁化改造和挥发性有机物对标治理
12	安徽	安徽省“十四五”生态环境保护规划	以玻璃等行业为重点，开展全流程清洁化、循环化、低碳化改造，促进传统产业绿色转型升级；实施窑炉深度治理，加快推进玻璃等行业污染深度治理
13	重庆	重庆市生态环境保护“十四五”规划	推进玻璃等重点行业氮氧化物深度治理

为进一步突出精准治污、科学治污、依法治污，积极应对重污染天气，生态环境部2020年出台《重污染天气重点行业应急减排措施制定技术指南（2020年修订版）》（环办大气函〔2020〕340号）文件，提出按照企业环保绩效水平，开展绩效分级，在满足当地应急减排比例需求的同时，制定差异化减排措施。在重污染天气预警期间，环保绩效水平先进的企业，可以减少或免除应急减排措施，从而鼓励“先进”，鞭策“后进”，促进全行业高质量发展。

其中日用玻璃企业绩效分级指标要求如表4-20所列。减排措施规定如下。

（1）A级企业

鼓励结合实际，自主采取减排措施。

表 4-20　日用玻璃企业绩效分级指标要求

<table>
<tr><th>差异化指标</th><th>A 级企业</th><th>B 级企业</th><th>C 级企业</th><th>D 级企业</th></tr>
<tr><td>能源类型</td><td>全部使用天然气、电</td><td>焦炉煤气、集中煤制气（循环流化床煤制气、气流床气化炉、两段式煤制气），煤含硫量不高于 0.5%，灰分不高于 10%</td><td>其他煤制气</td><td>其他</td></tr>
<tr><td>装备水平</td><td colspan="2">配料、窑炉：智能化集中控制系统</td><td colspan="2">未达到 A、B 级要求</td></tr>
<tr><td>污染治理技术</td><td>（1）除尘采用静电除尘、袋式除尘或电袋复合除尘等工艺；
（2）脱硝（除全氧燃烧技术、全电熔炉外）采用低氮燃烧技术＋SCR 等工艺，或除尘脱硝采用陶瓷一体化处理设施等工艺；
（3）脱硫采用石灰石-石膏、半干法或干法等脱硫工艺，全部采用以天然气为燃料的碎玻璃等替代原料，达到标准要求，可不增加脱硫工艺；
（4）日用玻璃喷涂彩装工序 VOCs 治理采用喷淋洗涤、吸附、氧化等两种及以上组合工艺或燃烧工艺</td><td>（1）除尘采用静电除尘、袋式除尘或电袋复合除尘等工艺；
（2）脱硝（除全氧燃烧技术、全电熔炉外）采用低氮燃烧技术＋SCR 等工艺，或除尘脱硝采用陶瓷一体化处理设施等工艺；
（3）脱硫采用石灰石-石膏、半干法或干法等脱硫工艺；
（4）日用玻璃喷涂彩装工序 VOCs 治理采用喷淋洗涤、吸附、氧化等两种及以上组合工艺</td><td>（1）除尘采用静电除尘、袋式除尘或电袋复合除尘等工艺；
（2）脱硝采用 SCR 等工艺；
（3）脱硫采用石灰石-石膏湿法脱硫、半干法、干法或双碱法（含自动加药和测 pH 装置）等脱硫工艺</td><td>未达到 C 级要求</td></tr>
<tr><td rowspan="2">排放限值</td><td>PM、SO_2、NO_x 排放浓度分别不高于 15mg/m^3、50mg/m^3、200mg/m^3，日用玻璃喷涂彩装工序 NMHC 排放浓度不高于 60mg/m^3</td><td>PM、SO_2、NO_x 排放浓度分别不高于 20mg/m^3、100mg/m^3、300mg/m^3，日用玻璃喷涂彩装工序 NMHC 排放浓度不高于 60mg/m^3</td><td>PM、SO_2、NO_x 排放浓度分别不高于 20mg/m^3、100mg/m^3、400mg/m^3，日用玻璃喷涂彩装工序 NMHC 排放浓度不高于 80mg/m^3</td><td>未达到 C 级要求</td></tr>
<tr><td colspan="4">备注：NH_3逃逸不高于 8mg/m^3（标），基准氧含量 8%；一年内的稳定达标小时数占比不低于 95%</td></tr>
<tr><td rowspan="2">无组织排放</td><td colspan="3">（1）采取封闭等有效措施，产尘点及车间不得有可见烟粉尘外逸；
（2）石灰、除尘灰、脱硫灰等粉状物料封闭贮存，采用封闭皮带、封闭通廊、管状带式输送机或封闭车厢等方式输送；
（3）物料输送过程中产尘点采取有效抑尘措施；
（4）粒状物料采用封闭方式输送</td><td>未达到 A、B、C 级要求</td></tr>
<tr><td>生产工艺产尘点（装置）采取封闭并负压集尘等措施。粒状、块状物料应封闭储存</td><td>生产工艺产尘点（装置）采取封闭措施。粒状、块状物料应封闭或半封闭储存</td><td>生产工艺产尘点（装置）采取封闭或设置集气罩等措施。粒状、块状物料采用入棚入仓或建设防风抑尘网等方式进行储存</td><td>未达到 C 级要求</td></tr>
</table>

续表

差异化指标	A级企业	B级企业	C级企业	D级企业
监测监控水平	主要生产装置安装DCS，重点排污企业主要排放口（PM、SO_2、NO_x、NMHC、NH_3）安装CEMS（烟气自动监控系统），数据接入DCS，数据保存一年以上		主要生产装置安装PLC（可编程逻辑控制器），重点排污企业主要排放口（PM、SO_2、NO_x、NMHC）安装CEMS，CEMS等数据保存一年以上	未达到C级要求
环境管理水平	环保档案齐全： （1）环评批复文件； （2）排污许可证及季度、年度执行报告； （3）竣工验收文件； （4）废气治理设施运行管理规程； （5）一年内第三方废气监测报告			
	台账记录： （1）生产设施运行管理信息（生产时间、运行负荷、产品产量等）； （2）废气污染治理设施运行管理信息（除尘滤料更换量和时间、脱硫及脱硝剂添加量和时间、含烟气量和污染物出口浓度的月度DCS曲线图等）； （3）监测记录信息［主要污染排放口废气排放记录（手工监测和在线监测）等］； （4）主要原辅材料消耗记录； （5）燃料（天然气）消耗记录		至少符合A、B级要求中（1）、（2）、（3）项（采用PLC的，不含污染物月度DCS曲线图）	未达到C级要求
	人员配置：设置环保部门，配备专职环保人员，并具备相应的环境管理能力		配备专职环保人员，并具备相应的环境管理能力	
运输方式	（1）物料公路运输全部使用达到国五及以上排放标准重型载货车辆（含燃气）或新能源车辆； （2）厂内运输车辆全部达到国五及以上排放标准（含燃气）或使用新能源车辆； （3）厂内非道路移动机械全部达到国三及以上排放标准或使用新能源机械	（1）物料公路运输使用达到国五及以上排放标准重型载货车辆（含燃气）或新能源车辆占比不低于80%，其他车辆达到国四排放标准； （2）厂内运输使用达到国五及以上排放标准重型载货车辆（含燃气）或新能源车辆占比不低于80%，其他车辆达到国四排放标准； （3）厂内非道路移动机械全部达到国三及以上排放标准或使用新能源机械占比不低于60%	物料公路运输使用达到国五及以上排放标准重型载货车辆（含燃气）或新能源车辆占比不低于30%	未达到C级要求
运行监管	参照《重污染天气重点行业移动源应急管理技术指南》建立门禁系统和电子台账		未达到A、B级要求	

（2）B级企业

日用玻璃橙色及以上预警期间：限产10%及以上，以“环评批复产能、排污许可载明产能、前一年正常生产实际产量”三者日均值的最小值为基准核算；停止使用国四及以下重型载货车辆（含燃气）进行运输。

（3）C级企业

日用玻璃橙色及以上预警期间：限产20%及以上，以“环评批复产能、排污许可载明产能、前一年正常生产实际产量”三者日均值的最小值为基准核算；停止使用国四及以下重型载货车辆（含燃气）进行运输。

（4）D级企业

日用玻璃黄色及以上预警期间：限产30%及以上，以“环评批复产能、排污许可载明产能、前一年正常生产实际产量”三者日均值的最小值为基准核算；停止使用国四及以下重型载货车辆（含燃气）进行运输。

备注：针对短时间难以停产的工序，建议在重污染频发的秋冬季期间，提前调整生产计划，确保预警期间企业能够落实相应应急减排措施；有条件的城市可以结合实际采取区域统筹的方式，实行轮流停产减排；企业有多条生产线，可以按照生产线进行停产，要求达到限产比例；长期停产（连续停产超过1年）的生产线不纳入停限产计算基数。

执法部门核查企业是否达到规定的减排措施，采用的核查方法如下。

1）现场核查

查看投料、熔窑、退火等主要生产设备，判断预警期间是否按要求落实停限产；查看除尘、脱硫、脱硝等污染治理设施是否稳定运行。

2）电量分析

查看近3个月投料、熔窑、退火等生产设备用电量明细，分析预警前和预警期间电量变化，比对采取减排措施期间的用电量是否明显下降。

3）台账核查

① 查阅企业绩效评价等级、是否为已备案省市级保障类企业等。

② 查阅生产设备运行台账和DCS生产数据，查看燃料、原辅料、药剂等使用量和产品产量，判断预警期间是否落实停限产要求。

③ 查阅污染治理设施的运行台账和在线监测数据，包括除尘、脱硫、脱硝等设施的运行、巡检、维护、故障记录等，自动监测及辅助设备运行状况、系统校准、校验记录、维护保养记录、故障维修记录、巡检日期等信息，判断污染治理设施是否稳定运行，PM、SO_2、NO_x和氨逃逸（氨逃逸在线监测仅对A、B级企业）等在线监测数据是否满足相应绩效等级排放限值，预警期间主要污染物浓度或排放量是否明显下降。

4）运输核查

具体参照《重污染天气重点行业移动源应急管理技术指南》进行车辆核查。

第5章 建设项目环境管理

5.1 环境影响评价制度

5.1.1 环境影响评价

环境影响评价（简称环评）的概念，最早是在1964年加拿大召开的一次国际环境质量评价的学术会议上提出来的。环境影响评价是指为了预防规划和建设项目实施造成环境污染、生态破坏等不良环境影响，对可能产生的环境影响进行分析、预测和评估，提出预防或减轻不良环境影响的对策和措施，进行跟踪监测的方法与制度。

环境影响评价可明确开发建设者的环境责任及规定应采取的行动，可为建设项目的工程设计提出环保要求和建议，可为环境管理者提供建设项目实施有效管理的科学依据。

环境影响评价是正确认识经济、社会与环境协调发展的科学方法，是保护环境、实现"预防为主"方针、控制新污染的有效手段。环境影响评价具有判断、预测、选择和导向作用，对确定正确的经济发展方向和保护环境与生态等一系列政策决策、规划及重大行动决策都有十分重要的意义。

5.1.2 环境影响评价制度的发展历程

环境影响评价是分析预测人为活动造成环境质量变化的一种科学方法和技术手段。这种科学方法和技术手段被法律强制规定为指导人们开发活动的必须行为，就成为环境影响评价制度。1969年，美国国会通过了《国家环境政策法》，1970年1月1日起正式实施，法中第二节第二条的第三款规定："在对人类环境质量具有重大影响的每一生态建议或立法建议报告和其他重大联邦行动中，均应由负责官员提供一份包括下列各项内容的详细说明：第一项，拟议中的行动将会对环境产生的影响；第二项，如果建议付诸实施，不可避免地将会出现的任何不利于环境的影响；第三项，拟议中的行动的各种选择方案；第四项，地方上对人类环境的短期使用与维持长期生产能力之间的关系；第五项，拟议中的行动如付诸实施，将造成的无法改变和无法恢复的资源损失。"

继美国建立环境影响评价制度后，先后有瑞典（1970年）、新西兰（1973年）、加拿大（1973 年）、澳大利亚（1974 年）、马来西亚（1974 年）、德国（1976 年）、印度（1978 年）、菲律宾（1979 年）、印尼（1979 年）等国家建立了环境影响评价制度。与此同时，国际上也设立了许多有关环境影响评价的机构，召开了一系列有关环境影响评价的会议。1970 年，世界银行设立环境与健康事务办公室，对其每一个投资项目的环境影响评价作出审查和评价。1974 年联合国环境规划署与加拿大联合召开了第一次环境影响评价会议。1992 年联合国环境与发展大会在里约热内卢召开，会议通过的《里约环境与发展宣言》和《21 世纪议程》中都写入了有关环境影响评价的内容。

我国的建设项目环境影响评价制度是在借鉴国外经验的基础上，结合我国实际情况逐步建立和发展起来的具有中国特色的环境保护制度。1973 年 8 月，以北京召开的第一次全国环境保护会议为标志，揭开了我国环境保护事业的序幕。会议通过的“全面规划、合理布局、综合利用、化害为利、依靠群众、大家动手、保护环境、造福人民”的环境保护工作方针，已初步孕育了环境影响评价的思想。1978 年 12 月 31 日，中发〔1978〕79 号文件批转的国务院环境保护领导小组《环境保护工作汇报要点》中，首先提出了环境影响评价的意向。1979 年 9 月，我国发布了第一部综合性的环境保护基本法——《中华人民共和国环境保护法》（试行），第六条规定“一切企业、事业单位的选址、设计、建设和生产，都必须充分注意防止对环境的污染和破坏。在进行新建、改建和扩建工程时，必须提出对环境影响的报告书，经环境保护部门和其他有关部门审查批准后才能进行设计。”从此，我国正式开展环境影响评价制度。

1981 年颁布了《基本建设项目环境保护管理办法》，对环境影响评价的适用范围、评价内容、工作程序等都作了较为明确的规定。1988 年 3 月国家环境保护局下发了关于《建设项目环境管理若干问题的意见》，同月颁布了《建设项目环境保护设计规定》，1989 年 5 月颁布了《建设项目环境影响评价收费标准的原则方法》，1989 年 9 月颁布了《建设项目环境影响评价证书管理办法》。这一系列规范性文件的颁布初步建立了环境影响评价制度的实施、管理体系。这一阶段颁布的《中华人民共和国海洋环境保护法》（1982）、《中华人民共和国水污染防治法》（1984）和《中华人民共和国大气污染防治法》（1987），都对相关内容的环境影响评价作了明确规定。

1998 年 11 月 29 日，国务院 253 号令发布实施《建设项目环境保护管理条例》（以下简称《条例》），这是建设项目环境管理的第一个行政法规，环境影响评价作为《条例》中的一章作了详细明确的规定。2002 年 10 月 28 日，第九届全国人大常委会通过了《中华人民共和国环境影响评价法》并于 2003 年 9 月 1 日起正式实施，以单行法形式确立了环境影响评价的法律地位。2009 年，国务院颁布《规划环境影响评价条例》，进一步要求规划编制机关对综合性规划、专项规划等可能造成的环境影响开展环境影响评价，为在宏观决策中考虑环境保护提供制度保障。

2012 年开始，环评“未批先建”、环评机构“借证”“挂证”问题突显；2015 年 2 月，中央巡视组向环境保护部党组反馈了巡视意见，着重指出被社会诟病的“红顶中介”问题，就此拉开环评大刀阔斧改革的序幕。2017 年 7 月 16 日发布《国务院关于修改〈建设项目环境保护管理条例〉的决定》。对《建设项目环境保护管理条例》进行了修订，一是简化建设项目环境保护审批事项和流程。删去环境影响评价单位的资质管理、建设项目环境保护设施竣工验收审批规定；将环境影响登记表由审批制改为备案制，将环境影响报告书、报告表的报批时间由可行性研究阶段调整为开工建设前，环境影响评价审批与投资审批的关系由前置“串联”改为“并联”；取消行业主管部门预审等环境影响评价的前置审批程序，并将环境影响评价和工商登记脱钩。二是加强事中事后监管。规定建设项目必须严格依法进行环境影响评价，环境影响评价文件未经依法审批或者经审查未予批准的，不得开工建设；加大对未批先建、竣工验收中弄虚作假等行为的处罚力度；引入社会监督，建立信用惩戒机制，要求建设单位编制环境影响评价文件征求公众意见，并依法向社会公开竣工验收情况，环境保护部门要将有关环境违法信息记入社会诚信档案，及时向社会公开。三是减轻企业负担，进一步优化服务。明确审批、备案环境影响评价文件和进行相关的技术评估，均不得向企业收取任何费用，并要求环境保护部门推进政务电子化、信息化，开展环境影响评价文件网上审批、备案和信息公开。

2018年12月29日第十三届全国人民代表大会常务委员会第七次会议对《中华人民共和国环境影响评价法》进行了修正。

环境影响评价制度的实施，可以有效防止一些建设项目对环境产生严重的不良影响，也可以通过对可行性方案的比较和筛选，把某些建设项目的环境影响减少到最小程度。因此，环境影响评价制度同国土利用规划一起被视为贯彻预见性环境政策的重要支柱和卓有成效的法律制度，在国际上越来越引起广泛的重视。

5.1.3 环境影响评价的分类管理

1999年4月，国家环保总局首次颁发了《建设项目环境保护分类管理名录（试行）》（环发〔1999〕99号，以下简称“试行版”），具体规定了不同建设项目环境影响评价工作的等级分类，是一部指导性很强的部门规章。根据建设项目对环境的影响程度，对建设项目环境保护实行分类管理。

但由于是首次试行，项目的分类相对比较粗，附件中给出的建设项目名录仅给出编制环境影响书和登记表两个类别，对介于两者之间的建设项目规定编制环境影响表，因此该名录试行版的分类界限不是很清晰，操作性不强。名录试行版执行一年多后，国家环保总局根据执行情况及各部门反馈意见，于2001年2月发布了《建设项目环境保护分类管理名录（第一批）》（环发〔2001〕17号，以下简称“2001年版”，并对每次修订的分类名录统一简称“××年版”），该版名录第一次全面给出了建设项目编制环境影响报告书、报告表和登记表三个分类名录，界限清晰，操作性也强。2008年8月，环境保护部根据《中华人民共和国环境影响评价法》第十六条的规定，发布了《建设项目环境影响评价分类管理名录》（环境保护部令第2号），该版的分类名录将名称从“建设项目环境保护分类管理名录”变为“建设项目环境影响评价分类管理名录”。此后，随着我国环境保护工作的深入开展和环境影响评价制度的不断完善，《建设项目环境影响评价分类管理名录》又进行了多次修订。2020年11月30日，生态环境部发布了《建设项目环境影响评价分类管理名录（2021年版）》，2021年版名录修订的思路主要包括以下几点。

① 聚焦重点，有收有放，对环境影响大的行业严格把关。根据优化营商环境和保障民生需要，对农副食品加工业、食品制造业、仓储业等行业开展简化。

② 科学合理，对照《国民经济行业分类》重新排序，明确环评类别，超过1/2的行业小类可以对应。

③ 宜简则简，对环境影响单一、环境治理措施成熟、环境与社会风险可控项目做适当简化调整。

④ 制度衔接，衔接排污许可制度，对排污许可名录登记管理的建设项目，名录中不再填报环评登记表，减轻企业负担。

5.1.4 我国环境影响评价具体要求

《中华人民共和国环境影响评价法》（2018 年 12 月 29 日，第十三届全国人民代表大会常务委员会第七次会议第二次修正）中规定了建设项目环境影响评价的具体要求。

第十六条规定了不同类型的建设项目所应当编制的环境影响评价文件类型。

国家根据建设项目对环境的影响程度，对建设项目的环境影响评价实行分类管理。

建设单位应当按照下列规定组织编制环境影响报告书、环境影响报告表或者填报环境影响登记表（以下统称环境影响评价文件）。

① 可能造成重大环境影响的，应当编制环境影响报告书，对产生的环境影响进行全面评价；

② 可能造成轻度环境影响的，应当编制环境影响报告表，对产生的环境影响进行分析或者专项评价；

③ 对环境影响很小，不需要进行环境影响评价的，应当填报环境影响登记表。

建设项目的环境影响评价分类管理名录，由国务院生态环境主管部门制定并公布。

第十七条规定了建设项目的环境影响报告书的主要内容。

建设项目的环境影响报告书应当包括下列内容。

① 建设项目概况；

② 建设项目周围环境现状；

③ 建设项目对环境可能造成影响的分析、预测和评估；

④ 建设项目环境保护措施及其技术、经济论证；

⑤ 建设项目对环境影响的经济损益分析；

⑥ 对建设项目实施环境监测的建议；

⑦ 环境影响评价的结论。

环境影响报告表和环境影响登记表的内容与格式，由国务院生态环境主管部门制定。

第十九条规定了建设项目环境影响评价文件编制能力要求。

建设单位可以委托技术单位对其建设项目开展环境影响评价，编制建设项目环境影响报告书、环境影响报告表；建设单位具备环境影响评价技术能力的，可以自行对其建设项目开展环境影响评价，编制建设项目环境影响报告书、环境影响报告表。

编制建设项目环境影响报告书、环境影响报告表应当遵守国家有关环境影响评价标准、技术规范等规定。

国务院生态环境主管部门应当制定建设项目环境影响报告书、环境影响报告表编制的能力建设指南和监管办法。

接受委托为建设单位编制建设项目环境影响报告书、环境影响报告表的技术单位，不得与负责审批建设项目环境影响报告书、环境影响报告表的生态环境主管部门或者其他有关审批部门存在任何利益关系。

第二十二条规定了建设项目环境影响评价的审批和备案管理要求。

建设项目的环境影响报告书、报告表，由建设单位按照国务院的规定报有审批权的生态环境主管部门审批。

海洋工程建设项目的海洋环境影响报告书的审批，依照《中华人民共和国海洋环境保护法》的规定办理。

审批部门应当自收到环境影响报告书之日起六十日内，收到环境影响报告表之日起三十日内，分别做出审批决定并书面通知建设单位。

国家对环境影响登记表实行备案管理。

审核、审批建设项目环境影响报告书、报告表以及备案环境影响登记表，不得收取任何费用。

5.1.5　环境影响评价关注重点

日用玻璃行业的生产工序链长，占地面积大，产污点分布广，对区域环境的影响较大，在环境评价分析时，要考虑从玻璃生产到流通的各个阶段。日用玻璃行业在《国民经济行业分类》中属于玻璃制品制造业（305），《建设项目环境影响评价分类管理名录（2021年版）》规定，玻璃制品制造（电加热的除外；仅切割、打磨、成型的除外）建设项目应编制报告表。

因此，日用玻璃项目建设前应当积极做好环境影响评价，考虑多方面的因素，将项目对环境的影响降低到最小。

（1）规划及规划环境影响评价符合性分析

《中华人民共和国环境保护法》明确规定在国务院、国务院有关主管部门和省、自治区、直辖市人民政府划定的风景名胜区、自然保护区和其他需要特别保护的区域内，不得建设污染环境的工业生产设施；严禁在城市规划确定的生活居住区、文教区、水源保护区、名胜古迹、风景游览区、温泉、疗养区和自然保护区等界区内选址。

① 与园区规划、规划环评及其审查意见的符合性分析。重点分析园区规划是否已办理了规划环评手续，项目是否符合园区规划及规划环评、规划环评审查意见有关文件中规定的环境准入条件、产业定位、规划布局、产业链、总量控制、环境防护距离等方面的要求。

② 与园区公共配套基础设施的衔接性分析。与园区污水处理厂及管网管廊、天然气管网或集中供热工程等的建设运行是否配套衔接。

③ 关注周边集中居住区、村庄等敏感目标及废气敏感性企业的分布，是否符合环境安全防护距离要求，环境风险水平能否接受。

④ 与区域生态功能区划的符合性分析。分析项目是否与所在区域的生态功能区划有冲突，是否触及生态保护红线。

⑤ 与各环境要素的环境功能区划、环境容量的适应性分析。分析项目排放的各类污染物是否在所在区域内有环境容量，项目的建设是否会改变原有环境功能。

（2）产业政策分析

① 与《产业结构调整指导目录（2019年本）》的符合性分析。“普通照明白炽灯、玻璃保温瓶胆生产线、3×10^4 t/a及以下的玻璃瓶罐生产线、以人工操作方式制备玻璃配合料及称量、未达到日用玻璃行业清洁生产评价指标体系规定指标的玻璃窑炉”均被列为限

制类；“燃煤和燃发生炉煤气的坩埚玻璃窑，直火式、无热风循环的玻璃退火炉，机械定时行列式制瓶机，添加白砒、三氧化二锑、含铅物质、含氟物质（全电熔窑除外）、铬矿渣及其他有害原辅材料的玻璃配合料”均被列为淘汰类。

② 与“三线一单”的符合性分析。根据环境保护部文《关于以改善环境质量为核心加强环境影响评价管理的通知》（环评〔2016〕150号），“三线一单”中的“三线”是指“生态保护红线、环境质量底线、资源利用上线”，“一单”就是规划环境准入负面清单。建设项目需经过与“三线一单”进行对照后，确保项目不在生态保护红线内，未超出环境质量底线及资源利用上线，未列入规划环境准入负面清单内，项目建设符合国家和地方“三线一单”的管控要求。

依据中共中央办公厅、国务院办公厅印发的《关于划定并严守生态保护红线的若干意见》，生态保护红线原则上按禁止开发区域的要求进行管理，严禁不符合主体功能定位的各类开发活动，严禁任意改变用途，确保生态保护红线的生态功能不降低、面积不减少、性质不改变。

③ 与其他国家及地方产业政策文件等的符合性分析。

（3）产污环节分析

我国日用玻璃生产目前主要采用石油焦、重油、天然气、发生炉煤气等作为燃料，根据生产规模及使用燃料情况，日用玻璃生产线排烟温度大多在220～400℃。烟气中的主要污染物为SO_2、NO_x和粉尘，同时含有部分重金属。其中SO_2为主要污染物，排放浓度在400～3500mg/m^3；粉尘粒径小，黏结性较强，排放浓度在400～3000mg/m^3；NO_x浓度高，一般来说，玻璃窑炉的氮氧化物浓度在2000mg/m^{3}以上。窑炉动态换火，玻璃窑每15～20min一换火，换火的过程中，SO_2、NO_x和粉尘浓度都会发生剧烈变化。

挥发性有机物主要来源于烤花、喷漆、丝网印刷等生产过程中使用的油墨、涂料等，目前大部分企业采用的原料主要是溶剂型涂料和油墨，新建企业一般使用水性油墨和水性涂料。

玻璃制品行业废水包括车间地面冲洗废水、余热锅炉房废水、化验室废水、深加工车间废水等。主要污染物是SS、COD、油类污染物、含氟物质和重金属等污染物质。玻璃深加工废水具有水量大、玻璃粉浓度高、难生化降解等特点，另外水中还有一些添加剂和油类。工业废水大都偏酸性。

具体产排污分析见本书“3.3　主要污染物分析”章节。

（4）环境风险防控与应急预案

环境风险防控重在选购先进和质量可靠的设备，加强日常巡查和日常的环境管理，建设完善的事故废水收纳、收集排放系统，制定完善的环境风险应急预案，并定期加强应急演练。

根据国家环保部（现生态环境部）颁发的《企业事业单位突发环境事件应急预案备案管理办法（试行）》等有关规定，规范企业内部的事故应急预案，并按要求报主管环保部门备案。关注环境风险防范三级防控体系，提出突发环境事件应急预案管理要求，试生产、开停车可能出现的事故环境风险及防范措施和管理要求；收集区域环境风险应急体系建设状况，积极有效地与区域环境风险应急体系进行联防联控。

（5）公众参与

日用玻璃项目生产过程中会排放污染物，当企业因污染防治措施不完善或未落实，污染物不正常排放时，废气可能影响周边村民的身体健康和生活质量，容易引发周边村民投诉和不满。因此，尽可能采取召开公众参与座谈会、听证会等各种形式征求公众的意见、建议，充分反映周边调查群众的真实想法和环境诉求。

5.1.6　环境影响后评价

根据《中华人民共和国环境影响评价法》第二十七条的规定："在项目建设、运行过程中产生不符合经审批的环境影响评价文件的情形的，建设单位应当组织环境影响的后评价，采取改进措施，并报原环境影响评价文件审批部门和建设项目审批部门备案；原环境影响评价文件审批部门也可以责成建设单位进行环境影响的后评价，采取改进措施。"

当日用玻璃生产企业周边环境发生重大变化，如环境保护目标发生变化时应开展环境影响后评价。

5.2　建设过程环境管理

5.2.1　建设期主要环境问题及基本措施

项目建设过程中会产生大气、水、噪声和固体废物等污染，施工期工艺及产污节点见图 5-1。

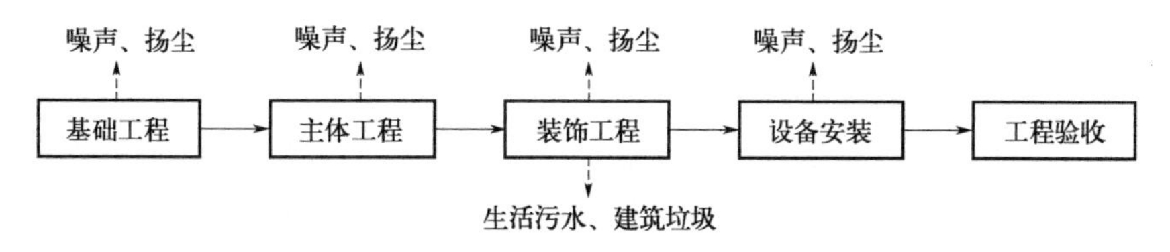

图 5-1　施工期工艺及产污节点

① 基础工程施工阶段：包括挖掘、打桩、砌筑基础、清运工程垃圾土等。

② 主体工程施工阶段：包括钢筋、混凝土工程，钢木工程、砌体工程，回填土，铺设上下水管等。

③ 装饰工程施工阶段：包括主体内墙体装修、粉刷、回填土方和清理现场等。

④ 设备安装施工阶段：包括生产及辅助设备购置、现场安装等。

⑤ 工程验收阶段：包括调试与试运行阶段。

5.2.1.1　大气污染

造成大气污染的因素很多，其中最主要的因素有扬尘排放、有毒有害气体排放、建筑材料引起的空气污染等。

大气污染主要防治措施如下。

① 现场混凝土、砂浆搅拌点，搭设施工棚，减少扬尘。

② 车辆出场设置车辆冲洗池，车辆清理干净后不带尘土出现场。

③ 场内易扬尘颗粒建筑材料（如袋装水泥等）密闭存放。散装颗粒物材料（如砂子

等）进场后临时用密目网或毡布进行覆盖，控制此类一次进场量，边用边进，减少散发面积，用完后清扫干净。

④ 现场围挡。利用压型钢板围挡施工现场，防止施工扬尘飘至现场外。

⑤ 土方开挖，须事先拟妥工作计划，尽量减少开挖的裸露面积，余土外运后应迅速冲刷被污染的硬化地面。

⑥ 通过硬化场地、定期洒水、适当材料覆盖、尽量禁止车辆通行（或限速通行）等措施解决现场扬尘问题。

⑦ 运输泥土、砂石、废物或散装物料的车辆（货车）必须注意装卸及载运过程的污染控制。

⑧ 工程项目应尽量避免采用在施工过程中会产生有毒有害气体的建筑材料。

⑨ 对于柴油打桩机锤要采取防护措施，控制所喷出油污的影响范围。

5.2.1.2 水污染

主要污染包括泥浆水和生产污水等。相应防治措施包括以下几点。

① 废水中若存在有害成分，必须加以收集，经处理至符合排放标准后才可排放。

② 施工及生活中的污水、废水，沉淀处理后按临时排水方案排至市政下水管网。

③ 严格防止有害健康的各类液体（如汽油、酸、碱液、涂料、化学液等）倾倒，以防地下水污染或混入一般废水中。

④ 要注意防止废物或物料在贮存或堆积时因雨冲刷进入一般废水中。

⑤ 施工现场与临设区保持道路畅通，并设置雨水排水明沟，使现场排水得到保障。

5.2.1.3 噪声污染

噪声是施工现场的主要环境问题之一。如在施工中需要进行爆破作业，必须经上级主管部门审查同意，并持说明爆破器材的地点、品名、数量、用途、四邻距离的文件和安全操作规程，向所在地县、市公安局申请“爆破物品使用许可证”，方可进行作业。

噪声污染主要防治措施如下。

① 严格执行建筑施工场界噪声限制标准。

② 混凝土浇灌施工前应到政府相关部门办理夜间施工许可证后方可施工。

③ 其他产生噪声的工序（木模板加工等），避免夜间施工，若需夜间施工时，控制在10点钟前，并告知周边居民。

④ 控制工地所用的各种运输车辆产生的噪声，进入现场后不得鸣笛。

⑤ 设置木工棚、钢筋加工棚，减少噪声的扩散。

5.2.1.4 固体废物污染

建筑垃圾应有指定堆放地点，并随时进行清理。运输建筑材料、垃圾和工程渣土的车辆应采取有效措施，防止尘土飞扬、撒落或流逸。要采取有效措施控制施工过程中的扬尘。提倡采用商品混凝土。要减少建筑垃圾的数量。

5.2.1.5 施工期环境管理

施工期环境管理是由建设单位、监理单位、施工单位共同组成完整的管理体系，同时要求工程设计单位做好服务与配合。日用玻璃行业施工期环境管理主要内容包括：施工单位应加强驻地和施工现场的环境管理合理安排计划，切实做到组织计划严谨，文明施工环保措施逐步落实到位，确保环保工程与主体工程同时施工、同时运行；对施工单位提出要求，明确责任，督促施工单位采取有效措施减少施工过程中地面扬尘、建筑粉尘、施工机械尾气和废水排放对大气、地表水、地下水环境的污染以及噪声影响；定期检查，督促施工单位按要求回填建筑垃圾，收集和处理施工废渣与生活垃圾；施工单位应特别注意工程施工中的水土保持，尽可能保护好土壤、植被，弃土弃渣运至设计中指定地点堆存，并做好防护，严禁随意堆置，防止对大气及地表水环境造成影响；认真落实各项补偿措施，做好各项工程环保设施的施工监理与验收，保证环保工程质量，真正做到环保工程“三同时”；工程监理单位应切实履行环境监理的责任，依据环境监理的原则和报告书的要求对施工时段、施工方式以及可能对生态和环境产生影响的施工内容进行检查并给予指导和建议，防治无组织污染，减少扬尘水污染和机械噪声，对于地基的开挖极有可能造成水土流失的施工，应剥离表土，单独保存，妥善保管以备恢复植被。对施工全过程给予书面的报告，以备各部门的检查。项目建成后应全面检查施工现场的环境恢复情况。

5.2.2　倡导绿色施工、文明施工理念

绿色施工的基本内容是减少施工对环境的负面影响。绿色施工除了封闭施工、降低噪声、防止扬尘、减少环境污染、清洁运输、文明施工外，还应该减少场地干扰，尊重基地环境，结合气候施工，节约水、电、材料等资源和能源，采用环保健康的施工工艺，减少填埋废物的数量，以及实施科学管理、保证施工质量等，遵循可持续发展的原则。也有人对绿色施工提出了更高的要求，认为绿色施工具有“四化”的特征，即系统化、社会化、信息化、一体化，这实质上是将施工技术提升到了一个新的高度。

5.3　试生产过程环境管理

《建设项目竣工环境保护验收管理办法》（原国家环境保护总局令第 13 号）于 2002 年 2 月 1 日起正式实施，其中对试生产的环境管理提出了如下要求。

① 建设项目试生产前，建设单位应向有审批权的环境保护行政主管部门提出试生产申请。

② 环境保护行政主管部门应自接到试生产申请之日起 30 日内，组织或委托下一级环境保护行政主管部门对申请试生产的建设项目环境保护设施及其他环境保护措施的落实情况进行现场检查，并做出审查决定。

对环境保护设施已建成及其他环境保护措施已按规定要求落实的，同意试生产申请；对环境保护设施或其他环境保护措施未按规定建成或落实的，不予同意，并说明理由。逾期未做出决定的，视为同意。

试生产申请经环境保护行政主管部门同意后，建设单位方可进行试生产。

③ 进行试生产的建设项目，建设单位应当自试生产之日起 3 个月内，向有审批权的环境保护行政主管部门申请该建设项目竣工环境保护验收。对试生产 3 个月确不具备环境保护验收条件的建设项目，建设单位应当在试生产的 3 个月内，向有审批权的环境保护行政主管部门提出该建设项目环境保护延期验收申请，说明延期验收的理由及拟进行验收的时间。经批准后建设单位方可继续进行试生产。试生产的期限最长不超过一年。核设施建

设项目试生产的期限最长不超过 2 年。

同时，对违反试生产环境管理要求的企业进行如下处罚。

① 试生产建设项目配套建设的环境保护设施未与主体工程同时投入试运行的，由有审批权的环境保护行政主管部门依照《建设项目环境保护管理条例》第二十六条的规定，责令限期改正；逾期不改正的，责令停止试生产，可以处 5 万元以下罚款。

② 违反本办法第十条规定，建设项目投入试生产超过 3 个月，建设单位未申请建设项目竣工环境保护验收或者延期验收的，由有审批权的环境保护行政主管部门依照《建设项目环境保护管理条例》第二十七条的规定责令限期办理环境保护验收手续；逾期未办理的，责令停止试生产，可以处 5 万元以下罚款。

2015 年 10 月 11 日国务院《关于第一批取消 62 项中央指定地方实施行政审批事项的决定》(国发〔2015〕57 号）取消了省、市、县级环境保护行政主管部门实施的建设项目试生产审批事项。然而在试生产过程中，企业依然承担环境保护主体责任，在试生产过程中应该做好以下工作。

5.3.1　为开展竣工环保验收做准备

建设项目主体工程竣工后，其配套建设的环境保护设施必须与主体工程同时投入生产或者运行。需要进行试生产或试运行的，其配套建设的环境保护设施必须与主体工程同时投入试生产或试运行。根据《关于实施建设项目竣工环境保护企业自行验收管理的指导意见》规定，建设项目主体工程竣工后、正式投产或运行前，企业应自行组织开展建设项目竣工环境保护验收，并编制建设项目竣工环境保护验收调查（监测）报告。

因此，在试生产过程中进行竣工环保验收是一项重要工作，主要关注的环保设施情况包括以下几点。

① 环境影响报告书（表）及其批复文件规定的与建设项目有关的各项环境保护设施，包括为防治污染和保护环境所建成或配备的工程、设备、装置及监测手段，各项生态保护设施。

② 环境影响报告书（表）及其批复文件和有关项目设计文件规定应采取的其他各项环境保护措施。

③ 与建设项目有关的各项环境保护设施、环境保护措施的运行效果。

5.3.2　保障环保设施与主体设施匹配运行

(1) 污染物达标排放监测结果

1） 废水

废水监测结果按废水种类分别以监测数据列表表示，根据相关评价标准评价废水达标排放情况，若排放有超标现象应对超标原因进行分析。

2） 废气

① 有组织排放。有组织排放监测结果按废气类别分别以监测数据列表表示，根据相关评价标准评价废气达标排放情况，若排放有超标现象应对超标原因进行分析。

② 无组织排放。无组织排放监测结果以监测数据列表表示，根据相关评价标准评价无组织排放达标情况，若排放有超标现象应对超标原因进行分析。附无组织排放监测时气

象参数记录表。

3）厂界噪声

厂界噪声监测结果以监测数据列表表示，根据相关评价标准评价厂界噪声达标排放情况，若排放有超标现象应对超标原因进行分析。

4）固（液）体废物

固（液）体废物监测结果以监测数据列表表示，根据相关评价标准评价固（液）体废物达标情况，若排放有超标现象应对超标原因进行分析。

5）污染物排放总量核算

根据各排污口的流量和监测浓度，计算本工程主要污染物排放总量，评价是否满足审批部门审批的总量控制指标，无总量控制指标的不评价，仅列出环境影响报告书（表）预测值。

对于有“以新带老”要求的，按环境影响报告书（表）列出“以新带老”前原有工程主要污染物排放量，并根据监测结果计算“以新带老”后主要污染物产生量和排放量，涉及“区域削减”的，给出实际区域平衡替代削减量，并计算出项目实施后主要污染物增减量。附主要污染物排放总量核算结果表。

（2）环保设施去除效率监测结果

1）废水治理设施

根据各类废水治理设施进、出口监测结果，计算主要污染物去除效率，评价是否满足环评及审批部门审批决定或设计指标。

2）废气治理设施

根据各类废气治理设施进、出口监测结果，计算主要污染物去除效率，评价是否满足环评及审批部门审批决定或设计指标。

3）厂界噪声治理设施

根据监测结果评价噪声治理设施的降噪效果。

4）固体废物治理设施

根据监测结果评价固体废物治理设施（含危险废物贮存设施）的处理效果。

5.4　竣工环境保护验收管理

5.4.1　基本概念

建设项目竣工环境保护验收是指建设项目竣工后，环境保护行政主管部门依据环境保护验收监测或调查结果，并通过现场检查等手段，考核该建设项目是否达到环境保护要求的活动。建设项目竣工环境保护验收范围包括：一是与建设项目有关的各项环境保护设施，包括为防治污染和保护环境所建成或配备的工程、设备、装置与监测手段，各项生态保护设施；二是环境影响报告书（表）或者环境影响登记表和有关项目设计文件规定应采取的其他各项环境保护措施。

《建设项目环境保护管理条例》第十七条规定：编制环境影响报告书、环境影响报告表的建设项目竣工后，建设单位应当按照国务院环境保护行政主管部门规定的标准和程序，对配套建设的环境保护设施进行验收，编制验收报告。第十八条规定：分期建设、分期投入生产或者使用的建设项目，其相应的环境保护设施应当分期验收。第二十条规定：环境保护行政主管部门应当对建设项目环境保护设施设计、施工、验收、投入生产或者使用情况，以及有关环境影响评价文件确定的其他环境保护措施的落实情况，进行监督检查。

5.4.2 管理制度

2001 年 12 月 27 日，国家环境保护总局发布的《建设项目竣工环境保护验收管理办法》（国家环境保护总局令第 13 号）中规定，根据国家建设项目环境保护分类管理的规定，对建设项目竣工环境保护验收实施分类管理，建设单位申请建设项目竣工环境保护验收，应当向有审批权的环境保护行政主管部门提交以下验收材料：

① 对编制环境影响报告书的建设项目，为建设项目竣工环境保护验收申请报告，并附环境保护验收监测报告或调查报告；

② 对编制环境影响报告表的建设项目，为建设项目竣工环境保护验收申请表，并附环境保护验收监测表或调查表；

③ 对填报环境影响登记表的建设项目，为建设项目竣工环境保护验收登记卡。

为贯彻落实新修改的《建设项目环境保护管理条例》，规范建设项目竣工后建设单位自主开展环境保护验收的程序和标准，2017 年 11 月环境保护部发布了《建设项目竣工环境保护验收暂行办法》，对建设项目环保验收提出了新的要求，明确了竣工验收的主体由环境保护行政主管部门变更为建设单位。建设单位是建设项目竣工环境保护验收的责任主体，应当按照规定的程序和标准，组织对配套建设的环境保护设施进行验收，编制验收报告，公开相关信息，接受社会监督，确保建设项目需要配套建设的环境保护设施与主体工程同时投产或者使用，并对验收内容、结论和所公开信息的真实性、准确性及完整性负责，不得在验收过程中弄虚作假。建设单位不具备编制验收监测（调查）报告能力的，可以委托有能力的技术机构编制。建设单位对受委托的技术机构编制的验收监测（调查）报告结论负责。建设单位与受委托的技术机构之间的权利义务关系，以及受委托的技术机构应当承担的责任，可以通过合同形式约定。

为贯彻落实《建设项目环境保护管理条例》和《建设项目竣工环境保护验收暂行办法》，进一步规范和细化建设项目竣工环境保护验收的标准与程序，提高可操作性，生态环境部又制定了《建设项目竣工环境保护验收技术指南 污染影响类》，规定了工业类建设项目竣工环境保护验收的总体要求，提出了验收程序、自查内容、验收执行标准、验收监测技术要求、验收监测报告编制的一般要求，适用于污染影响类建设项目竣工环境保护验收，已发布行业验收技术规范的建设项目从其规定，行业验收技术规范中未规定的内容按照该指南执行。

5.4.3 验收工作程序

验收工作分为验收监测工作和后续验收工作两部分。其中验收监测工作可分为验收启动、验收自查、编制验收监测方案、实施监测和检查、编制验收监测报告五个阶段。后续验收工作包括提出验收意见、编制“其他需要说明的事项”、形成并公开验收报告、全国建设项目环境影响评价信息平台登记、档案留存等。验收工作程序如图 5-2 所示。

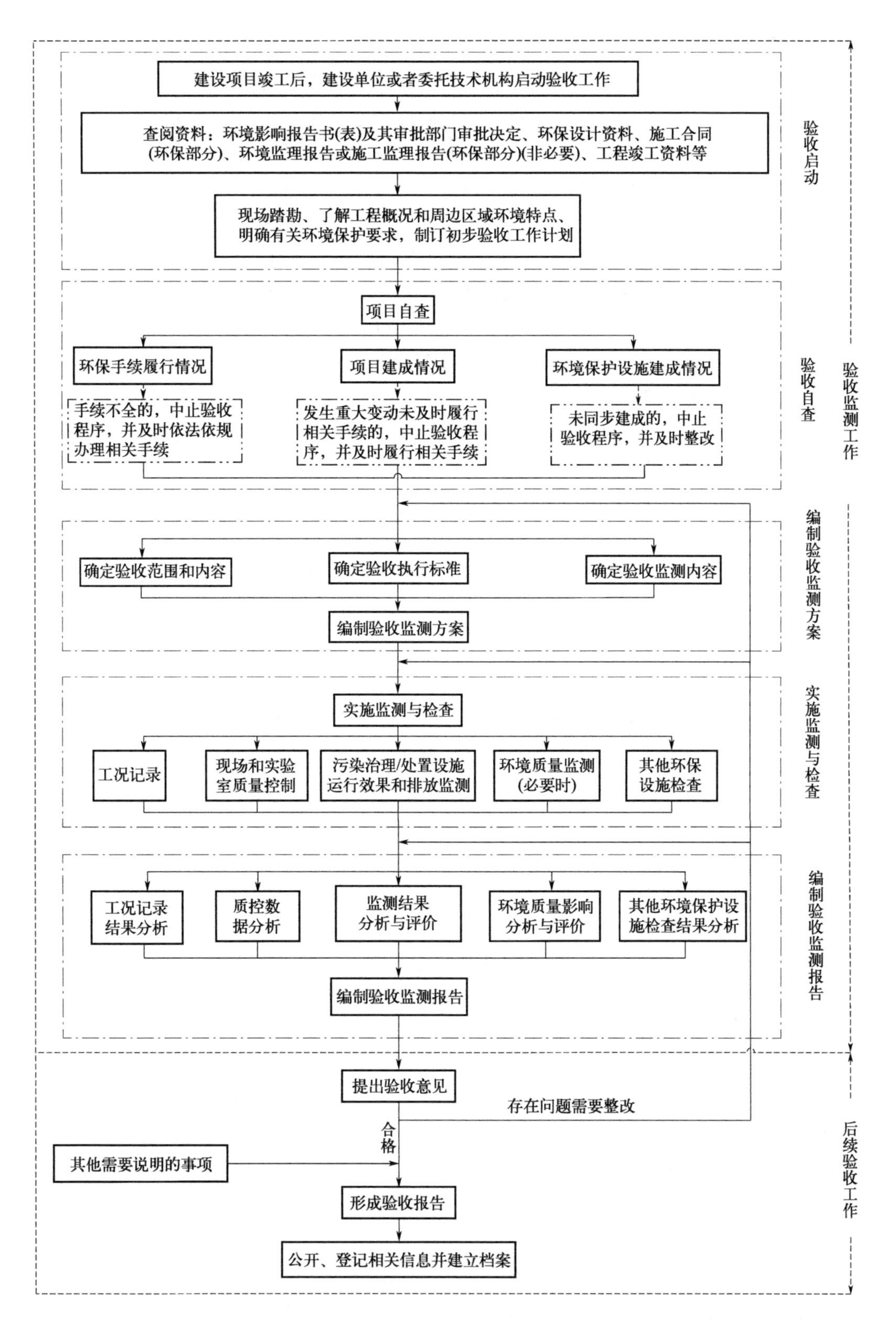

建设项目竣工后，建设单位或者委托技术机构启动验收工作
查阅资料：环境影响报告书(表)及其审批部门审批决定、环保设计资料、施工合同(环保部分)、环境监理报告或施工监理报告(环保部分)(非必要)、工程竣工资料等
现场踏勘、了解工程概况和周边区域环境特点、明确有关环境保护要求，制订初步验收工作计划
验收启动
项目自查
环保手续履行情况
项目建成情况
环境保护设施建成情况
手续不全的，中止验收程序，并及时依法依规办理相关手续
发生重大变动未及时履行相关手续的，中止验收程序，并及时履行相关手续
未同步建成的，中止验收程序，并及时整改
验收自查
验收监测工作
确定验收范围和内容
确定验收执行标准
确定验收监测内容
编制验收监测方案
编制验收监测方案
实施监测与检查
工况记录
现场和实验室质量控制
污染治理/处置设施运行效果和排放监测
环境质量监测(必要时)
其他环保设施检查
实施监测与检查
工况记录结果分析
质控数据分析
监测结果分析与评价
环境质量影响分析与评价
其他环境保护设施检查结果分析
编制验收监测报告
编制验收监测报告
提出验收意见
存在问题需要整改
合格
其他需要说明的事项
形成验收报告
公开、登记相关信息并建立档案
后续验收工作

图 5-2　验收工作程序

5.4.3.1 启动验收

启动验收指验收之前的相关准备工作。由于验收由行政审批制变更为企业自主验收，故验收准备工作的内容发生了变化。启动验收阶段主要是通过收集、查阅有关资料，制订初步验收工作计划，确定工作方案，明确验收监测方式（自测、委托监测），启动验收程序。其中，需收集的验收相关资料包括：建设项目环境影响报告书（表）及其审批部门审批决定、变更环境影响报告书（表）及其审批部门审批决定、排污许可证、环境监理报告［环境影响报告书（表）及其审批部门审批决定或生态环境行政主管部门有要求的］等环保资料，设计资料（环保部分）、工程监理资料（环保部分）、施工合同（环保部分）、环境保护设施技术文件、工程竣工资料等工程资料，以及与实际建设情况一致的建设项目地理位置图、厂区平面布置图（应标注有组织废气排气筒、废水排放口、固体废物贮存场、事故水池等所在位置）、厂区污水和雨水管网图、固体废物贮存场平面布置图、厂区周边环境敏感目标分布图（应标注敏感目标与厂界相对位置、距离）、水平衡图、主要特征元素平衡图、生产装置工艺流程及污染物产生节点图、废气和废水处理设施工艺流程示意图等图件资料等。

根据验收项目时间进度要求以及企业自身能力建设水平等实际情况，制订验收工作计划，明确企业自测或委托技术机构监测的验收监测方式、验收工作进度安排。

5.4.3.2 验收自查

（1）自查目的

自查环保手续履行情况、项目建成情况和环境保护设施建成情况与环境影响报告书（表）及其审批部门审批决定的一致性，确定是否具备按计划开展验收工作的条件；自查污染源分布、污染物排放情况及排放口设置情况等，作为制定验收监测方案的依据。

（2）环保手续履行情况

包括项目环境影响报告书（表）及其审批部门审批情况；发生较大变动的，其相应审批手续完成情况；国家与地方生态环境行政主管部门对项目督查、整改要求的落实情况；排污许可证申领情况等。

（3）项目建成情况

对照环境影响报告书（表）及其审批部门审批决定，自查项目建设性质、规模、地点，主要生产工艺、产品及产量、原辅材料消耗，项目主体工程、储运工程、公辅工程和依托工程等情况。

1）主体工程

包括玻璃制品生产线、玻璃后加工生产线等。自查内容包括装置建设地点、设施数量、规格、容量等基本参数，生产工艺及产污节点、设计生产时间、设计生产能力、产品类别及规模等，原辅料种类、来源、成分及用量，燃料种类、来源、成分（硫含量）及使用量。

2）储运工程

包括原料堆场、仓储设施、运输设施及其他储运设施等。自查内容包括原料种类、来源、成分、年供料量，原料场占地面积、建设地点、建设情况以及风险控制措施，产品成品库、综合仓库的类型、建设地点、规模（面积和数量等）等，危险品库区的类型、建设地点、规模（面积和数量等）、风险控制措施等。

3）公辅工程

包括给排水设施、供热设施、供电设施、供气设施、空压站、变电所、检化验设施、职工食堂、宿舍等。自查内容包括供水水源、供水方式、供水量、最终排放量及回用水量，给水管线、排水管线、排洪沟、雨水收集系统和泵站工程、雨污分流情况等；供热方式，若为自供热，锅炉型号、蒸发量、锅炉数量；燃料种类、质量、产地、用量等；供电方式、变电所位置、数量、规模等；检化验设施、位置、试剂种类与去向等。

（4）环境保护设施建成情况

对照环境影响报告书（表）及其审批部门审批决定，依据项目生产工艺、生产流程，主要原辅料及产品种类，分析自查废气、废水、噪声、固（液）体废物等污染物产生情况，相应配套治理设施，处理流程及最终排放去向。

1）废气

梳理查验原料系统、生产系统等废气产生情况、污染物种类、治理设施及排放（浓度与总量）情况；主要原辅料种类及消耗量；主要废气治理设施工艺流程图、废气治理设施图片、厂区排气筒高度与分布图以及废气在线监测设施安装情况等。无组织废气源应重点查验无组织废气产生情况、有无减少无组织排放所采取的具体措施。

2）废水

梳理查验各生产工序废水产生情况、污染物种类、排放浓度、排放去向、排放规律（连续、间断）等；废水治理工艺流程图、全厂废水流向示意图、废水治理设施图片等。自查配套综合污水处理站的建设规模、处理工艺、主要技术参数；处理后废水排放去向、排水量、排放口数量及位置、受纳水体、排污口规范化建设及在线自动监测设备安装情况等。

3）噪声

梳理查验主体工程及公辅工程噪声产生情况、噪声设备名称、源强、台数、位置、运行方式、治理措施及噪声治理设施图片等。

4）固体废物

梳理查验固体废物名称、来源、性质（一般固体废物或危险废物）、产生量、处理处置量、处理处置方式、贮存量、有无转移和暂存场所、委托处理处置合同、委托单位资质、危废转移联单及相关生产设施、环保设施及敏感点图片等。涉及固体废物储存场的应查验储存场地理位置、面积、储存方式、设计规模、场区排水系统及防渗系统、污染物及污染防治设施等。

对照环境影响报告书（表）及其审批部门审批决定要求，对其他要求配套的环境保护设施建成情况进行自查。

（5）自查结果

通过全面自查，发现环保审批手续不全的、发生重大变动且未重新报批环境影响报告表或环境影响报告表未经批准的、未按照环境影响报告表及其审批部门审批决定要求建成环境保护设施的，应中止验收程序，补办相关手续或整改完成后再继续开展验收工作。

排放口不具备监测条件的，如采样平台、采样孔设置不规范，应及时整改，以保证现场监测数据质量与监测人员安全。

5.4.3.3　编制验收监测方案

日用玻璃企业应根据验收自查结果确定项目验收监测内容、编制验收监测方案，验收监测方案内容一般包括：建设项目概况、验收依据、项目建设情况、环境保护设施、环境影响报告表结论与建议及审批部门审批决定、验收执行标准、验收监测内容、质量保证和质量控制方案等；规模较小、改扩建内容简单的项目，可适当简化验收监测方案内容，但至少应包括监测点位、监测因子、监测频次等主要内容。

（1）建设项目概况

包括建设项目名称、性质、规模、地点，环境影响评价、设计、建设、审批等过程及审批文号等信息，项目开工、竣工、调试时间，申领排污许可证情况，项目实际总投资及环保投资。明确验收范围，说明分期验收情况等；叙述验收监测工作组织方式与实施计划。

（2）验收依据

包括建设项目环境保护相关法律、法规和规章制度，建设项目竣工环境保护验收技术规范，建设项目环境影响报告表及其审批部门审批决定，生态环境行政主管部门其他相关文件等。

（3）项目建设情况

包括地理位置及平面布置、项目建设内容、主要原辅材料及燃料、水源及水平衡、物料平衡及其他主要元素平衡、生产工艺、项目变动情况等。

（4）环境保护设施

包括废水治理设施、废气治理设施、噪声治理设施、固体废物产生及处理处置情况、环境风险防范设施、规范化排污口、监测设施及在线监测装置、其他设施、环保投资及“三同时”落实情况等。

（5）环境影响报告表结论与建议及审批部门审批决定

包括环境影响报告表主要结论与建议、审批部门审批决定等。

（6）验收执行标准

包括污染物排放标准、环境质量标准，选取原则按《建设项目竣工环境保护验收技术指南 污染影响类》（公告 2018 年第 9 号）相关要求执行。

大气污染物排放执行《玻璃工业大气污染物排放标准》（GB 26453—2022）或地方污染物排放标准，环境影响报告表及其审批部门审批决定或排污许可证要求执行的标准或限值严于《玻璃工业大气污染物排放标准》或地方污染物排放标准时，按照环境影响报告表及其审批部门审批决定或排污许可证执行。对于有纳管要求的，按相关协议执行。

废水污染物排放执行《污水综合排放标准》（GB 8978—1996）、《污水排入城镇下水道水质标准》（GB/T 31962—2015）或地方水污染物排放标准，厂界环境噪声执行《工业企业厂界环境噪声排放标准》（GB 12348—2008），产生固体废物的鉴别、处理和处置适用《危险废物鉴别标准 通则》（GB 5085.7—2019）、《危险废物贮存污染控制标准》（GB 18597—2023）及修改单、《一般工业固体废物贮存和填埋污染控制标准》（GB 18599—2020）及修改单等固体废物污染控制标准。但环境影响报告表及其审批部门审批决定或排污许可证要求执行的标准或限值严于上述标准时，按照环境影响报告表及其审批部门审批决定或排污许可证执行。

周边环境质量执行现行有效的环境质量标准。

环境保护设施处理效率按照相关标准和审批部门对其环境影响报告表的审批决定执行，相关标准和环境影响报告表的审批决定中未做规定的，按照其环境影响报告表或设计指标进行评价。

（7）验收监测内容

包括环保设施处理效率监测、污染物排放监测、“以新带老”监测、环境质量监测等。

（8）质量保证和质量控制方案

验收监测应当在确保主体工程工况稳定、环境保护设施运行正常的情况下进行，保证监测数据的代表性。

验收监测采样方法、监测分析方法、监测质量保证和质量保证要求均按照《排污单位自行监测技术指南 总则》（HJ 819—2017）执行。

5.4.3.4 实施验收监测

实施验收监测主要需关注以下几个方面。

（1）现场监测与检查

按照验收监测方案开展现场监测，并按相关技术规范做好现场监测的质量管理与质量保证工作。

（2）工况记录要求

如实记录监测时的实际工况以及决定或影响工况的关键参数，如实记录能够反映环境保护设施运行状态的主要指标，包括但不限于记录各主要生产装置监测期间原辅料用量及产品产量，窑炉运行负荷记录监测期间燃料消耗量等，污水处理设施运行符合记录监测期间污水处理量、污水回用量、污水排放量、污泥产生量（记录含水率）、污水处理使用的主要药剂名称及用量等。

（3）监测数据整理

按照相关评价标准、技术规范要求整理监测数据。

5.4.3.5 编制验收监测报告（表）

（1）监测报告（表）主要内容

验收监测报告（表）的主要内容应包括验收监测方案中（1）～（8）、验收监测结果及验收监测结论。验收监测报告（表）推荐格式可参见《建设项目竣工环境保护验收技术指南污染影响类》（公告 2018 年第 9 号）附录 2。

（2）质量控制与质量保证

在验收监测方案“质量保证和质量控制方案”内容基础上，还需说明参加验收监测人员能力情况，按气体监测、水质监测、噪声监测、固体废物监测、土壤监测分别说明监测采取的质控措施，并列表说明监测所使用仪器的名称、型号、编号、相应的校准、质控数据分析统计等。

（3）验收监测结果及结论

1）生产工况

说明监测期间的实际工况、决定或影响工况的关键参数，以及反映环境保护设施运行状态的主要指标。

2）环保设施处理效率监测结果

根据主要废水、废气治理设施进、出口监测结果，计算主要污染物处理效率，评价环保设施处理效率是否符合相关标准、环境影响报告表及其审批部门审批决定或设计指标要求。若不符合应分析原因，不具备监测条件未监测应说明原因。

3）污染物排放监测结果

根据验收监测数据，评价废气（有组织、无组织）、废水、厂界环境噪声、固体废物监测结果是否符合相关标准要求；根据污染物排放量核算结果，评价是否满足环境影响报告书（表）及审批部门审批决定、排污许可证规定的总量控制指标；对于有“以新带老”要求的，核算项目实施后主要污染物增减量。

4）工程建设对环境的影响

根据验收监测数据，评价环境敏感目标环境空气、地表水、地下水、海水、声环境、土壤等环境质量监测结果是否符合相关标准要求。出现超标的应进行原因分析。

5）环境保护设施落实情况

简述是否落实了废水、废气、噪声、固体废物污染治理/处置设施，环境风险防范设施，在线监测装置，“以新带老”改造工程等环境影响报告表及其审批部门审批决定中要求采取的各项环境保护设施。

（4）建设项目竣工环境保护“三同时”验收登记表

企业在编制验收监测报告时，应如实填写《建设项目竣工环境保护设施“三同时”验收登记表》，并作为验收监测报告的附件之一。具体包括建设项目基本信息、投资概算及实际投资、主要污染物排放浓度、产生量、排放量及“以新带老”“区域削减”等情况，可参见《建设项目竣工环境保护验收技术指南污染影响类》（公告 2018 年第 9 号）附录 2-1。

（5）验收监测报告附件

报告附件为验收监测报告内容所涉及的主要证明或支撑材料，主要包括审批部门对环境影响报告书（表）的审批决定、监测数据报告、项目变动情况说明、危险废物委托处置协议及处置单位资质证明等。

5.4.4　后续验收工作

验收监测报告编制完成后，进入后续验收工作程序，提出验收意见，编制“其他需要说明的事项”，形成并公开验收报告（包括验收监测报告、验收意见和其他需要说明的事项三项内容），登录全国建设项目环境影响评价信息平台（原全国建设项目竣工环境保护验收信息平台）填报相关信息。

企业完成项目验收工作后，应建立项目验收档案，存档备查。验收档案应包括但不限于以下内容。

① 环境影响报告书（表）及其审批部门审批决定。

② 设计资料环境保护部分或环保设计方案、施工合同（环保部分）。

③ 环境监理报告或施工监理报告（环保部分）（若有）。

④ 工程竣工资料（环保部分）。

⑤ 验收报告（含验收监测报告、验收意见和其他需要说明的事项）、信息公开记录证

明（需要保密的除外）。

⑥ 验收监测数据报告及相关原始记录等。自行开展监测的，应留存相关的采样、分析原始记录和报告审核记录等。

⑦ 委托技术机构编制验收监测报告的，可留存委托合同、责任约定等委托关键材料。

⑧ 企业成立验收工作组协助开展验收工作的，可留存验收工作组单位及成员名单、技术专家专长介绍等材料。

第6章
生产过程环境管理

6.1 企业布局及基础设施建设

6.1.1 厂址选择

日用玻璃企业厂址选择应满足以下要求。

① 日用玻璃企业新建生产企业和新建、改扩建项目选址必须符合本地区城乡规划、生态环境规划、土地利用总体规划要求和用地标准。在下述区域内不得建设日用玻璃生产企业：自然保护区、风景名胜区和饮用水水源地保护区等依法实行特殊保护的地区；城乡规划中确定的居住区、商业交通居民混合区、文化区；永久基本农田保护区。

② 建设项目应符合国家产业政策的规定，坚持绿色发展理念，重点是对现有生产线进行高端化、智能化、绿色化改造升级，鼓励发展轻量化玻璃瓶罐、高档玻璃器皿和特殊品种的玻璃制品生产项目。严格限制新建玻璃保温瓶胆项目。鼓励日用玻璃生产企业进入工业生产园区。

③ 日用玻璃企业厂址选择应根据设计规模对原料、燃料、主要辅助材料的来源，产品流向，水、电、气等供应，交通运输，工程地质，企业协作条件，场地现有设施，环境保护，劳动力供应，自然条件等因素，经技术、经济比较后确定；废气处理设施、污水处理设施、碎玻璃库（棚）、危险废物贮存设施等用地应与主体工程用地同时规划，并符合下列规定。

Ⅰ. 厂址用地应贯彻执行节约和合理利用土地的方针，严格执行国家规定的土地使用审批程序，因地制宜提高土地利用率，宜选在条件成熟的工业园区内。

Ⅱ. 厂址用地应符合工业项目建设用地指标。

Ⅲ. 新建、改建或扩建项目与居住区之间留有的大气环境防护距离，应符合经审批通过的环境影响评价文件的要求。

Ⅳ. 厂区标高应比五十年一遇洪水位高出 0.5m 以上，厂区应设计防洪设施。位于山区的工厂，厂区标高应高出五十年一遇洪水位 1.0m 以上，并应设计防洪、排洪的设施。防洪、排洪设施应在初期工程中一次建成。当厂址位于内涝地区时，厂内应配备排涝设施，且厂区标高应比设计内涝水位高出 0.5m。

6.1.2 厂区布局

日用玻璃企业厂区总图布局应满足以下要求。

① 厂区总图应根据生产工艺和当地自然条件进行布置，并应降低烟尘、粉尘、固体废物、噪声和振动等对周围环境的影响。

② 总图布置应做到功能分区明确。废气污染危害较大的设施宜远离办公生活区及厂界，并应布置在厂区全年最小风频的上风向；宜将高噪声区和低噪声区分开布置，噪声污染区应远离办公生活区及厂界，并充分利用厂内建（构）筑物等屏障阻滞噪声或振动向厂界外的传播；环保设施宜邻近污染源布置。

③ 油罐区、液氨区（氨水区）应布置在相对低洼区域，宜布置在人员集中场所及明火或散发火花地点的全年最小风频的上风向。

④ 可能产生污染的原料、燃料及辅助材料应单独设置储存场所，储存场所应有防雨、防晒、防渗等设施。

⑤ 高温作业的熔制车间（含熔化、成型退火工段），其方位的选择宜使夏季主导风向由生产线的冷端吹向热端，且与车间长轴的夹角一般不宜小于45°。

⑥ 生产过程中，产生噪声的车间、站、房等宜相对集中，位于厂区夏季最小频率风向的上风侧，并应远离厂内外要求安静的区域。对噪声敏感的试验室、化验室、办公楼和生活区宜布置在主要噪声源的夏季最小频率风向的下风侧。

⑦ 大中型玻璃厂应分设人流出入口及货流出入口，各靠近其主要服务区。沿人流较密集的主干道两侧宜设人行道，夜间应有足够照明。

此外，绿色制造是玻璃企业未来的重要发展方向，根据《绿色工厂评价通则》（GB/T 36132—2018）中关于基础设施的要求，工厂布局应遵循用地集约化原则，涉及的主要考察指标有容积率、建筑密度等。容积率为工厂总建筑物（正负0标高以上的建筑面积）、构筑物面积与厂区用地面积的比值。建筑密度为工厂用地范围内各种建筑物、构筑物占（用）地面积总和（包括露天生产装置或设备、露天堆场及操作场地的用地面积）与厂区用地面积的比率。GB/T 36132中要求绿色工厂容积率应不低于《工业项目建设用地控制指标》的要求（日用玻璃制品制造业容积率应≥0.5），绿色工厂的建筑密度不低于30%。

6.1.3 基础设施建设

6.1.3.1 建筑

日用玻璃企业建筑与结构布置应符合现行国家标准《建筑设计防火规范》（GB 50016—2014）的有关规定。

建（构）筑物的安全等级应根据结构破坏后果的严重性，按表6-1的规定执行。

表6-1　建（构）筑物的安全等级

安全等级	破坏后果	建（构）筑物名称
二级	严重	三级以外的建（构）筑物
三级	不严重	碎玻璃堆场、堆棚、地磅房、车棚、厕所、围墙

建（构）筑物抗震设防的分类应按使用功能、生产规模、停产后经济损失和修复难易程度等因素划分，并应符合表 6-2 的规定。

表 6-2　建（构）筑物的抗震设防分类表

抗震设防类别	建（构）筑物名称
重点设防类	天然气配气站、油泵间、变电所、氧气站、循环水泵房、窑底
标准设防类	表中重点设防类和适度设防类以外的建（构）筑物
适度设防类	碎玻璃堆场、堆棚、地磅房、车棚、厕所、围墙

此外，依据《绿色工厂评价通则》（GB/T 36132—2018），日用玻璃企业的建筑从建筑材料、建筑结构、采光照明、绿化及场地、再生资源及能源利用等方面进行建筑的节材、节能、节水、节地、无害化及可再生能源利用。适用时厂房尽量采用多层建筑。

6.1.3.2　给水与排水

企业生产给水水质主要指标应满足表 6-3 的规定。

表 6-3　生产给水水质主要指标

项目	指标	项目	指标
pH 值	6.5～8.5	铁	<0.3mg/L
总硬度	<450mg/L	有机物	<25mg/L
浑浊度	<30mg/L	油	<1.0mg/L

排水应满足本书 7.2 部分的有关规定。

6.1.3.3　采暖、通风和空气调节

日用玻璃企业采暖、通风和空气调节应符合以下规定。

① 采暖、通风、空气调节设计应符合《工业建筑供暖通风与空气调节设计规范》（GB 50019）的有关规定。

② 高温生产及含易燃、易爆气体的作业区，应根据各专业要求，采取节能的通风降温措施。

③ 有害气体房间的全面通风换气次数应符合表 6-4 的规定。

表 6-4　有害气体房间的全面通风换气次数

房间名称		最低换气次数/次
发生炉煤气站	上煤系统给煤机地下室	10
	煤气排送机间、站房底层和二层为封闭式建筑时	10
煤仓顶层（封闭式建筑）		6
水泵房		6

续表

房间名称		最低换气次数/次
制冷站（溴冷站）		6
热交换站		6
高位油罐间		10
天然气配气室		10
焦炉煤气配气室		10
氧气配气室		10
重油泵房	地面上	3
	地面下	10
中心实验室	化学分析室	8
	加热室	按发热量计算
停车间、保养间、修理间		3～6

④ 当熔窑、退火窑进行局部热修时，宜设置移动式轴流风机进行局部降温，轴流风机的叶片及吹风角度应能调节。发生炉煤气站主厂房操作层宜设置移动式轴流风机降温。

⑤ 原料车间、熔化车间及辅助生产设施的控制室应设置空气调节，夏季空调室内设计参数宜取温度（26±2)℃、相对湿度 50%～80%，同时还应满足特殊仪表设备对空气调节及使用环境的要求。

6.1.3.4　照明

日用玻璃企业的照明设计应满足以下要求。

① 电气照明应采用荧光灯、高强气体放电灯和发光二极管（LED）等绿色光源，熔化车间的操作层等高大厂房宜采用高强气体放电灯及混合照明。

② 有夜班工作的控制室、配电室、发电机房、水泵房等场所和重要通道应设应急照明。重要操作区照明宜采用双回路交叉供电方式。

③ 有爆炸、火灾危险场所的灯具、开关和照明配线选型与设计应按环境危险级别确定。

④ 潮湿场所应采用防水灯具或带防水灯头的开敞式灯具，照明线路应暗配，开关应置于潮湿环境以外。

⑤ 厂区及各房间或场所的照明应尽量利用自然光，不同场所的照明应进行分级设计，公共场所的照明应采取分区、分组与定时自动调光等措施。

6.2　原辅料与燃料贮存及使用管理

6.2.1　原辅料要求

原料是玻璃生产的首要环节，直接影响玻璃的性能、产量、质量等，在玻璃生产中会产生粉尘、噪声，并直接决定玻璃的品质。

玻璃生产所用的原料一般分为主要原料（矿物原料及一些化工原料）和辅助原料（澄清剂、着色剂、氧化剂和还原剂、乳浊剂等），其中包括一些重金属（如铅、镉、铬、锌、钡、锰、镍、铜、钒等）和有毒物质（如砷、氟等）。

氟（F）是乳浊玻璃常用的乳浊剂和微晶玻璃常用的晶核剂，以及玻璃生产中常用的助熔剂和澄清剂，毒性较强，在玻璃生产中极易挥发，对操作工人的身体健康及工厂周围的动植物造成极大破坏。为减少氟挥发，通常用矿物原料萤石来代替或部分代替含氟的化工原料（氟硅酸钠、冰晶石等），同时调整熔化工艺参数，减少氟挥发。或者采取冷顶全电熔窑的熔化方式。

硼硅酸盐玻璃中的硼（B_2O_3）也极易挥发，并且硼硅酸盐玻璃熔化、澄清都比较困难，熔化、澄清温度较高，一般采用全电熔窑或者辅助电加热的火焰窑。

铅晶质玻璃和低温封接玻璃中通常含有一定量的铅（PbO），高铅玻璃中含有大量的铅，生产中极易挥发，对人身健康和环境造成极大破坏。可通过调整玻璃组成，采用无铅或少铅晶质玻璃和封接玻璃。

氧化砷（As_2O_3）是玻璃生产中常用的澄清剂，是剧毒物质，在玻璃熔化过程中易挥发。为了减少对操作人员及环境的污染，在玻璃成分中用无毒的氧化铈（CeO_2）或其他复合澄清剂代替氧化砷。

为减少原料对环境及人体健康的危害，可采取以下措施。

① 选择不必进行加工或不易扬尘的原料：用天然硅砂代替硅石粉；用粒度 0.1～1.0mm 的粒化重碱（容重 0.94～1.0t/m³）代替轻质纯碱（容重 0.55～0.65t/m³，粒度 0.075mm），尽量减少 0.1mm 以下微粒，约可减少占玻璃原料 20%的纯碱粉尘的污染。

② 控制原料颗粒的直径下限，不采用直径<5μm 占较大比例的细粉。例如，硅砂颗粒直径在 0.1～0.5mm 之间的占 90%以上，<5μm 的颗粒不超过 2%；长石的颗粒直径在 0.075～0.42mm 之间占 90%以上，<5μm 的不超过 4%；白云石和石灰石颗粒直径应在 1～3mm 之间，<5μm 的不超过 4%。

③ 在不影响产品质量的条件下，粉体工程尽可能采用湿式作业。如硅石用湿法粉碎，配合料含水量控制在 3%～5%之间；有粉尘扩散区域的上空要用喷雾降尘。

④ 原料粉碎、运输、储存、混合的设备的选型和安装适当。原料避免过度粉碎，原料运输过程中尽量用负压输运，原料储存时有专用料仓，使粉体稳定流动。

⑤ 混合料进行粒化或压块密实化。

⑥ 所有产生粉尘的设备和区域均需设置密封罩进行严密封闭，并设抽风罩，保持罩内负压均匀，防止粉尘逸出。

⑦ 所有产生粉尘的设备和区域应合理选择与布置除尘设备，以降低操作环境中的含尘量，达到卫生和排放标准要求。

此外，结合相关产业政策和文件要求，日用玻璃企业原料应满足以下规定：硅质原料采用直接袋装进厂或粉料进厂并建有大型硅质原料均化库。配合料制备系统和相应设备应采用自动控制技术。其中，电子称量系统动态精度不低于 1/500；加水、加蒸气过程可自动检测与控制，应配置快速分析仪器（含在线水分测量、离线成分分析、均匀度测定等）

及可追溯的记录系统。使用的玻璃熟料，应符合国家标准《废玻璃分类及代码》（GB/T 36577）的质量要求。

日用玻璃生产企业应采用清洁生产技术，严格控制配合料质量，控制硫酸盐和硝酸盐原料的使用，禁止使用氧化砷、氧化锑、含铅材料、含镉材料、含氟材料（全电熔窑除外）、铬矿渣及其他有害原辅材料，产品后加工工序应使用环保型颜料和制剂。

依据《日用玻璃行业规范条件》（2017年版），日用玻璃生产项目资源能源综合利用水平应达到表6-5中的规定。鼓励生产企业回收利用废旧玻璃。

表6-5　日用玻璃生产项目资源能源综合利用水平

产品分类	生产过程废玻璃回收利用率/%	硝酸银回收率/%	工业水重复利用率/%
玻璃瓶罐	100	—	≥90
玻璃器皿	100	—	≥90
玻璃保温瓶胆	100	100	≥90
玻璃仪器	100	—	≥90

注：全电熔窑除外。

6.2.2　危险化学品贮存和使用管理要求

危险化学品，是指具有毒害、腐蚀、爆炸、燃烧、助燃等性质，对人体、设施、环境具有危害的剧毒化学品和其他化学品。氨溶液（含氨>10%）、天然气（主要成分甲烷）、柴油等是日用玻璃制造企业常见的危险化学品。此外，部分企业还会使用到硫酸、盐酸、氢氧化钠、氢氟酸等危险化学品。上述物质的危险特性见表6-6。

表6-6　部分危险化学品的危险特性

名称	侵入途径	危险类别	危险特性
氨水	吸入、食入、皮肤接触	第8.2类碱性腐蚀品	易分解放出氨气，温度越高，分解速度越快，可形成爆炸性气氛
甲烷	吸入、皮肤接触	第2.1类易燃气体	火灾危险性为甲类，相对密度（空气=1）0.55，爆炸极限5.3%～15%，引燃温度538℃，最小点火能0.28mJ，最大爆炸压力0.717MPa，燃烧热889.5kJ/mol，爆炸性气体的分类：分级T1、分组ⅡA。易燃气体。与空气混合能形成爆炸性混合。遇热源和明火有燃烧爆炸的危险。当空气中甲烷达25%～30%时，若不及时脱离，可致窒息死亡
柴油	吸入、食入、皮肤接触	第3.1类低闪点易燃液体	其蒸气与空气混合能形成爆炸性混合物，遇高热或明火极易发生爆炸。与氧化剂能发生强烈反应。其蒸气比空气重，能在较低处扩散到相当远的地方，遇明火会引着回燃
硫酸	吸入、食入	第8.1类酸性腐蚀品	遇水大量放热，可发生沸腾。与易燃物（如苯）和可燃物（如糖、纤维素等）接触会发生剧烈反应，甚至引起燃烧。遇电石、高氯酸盐、雷酸盐、硝酸盐、苦味酸盐、金属粉末等剧烈反应，发生爆炸或燃烧。有强烈的腐蚀性和吸水性

续表

名称	侵入途径	危险类别	危险特性
盐酸	吸入、食入、皮肤接触	第8.1类酸性腐蚀品	能与一些活性金属粉末发生反应，放出氢气。遇氰化物能产生剧毒的氰化氢气体。与碱发生中和反应，并放出大量的热。具有强腐蚀性
氢氧化钠	吸入、食入、皮肤接触	第8.2类碱性腐蚀品	本品不会燃烧，遇水和水蒸气大量放热，形成腐蚀性溶液。与酸发生中和反应并放热。具有强腐蚀性
氢氟酸	皮肤接触	第8.1类酸性腐蚀品	无色透明、有刺激性臭味液体，熔点－87℃，沸点120℃，相对密度（空气＝1）1.27。对皮肤有强腐蚀作用。本品不燃，能与大多数金属反应，生成氢气而引起爆炸。遇H发泡剂立即燃烧。腐蚀性极强

2002年国务院发布了《危险化学品安全管理条例》（中华人民共和国国务院令 第344号 2013年修订），该条例对危险化学品的生产、贮存、使用、经营和运输的安全管理都提出了明确要求。

第二十条规定：生产、贮存危险化学品的单位，应当根据其生产、贮存的危险化学品的种类和危险特性，在作业场所设置相应的监测、监控、通风、防晒、调温、防火、灭火、防爆、泄压、防毒、中和、防潮、防雷、防静电、防腐、防泄漏以及防护围堤或者隔离操作等安全设施、设备，并按照国家标准、行业标准或者国家有关规定对安全设施、设备进行经常性维护、保养，保证安全设施、设备的正常使用。生产、贮存危险化学品的单位，应当在其作业场所和安全设施、设备上设置明显的安全警示标志。

第二十四条规定：危险化学品应当贮存在专用仓库、专用场地或者专用储存室（以下统称专用仓库）内，并由专人负责管理；剧毒化学品以及贮存数量构成重大危险源的其他危险化学品，应当在专用仓库内单独存放，并实行双人收发、双人保管制度。危险化学品的贮存方式、方法以及贮存数量应当符合国家标准或者国家有关规定。

第二十八条规定：使用危险化学品的单位，其使用条件（包括工艺）应当符合法律、行政法规的规定和国家标准、行业标准的要求，并根据所使用的危险化学品的种类、危险特性以及使用量和使用方式，建立、健全使用危险化学品的安全管理规章制度和安全操作规程，保证危险化学品的安全使用。

第二十九条规定：使用危险化学品从事生产并且使用量达到规定数量的化工企业，应当依照本条例的规定取得危险化学品安全使用许可证。前款规定的危险化学品使用量的数量标准，由国务院安全生产监督管理部门会同国务院公安部门、农业主管部门确定并公布。

6.2.3　燃料

日用玻璃企业应优先使用天然气等清洁能源。采用热煤气通过管道直接送至玻璃熔窑燃烧工艺的，应选用优质煤（硫分范围≤0.5%、灰分范围≤10%）进行气化。使用的石油焦等燃料应符合《石油焦（生焦）》（NB/SH/T 0527—2019）标准要求。

燃气站，燃气、燃油管道工艺设计应符合现行国家标准《建筑设计防火规范（2018年版）》（GB 50016—2014）、《城镇燃气设计规范》（GB 50028）、《工业金属管道设计规范》（GB 50316—2000）和《压力管道规范工业管道》（GB/T 20801—2020）的有关规定。

油站设计应符合《石油库设计规范》(GB 50074—2014) 和《储罐区防火堤设计规范》(GB 50351—2014) 的有关规定。

6.3 能源使用管理

6.3.1 能耗限额

日用玻璃企业能源消耗限额应符合《玻璃保温瓶胆单位产品能源消耗限额》(QB/T 5360—2019)、《玻璃瓶罐单位产品能源消耗限额》(QB/T 5361—2019) 和《玻璃器皿单位产品能源消耗限额》(QB/T 5362—2019) 等行业标准及地方标准的规定。

6.3.2 余热使用要求

生产玻璃瓶罐、玻璃器皿、玻璃保温瓶胆、玻璃仪器的日用玻璃生产线窑炉余热利用率需≥3%。

6.3.3 节能措施

日用玻璃企业可采取的节能措施如下。

(1) 设计方面

设计时总图布置充分考虑动力区尽量靠近生产负荷中心，缩短能源输送距离，降低能量线路损耗。缩短生产工艺流程管线，降低远距离输送的动力消耗。同时将工人的操作区尽可能集中布置，降低能耗。

(2) 工艺改进方面

① 改进配方　在配方中提高碎玻璃的添加比例并添加助熔剂，可降低熔化温度，减少燃料的消耗量。

② 采用轻量化技术　生产轻量瓶，提高瓶子的容重比，也即同等重量的玻璃液可生产较多的瓶子，可直接降低能耗。

(3) 技术改造

① 采取“以大代小”的方式，关停低效、耗能高的小型炉窑，加快技术创新和技术改造，发展节能型、功能型窑炉，全面提升技术与装备水平。

② 对窑炉的结构进行改造。优化窑炉结构设计，并合理匹配耐火材料，逐步采用全电或电辅加热窑、富氧燃烧窑炉、纯氧燃烧窑炉，淘汰不保温及直火式或半煤气等耗能高的窑炉。

③ 选择节能型设备，并适时更新高耗能设备；空压机、制瓶机、冷却风机等大功率的设备采用变频调速；重油油罐和重油管道应设置保温层。

④ 余热利用。增设余热锅炉，对窑炉烟气的余热进行回收。

(4) 管理方面

建立更加科学的能源计量体系，以加强能源计量为抓手，减小各工序的废品率，使成品的合格率达到96%以上，可以降低企业的生产成本，从而大大降低能源消耗。

6.4 生产工艺和装备技术要求

6.4.1 玻璃熔窑

6.4.1.1 熔窑污染防治

玻璃生产中熔化过程所造成的污染主要是熔化过程中产生的废气和废渣等对大气与土壤的污染，熔化过程中所用冷却水循环使用，基本不造成污染。

（1）配合料产生的物理、化学反应气体污染及防治

玻璃配合料在高温下发生一系列物理、化学及物理化学反应，产生一定量的废气，主要有 SO_2、SO_3 和 NO_x 等，以及一些易挥发原料的挥发物，如铅、氟、硼等。在保证玻璃性能前提下，尽量降低气体率。对于含有大量易挥发性物质的玻璃，可采用冷碹顶全电熔窑熔化生产，以减少挥发污染。

（2）燃料燃烧造成的污染与防治

玻璃生产常用的燃料有重油、天然气、焦炉煤气、煤等。燃料燃烧产物主要为 CO_2、NO_x、SO_x、水蒸气及 CO、H_2S 等。废气的组成和数量与燃料品种及热值、窑炉结构、玻璃组成、燃烧温度、助燃空气过剩系数等有关。可采取以下措施减少燃料燃烧过程产生的污染。

1）使用清洁燃料（天然气和电）替代重油和煤制气等燃料

使用清洁燃料或低硫燃料。清洁燃料是指燃烧时不产生对人体和环境有害的物质，或有害物质十分微量，污染物产生量相对较少，如天然气、液化石油气、清洁煤气、醇醚燃料（甲醇、乙醇、二甲醚等）、生物燃料、氢燃料等，减少燃料燃烧过程中污染物的产生量。目前玻璃制造业使用的各种燃料中，清洁燃料主要为天然气。

2）电辅助加热熔化技术

电辅助加热熔化是通过浸渍电极增加额外的电加热来改善火焰熔窑熔化能力和玻璃液品质的一种辅助熔化方式。一般电极安装在熔窑的池壁或池底上（见图 6-1），其电极位置对玻璃液的均化质量至关重要。在熔化正常时，采用电辅助加热技术可以减少配合料中原料的挥发损失，减少化石燃料的使用量，进而减少烟气中污染物的产生量和排放量。

3）纯氧燃烧技术

就是把空气燃料燃烧系统变为氧气（纯度＞90％）燃料燃烧系统。全氧燃烧过程中空气中约 79％的氮气不再参与燃烧，可以提高燃烧效率，烟气中氮氧化物含量很低，从而减少氮氧化物的排放。碹顶安装的纯氧燃烧器结构见图 6-2。

全氧燃烧与蓄热式空气燃烧窑炉相比，由于无蓄热室和小炉，以及废气排放设备的缩小等因素，全氧燃烧窑炉建筑占地面积减小，土建和窑炉投资费用有所降低；全氧燃烧时玻璃产生的 NO_x 排放量比蓄热式窑降低约 90％；单位玻璃熔化能耗比空气燃烧大幅降低 20％～30％；燃烧烟气量减少后，使配合料中挥发性物料的损失减少，烟气携带的粉尘量就大为减少。

图 6-1 熔窑池底安装的多排电极

图 6-2 碹顶安装的纯氧燃烧器

4）低氮燃烧技术

通过采用专用的低 NO_x 燃烧器（见图 6-3）实现燃料的分阶段燃烧，根据需要通过调节喷枪的角度和流量实现对火焰形状与长度的调节，使燃料与助燃空气充分混合，使燃烧反应在窑炉内一个较为宽广的空间内完成，同时可降低空气过剩系数，减少燃烧过程中 NO_x 的生成。

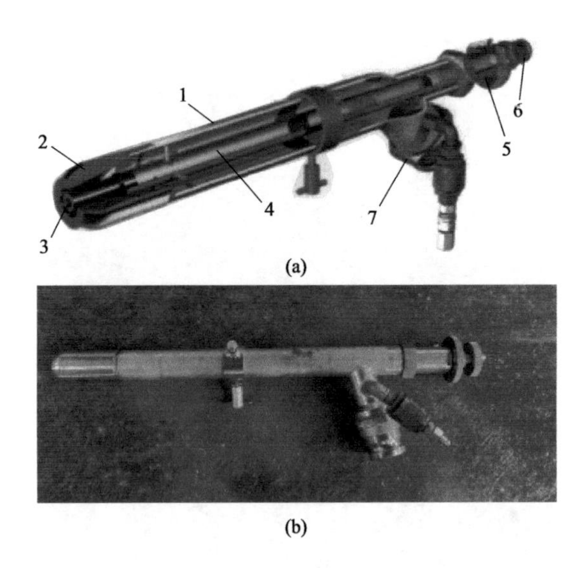

图 6-3　低 NO_x 燃烧器

1—套管；2—外喷枪；3—内喷枪；4—内气管；5—内喷枪控制轮；6—内喷枪接气管；7—外喷枪接气管

6.4.1.2　工艺和设备要求

① 玻璃熔窑设计、施工、验收、维护维修应符合相关标准和技术规范。鼓励节能环保型玻璃窑炉（含全电熔、电助熔、全氧燃烧、低氮燃烧等技术）的设计研发和技术应用。

② 以天然气、优质燃料油、优质煤制热煤气为主要燃料的玻璃熔窑规模应达到《日用玻璃熔窑的规模》各项指标要求（见表 6-7）。

表 6-7　日用玻璃熔窑的规模

产品分类	玻璃熔窑规模（熔化面积）/m^2
玻璃瓶罐	≥60
	高档玻璃瓶罐≥30
玻璃器皿	≥40
玻璃保温瓶胆	≥40

注：高档玻璃瓶罐指 Fe_2O_3 含量不超过 0.03%、吨制品产值为 4000 元以上的产品。

③ 玻璃熔窑要做到定期检查保养，确保达到《日用玻璃熔窑的玻璃熔制质量》中所列的指标要求（见表 6-8）。

表 6-8　日用玻璃熔窑的玻璃熔制质量

产品分类	气泡	相对密度差	环切均匀度
玻璃瓶罐 玻璃器皿 玻璃保温瓶胆	＜40 个/30g	$\leqslant 5\times10^{-4}$	B－以上
玻璃仪器	＜5 个/100g	$\leqslant 2\times10^{-4}$	B 以上

注：B－指内部有少许分布良好的或局部张力小的条纹；B 指内部有少许分布良好的张力颇大的条纹。

④ 玻璃熔窑应优化配置计算机控制系统，精确控制熔窑温度、窑压、换向、液面及空燃比、烟气含氧量等参数，通过监测烟气含氧量，实现空燃比实时自动调节控制，确保玻璃熔制过程中各类工艺参数稳定，实现低空燃比燃烧，熔制温度控制精度达到±3℃。淘汰燃煤和发生炉煤气的坩埚窑。

6.4.2　供料道

应采用天然气、液化石油气、电等清洁能源，禁止采用洗涤冷煤气和水煤气为加热热源。供料道温度参数采用智能仪表进行实时控制，鼓励采用分布式数字监测和控制系统。供料道均化段末端同一断面各点的玻璃液温度差应不大于 9℃。应采用整体顶砖结构及纵向冷却的新型供料道或密闭式供料道并安装底泄料装置。

6.4.3　成型机

玻璃生产中的成型过程基本不产生废气和粉尘；成型机械设备要使用大量冷却水，但都循环使用，基本不造成污染；瓶罐及器皿玻璃成型用行列机及空压机产生较大的噪声，采取消声、隔声降噪处理，以降低噪声污染。

6.4.4　退火窑

玻璃生产中的退火过程大部分都采用全钢全电退火窑，基本不产生废气和粉尘，采用天然气等燃料时会产生氮氧化物等污染物，可通过采用低氮燃烧器降低氮氧化物的排放浓度。日用玻璃企业使用的退火窑见图 6-4。退火窑使用多台风机，产生较大噪声，通常通过合理设计、布置，并加消声、隔声处理，把噪声污染降到最低。

图 6-4　玻璃退火窑

严格限制采用洗涤冷煤气和水煤气为加热热源。采用保温、热风循环、网带炉内返回、分区自动控温等节能技术。退火窑温度控制精度为±2℃。

6.4.5 检验与包装

玻璃生产中的冷端包括切裁、检验、装箱等，基本不产生废气、粉尘、废水，只有机械设备产生一点噪声，但冷端生产厂房比较空旷，噪声大部分被释放。

日用玻璃制品生产线应配备在线自动检测设备，并采用托盘、纸箱等适当包装方式。淘汰麻袋及塑料编织袋包装。

6.4.6 理化检验室

日用玻璃企业需配备完善的理化检验室，具备完成相应产品标准规定所要求的自检项目、玻璃生产工艺控制所必需的检测项目的能力。对使用含有机溶剂的检验环节加装废气收集和处理设施。酸碱废水及含有机溶剂的废水应单独收集，并按照有关规定进行处置。

6.4.7 其他

选用国家推荐的节能环保型变压器、空压机、风机、泵类等机电产品。采用变频、永磁等电机调速技术，改善空压机、风机及泵类电机系统调节方式，取代传统的闸板、阀门等机械节流调节方式。禁止选用国家已列入淘汰目录以及能效等级不符合有关标准要求的设备。

第7章 污染防治设施管理

企业应当按照相关操作规范的要求，保持各类污染物防治设施稳定正常运行，并如实记录各类污染防治设施的运行、维修、更新和污染物排放情况，以及药物投放和用量情况。

企业拆除、闲置、停运污染防治设施，应当提前15日向环境保护行政主管部门书面报告，经批准后方可实施；因故障等紧急情况停运污染防治设施，应当在停运后立即报告。停运污染防治设施应当同时停运相应的生产设施，确保污染物不超标排放。

7.1 大气污染防治措施

7.1.1 废气治理总体要求

① 应尽可能减少各种矿物原料中的超细粉含量，优先采用以天然石英砂代替硅石粉、以重碱代替轻质纯碱等措施，减少粉尘产生。

② 生产过程产生的废气污染物应设置局部或整体气体收集系统和净化装置，颗粒物、二氧化硫、氮氧化物、挥发性有机物等污染物排放应符合《玻璃工业大气污染物排放标准》（GB 26453—2022）、《挥发性有机物无组织排放控制标准》（GB 37822—2019）等标准的规定。

③ 配料车间的上料、配料、混合系统，生产车间的窑头料仓，脱硫剂制备、输送系统等产生粉尘的设备和产尘点，应合理设置除尘设施。

④ 碎玻璃系统的收集、破碎、运输等产尘点均应密闭，并设置除尘设施。碎玻璃运输宜采用皮带运输；用汽车运输时，应采取加盖或苫布遮挡等措施。

⑤ 玻璃熔窑应设置与生产能力相匹配的烟气除尘、脱硫、脱硝设施，并应符合《日用玻璃炉窑烟气治理技术规范》（T/CNAGI 001—2020）的有关规定。

⑥ 生产设备排气筒应按照环境监测管理规定和技术规范的要求，设计、建设、维护永久性采样口、采样平台和排污口标志。采样口和采样平台应符合《固定污染源排气中颗粒物测定与气态污染物采样方法》（GB/T 16157—1996）及其修改单的有关规定，标志牌

应符合《环境保护图形标志 排放口（源）》（GB15562.1—1995）的有关规定。

⑦ 设有涂装工序的日用玻璃工厂，产生的挥发性有机物应设置收集和净化设施，并满足《日用玻璃行业涂装工序挥发性有机物污染防治技术规范》（T/CNAGI 003—2022）的规定，污染物排放应符合《玻璃工业大气污染物排放标准》（GB 26453—2022）及相关标准的规定。

7.1.2 废气污染预防技术

① 清洁燃料技术。日用玻璃熔窑优先选用天然气，可降低因燃料燃烧产生的 SO_2，使 SO_2 初始排放浓度低于 400mg/m^3。低硫燃料的来源有限，且价格较高，所以还可采用对燃料进行低硫化的方法，燃料脱硫主要包括气体燃料脱硫和煤脱硫。气体燃料的脱硫较容易做到，主要去除方法有氧化铁法、活性炭吸附法、氧化锌法、干式氧化法等。

② 原料控制技术。通过减少芒硝（Na_2SO_4）、硝酸盐的加入量，可降低熔化工序烟气的 SO_2 和 NO_x 的初始排放浓度。采用粉状原料，可减少原料破碎过程产生的颗粒物。选用低氯化物和氟化物含量的原料，并通过优化氯化物和氟化物的配比，可减少熔化工序烟气中氯化氢和氟化物的产生。

③ 纯氧燃烧技术。与空气助燃玻璃窑炉相比，纯氧燃烧技术可减少系统中氮气的输入，从而减少 NO_x 的生产和降低烟气 NO_x 排放量，同时提高燃烧效率。纯氧燃烧技术通常适用于采用天然气等高热值燃料的炉窑，可使 NO_x 初始排放浓度降低到 700mg/m^3 以下。

④ 电助熔技术。通常用于熔制高质量玻璃。该技术通过电加热辅助玻璃熔化减少熔窑的燃料消耗，可减少熔窑内燃料燃烧过程中产生的大气污染物。

⑤ 水性漆替代技术。对于有喷涂工序的日用玻璃企业，可采用水性涂料替代溶剂型涂料，减少挥发性有机物（VOCs）的产生。水性涂料是以水为分散介质的涂料，以天然或人工合成树脂作为膜物质，辅之以各种颜料、填料及助剂，经过一定的配漆工艺制作而成的混合物。水性涂料应满足《工业防护涂料中有害物质限量》（GB 30981）的规定，并推荐采用符合《低挥发性有机化合物含量涂料产品技术要求》（GB/T 38597）的低 VOCs 含量的涂料。使用水性涂料替代溶剂型涂料可减少 VOCs 产生量 60%～80%。

⑥ 静电喷涂技术。该技术能使雾化的涂料在高压电场的作用下荷电或极化，从而吸附于基底表面。涂料利用率与喷件大小相关，一般可达 60%～85%。

⑦ 推进使用高性能设备。鼓励采用高性能的设备，主要包括：a. 选用密封性好的设备；b. 采用密闭式的过滤器、真空泵、离心机和干燥机等设备。

7.1.3 废气污染治理技术

7.1.3.1 处理技术选择

① 配料工序产生的颗粒物可采用袋式除尘技术或滤筒除尘技术进行处理。

② 熔化工序产生的颗粒物可采用高温电除尘、湿式电除尘、袋式除尘、金属纤维滤袋除尘和陶瓷纤维滤管除尘等技术；SO_2 可采用干法、半干法和湿法脱硫技术进行治理，日用玻璃行业采用的湿法脱硫技术主要是石灰石/石灰-石膏法，半干法脱硫技术可采用烟

气循环流化床法（CFB 技术）和新型一体化烟气脱硫技术（NID 技术），干法脱硫技术包括钠基干法脱硫技术和钙基干法脱硫技术；氯化氢和氟化物可以通过脱硫过程实现协同处置；NO_x 采用选择性催化还原法（SCR 法）脱硝技术进行治理。

③ 喷涂、丝网印刷、烤花等后加工工序产生的挥发性有机物治理技术主要包括吸附/脱附技术和燃烧技术。此外，喷涂废气应首先进行预除尘，可采用湿式除尘技术或干式过滤技术，以去除废气中的漆雾。

7.1.3.2　颗粒物治理技术

（1）袋式除尘技术

适用于配料工序废气中颗粒物以及熔化工序烟气中颗粒物的治理。配料工序的袋式除尘器中的滤料的材质通常为涤纶。熔化工序的袋式除尘器通常位于干法、半干法脱硫系统或余热利用系统的下游。因炉窑烟气黏度大、温度高，熔化工序袋式除尘器滤料的材质通常为聚四氟乙烯（PTFE）覆膜材料或其他复合滤料。日用玻璃企业使用的袋式除尘器入口烟气温度通常低于 260℃，烟气过滤速度通常为 0.5～1m/min，设备阻力一般在 1200～2000Pa 之间，除尘效率可达到 90%～99%。采用该技术，当烟气过滤速度为 0.75～1m/min 时，处理后废气中颗粒物浓度可小于 30mg/m³；当烟气过滤速度低于 0.75m/min 时，处理后废气中颗粒物浓度可小于 20mg/m³。

聚四氟乙烯（PTFE）布袋滤料性能参数如表 7-1 和表 7-2 所列。

表 7-1　PTFE 布袋滤料性能参数（一）

成分		滤料单重/(g/m²)	厚度/mm	密度/(g/cm³)	透气度/[L/(dm²·min)]	断裂强力/[N/(5×20cm)]		伸长率/%	
纤维	基布					纵向	横向	纵向	横向
PTFE	PTFE	750	1.1	0.68	100	≥600	≥600	<5	<5

表 7-2　PTFE 布袋滤料性能参数（二）

成分		90min 最大收缩		使用温度/℃		后处理
纤维	基布	温度/℃	伸缩率/%	连续	瞬间	
PTFE	PTFE	260	3	≤260	280	PTFE 覆膜

（2）滤筒除尘技术

适用于配料工序废气中颗粒物的治理，滤筒除尘技术空间利用率高，绿色材质通常为涤纶，使用寿命长。日用玻璃企业使用的滤筒除尘器的过滤风速通常<0.7m/min，系统阻力通常为 600～800Pa，除尘效率通常可达 99%。采用该技术，配料工序的颗粒物排放浓度可达到 10～30mg/m³。

（3）高温电除尘技术

适用于熔化工序烟气脱硝前颗粒物的预处理，可使脱硝催化剂在较洁净的烟气中运行，确保脱硝系统长期、稳定运行。对于采用天然气、焦炉煤气或发生炉煤气作为燃料的日用玻璃炉窑，若烟气中颗粒物浓度超过 150mg/m³，应采用高温电除尘技术。静电除尘系统具有阻力较低、耐温性能好、能够适应熔化工序高温烟气等特点。玻璃制造企业使用的高温电除尘器的入口烟气温度通常＜420℃，烟气流速在0.4～0.9m/s之间，漏风率应＜3%，设备阻力通常＜300Pa，同极间距通常在400～600mm。高温电除尘的除尘效率随电场数量的增加而提高，最高可达到85%左右。

（4）湿式电除尘技术

适用于熔化工序烟气湿法脱硫后的进一步除尘、除雾，可解决湿法脱硫烟气携带石膏雨、次生颗粒的问题。日用玻璃企业使用的湿式电除尘器的入口烟气颗粒物浓度应＜100mg/m³，入口烟气温度通常＜80℃，烟气流速为0.5～2.5m/s，漏风率应＜3%，设备阻力通常＜400Pa，除尘效率可达到90%～95%。

从安全角度考虑，采用发生炉煤气作为燃料的企业不能采用电除尘，而应使用袋式除尘。影响电除尘效率的因素多且复杂，具体见图7-1。

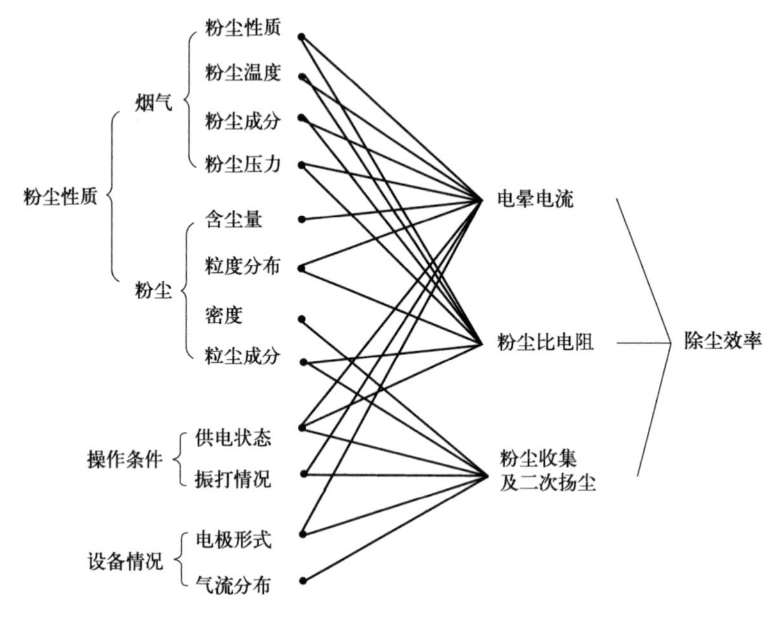

图7-1 电除尘效率影响因素

（5）金属滤袋除尘技术

金属滤袋包括金属纤维滤袋和金属粉末滤袋。金属袋除尘器与传统布袋除尘器结构基本相同，主要由钢架、灰斗、壳体、净气室、滤袋、喷吹清灰系统、卸输灰系统、电气控制系统等组成。金属滤袋除尘器是在传统布袋除尘器的基础上，将核心部件传统布袋更换为金属滤袋。金属袋除尘器运行时，含尘烟气进入除尘器，由于烟气扩散作用，部分质量大的粉尘颗粒在重力作用下直接落入灰斗内，之后烟气通过袋区，烟气中余下的粉尘颗粒被金属滤袋过滤，从而实现烟气净化。脉冲喷吹清灰系统定时或定阻力对滤袋进行清灰，以保证设备在较低阻力下运行。金属滤袋见图7-2。

金属滤袋除尘器适用于干法、半干法脱硫后的进一步除尘，具有结构简单、安装方便、抗静电性能好、使用寿命长等优点，能处理最高温度达600℃的含尘气体，可有效解决高温烟气条件下布袋除尘器的烧袋问题。日用玻璃企业在使用金属滤袋除尘器时，应确

(a) 金属纤维滤袋

(b) 金属粉末滤袋

图 7-2　金属纤维滤袋和金属粉末滤袋

保烟气中氯离子和氟化物浓度不超过 20mg/m³，否则应首先对烟气中的氯离子和氟化物进行预处理。金属滤袋除尘器入口烟气温度最高可达 400℃，烟气过滤速度通常在 0.5～0.8m/min 之间，设备阻力为 1000～2500Pa，处理后废气中颗粒物浓度可低于 10mg/m³。

金属滤袋除尘与布袋除尘的对比见表 7-3。

表 7-3　除尘效果对比

项目	金属滤袋除尘			布袋除尘（PTFE+PTFE 覆膜）
	过滤精度	1μm	0.5μm	
出口排放浓度/(mg/m³)	老化前	0.950	0.081	0.0437
	老化后	0.741	0.006	0.0253
过滤效率/%	老化前	99.98	99.998	99.9991
	老化后	99.99	99.999	99.9995
残余压降/Pa	清洁	38.22	104.14	356.47
	老化前	136.67	263.43	442.58
	老化后	466.98	576.41	560.82

（6）陶瓷纤维滤管除尘技术

通常与干法脱硫、SCR 脱硝复合使用，起到同步除尘脱硫脱硝的目的。该技术可大大减少占地面积，同时陶瓷纤维滤管的复合结构避免了布袋的挠性，除尘效果更优，同时避免糊袋隐患，其寿命可达 8～10 年，大大长于传统滤袋寿命。同时，脱硝反应发生在脱硫、除尘之后，烟气中的 SO_3、重金属等都被提前去除，大大减小了复合陶瓷滤管中催化剂中毒风险，复合陶瓷滤管的微孔结构有利于烟气与催化剂的大面积接触，提高脱硝效率，可保证较长时间脱硝效果不发生明显衰减。陶瓷纤维滤管见图 7-3。

日用玻璃企业在使用陶瓷纤维滤管除尘器时，应确保烟气湿度不宜过高，当烟气湿度>15%时，过滤烟气应首先进行除湿。陶瓷纤维滤管除尘器入口烟气温度通常<400℃，烟气过滤速度在 0.5～0.8m/min 之间，设备阻力 1000～2500Pa，处理后废气中颗粒物浓

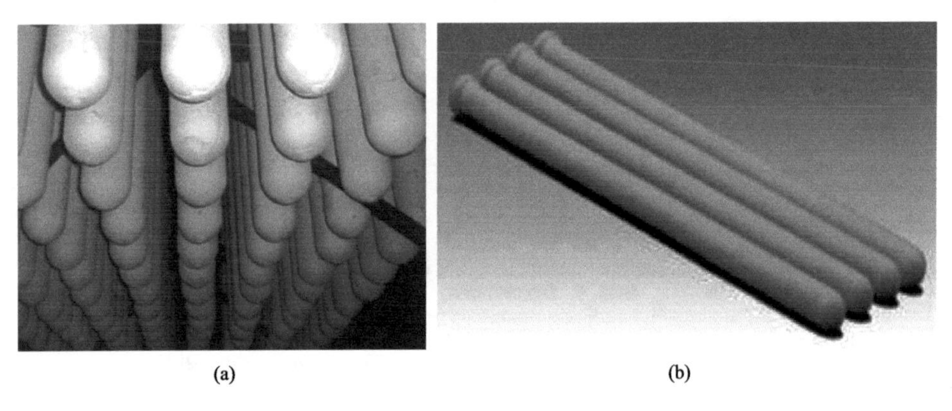

(a)　(b)

图 7-3　陶瓷纤维滤管

度可降低至 10mg/m³以下。

目前已开发的可用于脱硝除尘的陶瓷膜材料载体主要有碳化硅质、堇青石质、陶瓷纤维质等，催化剂活性组分主要为 V_2O_5-WO_3/TiO_2 系或稀土-金属氧化物系。不同材料的对比如表 7-4 所列。

表 7-4　陶瓷过滤材料对比

分类	材料	性能优点	缺点
碳化硅质	碳化硅	机械强度高，热稳定性好，透气性好，压降低	高温氧化及高温腐蚀
堇青石质	堇青石	体积密度小，孔隙率高，热稳定性好，吸附能力强	制品尺寸有限，烧制周期长，生产成本高
陶瓷纤维质	氧化铝纤维、硅酸铝纤维	阻力低，耐高温，孔隙率高，热稳定性好，催化剂负载均匀，有更高的脱硝效率	无

7.1.3.3　SO_2治理技术

（1）干法脱硫技术

适用于各种燃料类型日用玻璃炉窑的熔化工序烟气脱硫。干法脱硫一般采用粉状或粒状吸收剂来脱除烟气中的 SO_2，吸收剂通常采用钠基（$NaHCO_3$）或钙基［$Ca(OH)_2$、CaO］，特点是处理后的烟气温度降低很少，烟气湿度没有增加，有利于烟囱的排气扩散，同时在烟囱附近不会出现雨雾现象，但是干法脱硫时 SO_2的吸附或吸收速度较慢，因而脱硫效率低，而且设备庞大，投资费用较高。当采用钠基干法脱硫技术时，碳酸氢钠细度应不低于 250 目 90%过筛率，烟气入口温度通常在 200～300℃之间，脱硫塔内流速为 4.5～6m/s，系统阻力低于 500Pa，脱硫效率通常可达到 80%～85%；当采用钙基干法脱硫技术时，消石灰细度应不低于 250 目 90%过筛率，烟气入口温度通常在 250～350℃之间，脱硫塔内流速为 4.5～6m/s，系统阻力低于 500Pa，脱硫效率通常可达到 80%～85%。

干法脱硫（小苏打）工艺流程见图 7-4。

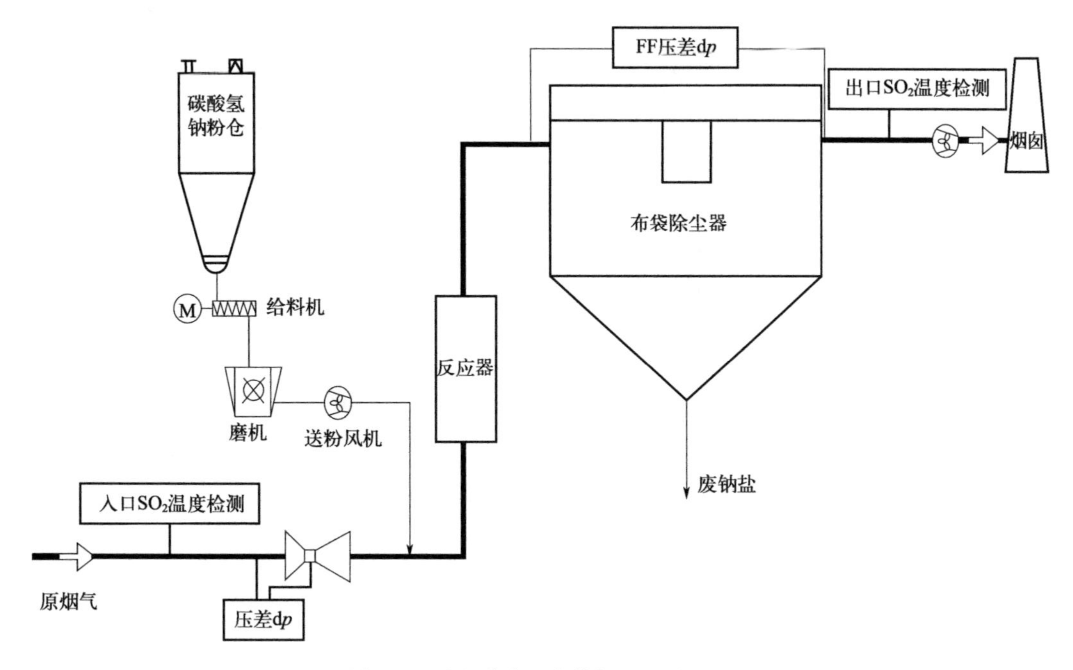

图 7-4　干法脱硫（小苏打）工艺流程

（2）烟气循环流化床脱硫技术（CFB 技术）

适用于各种燃料类型日用玻璃炉窑的熔化工序。烟气脱硫循环流化床法是利用循环流化床反应器，通过吸收塔内与塔外的吸收剂的多次循环，增加吸收剂与烟气接触时间，提高脱硫效率和吸收剂的利用率。该方法具有工艺流程简洁、占地面积小、节能节水、排烟无需再热、烟囱无需特殊防腐、无废水产生等特点，副产物为干态，便于处理处置。烟气循环流化床脱硫效率受吸收剂品质、钙硫比、反应温度、喷水量、停留时间等多种因素影响，其中，吸收剂品质对脱硫效率影响较大，一般要求消石灰粉细度＜2mm，氧化钙含量≥80%，加适量水后 4min 内温度可升高到 60℃。该技术塔内流速通常为 3～10m/s，钙硫比（摩尔比）为 1.2～1.5，系统阻力通常为 800～1600Pa，脱硫效率通常可达到 80%～95%。

CFB 脱硫工艺流程如图 7-5 所示。

（3）新型一体化烟气脱硫技术（NID 技术）

适用于各种燃料类型日用玻璃炉窑的熔化工序。新型一体化烟气脱硫技术通常采用生石灰作脱硫剂，生石灰在消化器中加水消化成 $Ca(OH)_2$ 粉末，$Ca(OH)_2$ 粉末与从除尘器下来的大量循环灰进入混合器进行增湿混合，然后以流化风为动力进入直烟道反应器中，从而除去烟气中的 SO_2 等酸性气体分子。该技术具有对脱硫剂品质要求不高、系统简单等特点，而且对玻璃熔窑换火造成的烟气成分波动变化具有较好的适应性。该技术塔内流速通常为 15～30m/s，钙硫比为 1.1～1.45，系统阻力通常为 1200～1600Pa，脱硫效率通常可达到 80%～95%。

NID 脱硫工艺流程如图 7-6 所示。

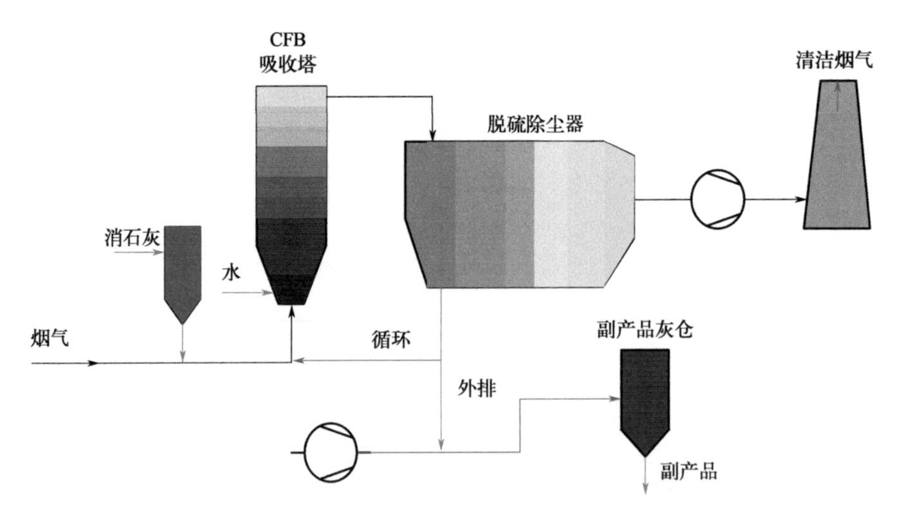

图 7-5 CFB 脱硫工艺流程

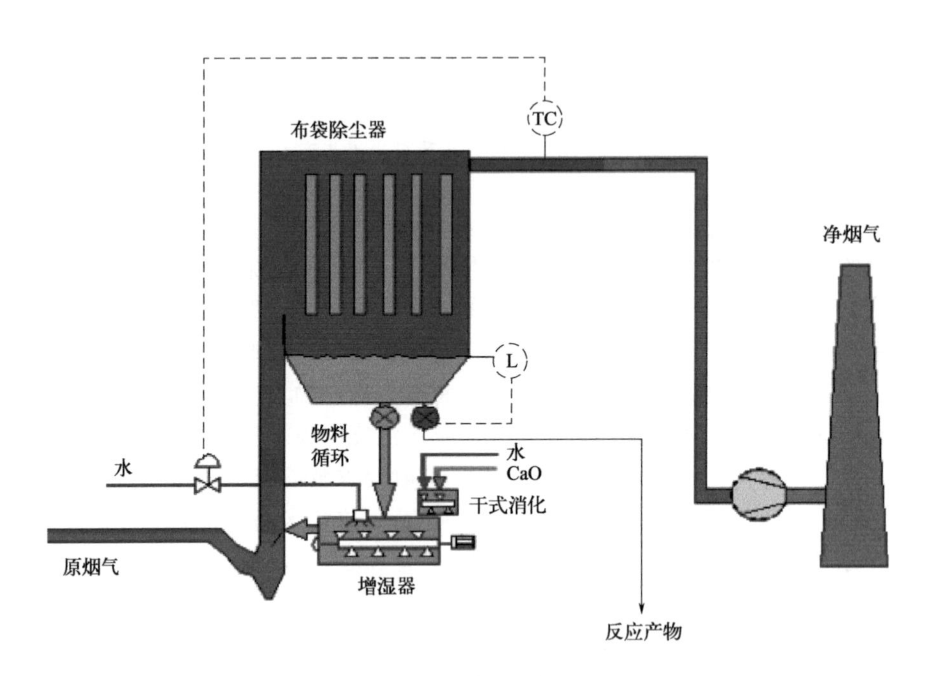

图 7-6 NID 脱硫工艺流程

（4）石灰石/石灰-石膏法

适用于各种燃料类型日用玻璃炉窑的熔化工序。此法是用石灰石浆或石灰浆洗涤含 SO_2 的烟气，SO_2 与碱性脱硫剂作用，生成亚硫酸钙，部分被氧化成硫酸钙，并随洗涤液排出。这种方法的优点是脱硫效率高、工艺设备简单、投资和运行费用低，但易结垢且会产生二次污染物。该技术塔内流速通常为 2～4m/s，钙硫比为 1.03～1.05，液气比为 5～12，系统阻力通常为 800～1200Pa，脱硫处理效率可达 98%。

石灰石-石膏法脱硫工艺流程如图 7-7 所示。

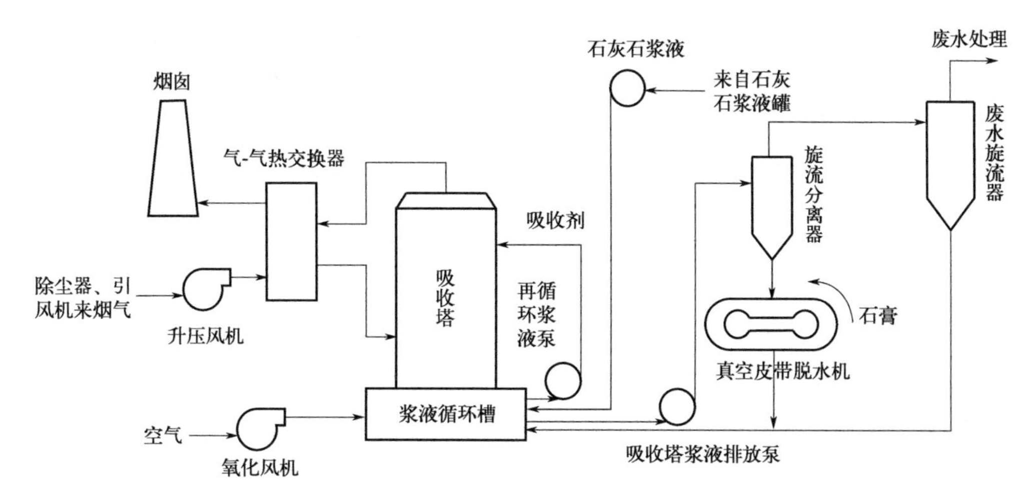

图 7-7　石灰石-石膏法脱硫工艺流程

7.1.3.4　NO_x 治理技术

（1）治理技术

日用玻璃企业采用的脱硝技术主要是选择性催化还原法（SCR 法）。选择性非催化还原法（SNCR）的最佳反应温度在 1000℃左右，需在蓄热室里进行反应和还原，由于普通蓄热室的格子体顶部温度普遍超过 1350℃，格子体通常又用筒形砖或十字形砖摆砌，格孔之间基本相互隔绝，因此在低于格子体顶面温度的部位很难向蓄热室内均布添加天然气或氨水，使之进行反应和还原，故在玻璃工业中很少被采用。采用全氧燃烧的日用玻璃炉窑排放的氮氧化物通常低于 700mg/m^3，可选用 SNCR 技术在垂直烟道内直接喷氨，但是该方法处理效率较低，通常在 40%左右。

SCR 法是目前最成熟的烟气脱硝技术，结合静电除尘器，可满足各种燃料玻璃窑 NO_x 长期稳定达标运行。SCR 法是在废气处理过程中使用氨水、尿素等作还原剂，在特殊的合金催化剂的催化作用下，使 NH_3 与废气中的 NO 在催化剂表面进行还原反应，从而生成对环境无害的氮气和水蒸气。SCR 法具备技术成熟、运行稳定、脱硝效率高等优势，同时也存在催化剂活性温度窄、投资运行成本高、氨逃逸、废催化剂处置等问题。

脱硝反应原理如下：

$$4NO+4NH_3+O_2 \longrightarrow 4N_2+6H_2O$$

$$NO+NO_2+2NH_3 \longrightarrow 2N_2+3H_2O$$

$$4NH_3+2NO_2+O_2 \longrightarrow 3N_2+6H_2O$$

SCR 法应用于日用玻璃企业炉窑烟气脱硝已逐渐成熟，目前已开发出适用于日用玻璃炉窑烟气脱硝中低温的脱硝催化剂，低温催化剂入口烟气温度一般控制在 220～320℃，中温催化剂入口烟气温度一般控制在 320～400℃，但是目前低温催化剂价格普遍较高，一般是中温催化剂价格的 2 倍以上。需要注意的是，采用低温脱硝技术时，脱硝反应器入口 SO_2 浓度一般不能超过 50mg/m^3，主要原因是含 SO_x 的低温烟气，在采用低温脱硝催化剂脱硝时，烟气中的 SO_3 会与还原剂发生反应生成黏稠性物质硫酸铵/硫酸氢铵，该物质在烟气中的露点温度约 300℃，硫酸铵/硫酸氢铵附着在催化剂表面上，催化剂失效。

日用玻璃企业 SCR 反应器的空塔设计流速通常为 4～6m/s，系统阻力不宜大于 1500Pa，SCR 脱硝技术的脱硝效率与催化剂的布置层数有关，当催化剂层数分别为 1 层、2 层和 3 层时，脱硝效率通常分别可达到 50%～60%、75%～85%和 85%～95%。反应器内部吹灰方式通常采用耙式清灰或脉冲吹灰方式，催化剂不能采用以玻璃纤维为基材的波纹板式催化剂。

（2）氨逃逸控制

1）氨逃逸的危害

《玻璃工业大气污染物排放标准》（GB 26453—2022）中增加了氨逃逸的排放限值，要求烟气脱硝后氨逃逸浓度＜8mg/m³。

氨可以与酸性污染物最终反应生成硫酸铵、硝酸铵、氯化铵等气溶胶物质，气溶胶充分吸收水分后，粒径持续增大，最终形成 $PM_{2.5}$ 颗粒物。在氨气大量存在的条件下，酸性污染物形成 $PM_{2.5}$ 的速度也会急剧增加。氨气是大气中气态污染物转变成固态污染物的重要推手，也就是形成雾、霾的重要推手，由于玻璃生产高温熔化的特性，玻璃炉窑烟气中 NO_x 原始浓度远高于一般的工业炉窑烟气，也因此决定了同等单位烟气量下，玻璃炉窑烟气脱硝消耗的氨远大于一般的工业炉窑脱硝的氨消耗。

此外，NH_3 可与 SO_3 和 H_2O 生成硫酸氢铵，增加催化剂堵塞的风险。由于铵盐和飞灰小颗粒在催化剂微孔中沉积，阻碍了 NO_x、NH_3 到达催化剂活性表面，引起催化剂钝化。钝化后，脱硝效率下降，而环保运行人员为了保持环保数据不超标会通过增加喷氨量强制压低 NO_x，而这势必引起恶性循环，造成更大的氨逃逸。

大量的氨逃逸同样也会增加布袋除尘器或陶瓷纤维滤管糊袋、糊管的风险。铵盐连同粉尘糊在滤材之上，引起过滤压差升高，从而导致引风机电流增大，严重时影响风量，使风机出力受阻，电耗增大，甚至造成窑炉窑压增高，使生产不能连续平稳地运行。

2）影响氨逃逸产生的原因

① 脱硝反应温度影响。不同类型的催化剂所需的适宜反应温度不一样，只有烟温满足了 SCR 催化剂的活性使用温度，才能使脱硝反应进行良好。企业由于烟温不满足条件，强行通过加大喷氨量来控制 NO_x 的达标排放，这种操作只能导致氨逃逸的急剧升高。

当前玻璃窑炉所采用的脱硝方式有以下几种。

Ⅰ. SCR 中温脱硝，即采用中温催化剂，一般而言中温脱硝催化剂的运行温度区间在 300～400℃，最佳反应温度区间在 350～380℃。

Ⅱ. SCR 低温脱硝，即先脱硫除尘后再进行脱硝，采用低温催化剂，现在行业中成熟应用的低温脱硝催化剂运行温度一般在 180～250℃。

Ⅲ. 复合陶瓷纤维滤管除尘脱硝一体化脱硝，即采用具有过滤功能的异形（陶瓷滤管）催化剂。现在行业中应用的滤管一般为两种：中高温复合陶瓷纤维滤管，使用温度区间为 250～400℃；低温复合陶瓷纤维滤管，使用温度区间为 200～250℃。

以上各类催化剂，均需在温度区间要求的最低温度线以上运行，否则均易造成大量氨逃逸并导致催化剂中毒。

② SCR 脱硝催化剂本身影响

Ⅰ. 催化剂最初选型。务必根据窑炉烟气工况尤其是原烟气温度进行工艺设计与催化剂选型，确定选用中温催化剂或低温催化剂。

Ⅱ．催化剂用量。需要根据烟气量、原始氮氧化物浓度、烟气温度、原烟气中二氧化硫浓度等综合参数，核算催化剂用量，催化剂用量不足是导致氨逃逸的一个重要原因。

Ⅲ．催化剂使用年限。电力行业的催化剂化学寿命为 3 年或 24000h。由于玻璃窑炉的烟气成分复杂，一般而言 1.5～2 年催化剂的化学寿命即大大衰减，如果不及时更换催化剂，必将导致氨逃逸的增加。

Ⅳ．催化剂中毒。低温脱硝在日用玻璃行业中的应用已经非常成熟，但低温脱硝对二氧化硫的要求较为苛刻，一般要求二氧化硫浓度＜50mg/m^3，尤其是烟气温度偏低的情况下，对烟气中二氧化硫浓度要求更为苛刻。而《玻璃工业大气污染物排放标准》中对二氧化硫排放浓度的要求为 200mg/m^3，对于某些地方标准要求二氧化硫排放浓度＜50mg/m^3 的区域而言，低温脱硝一般不存在问题。但对于没有地方标准执行国家标准的区域内的日用玻璃企业，如仅考虑执行国家标准而不考虑低温脱硝对烟气中二氧化硫的限制条件，则极易导致催化剂中毒。催化剂中毒势必导致氨逃逸激增。

Ⅴ．玻璃生产配方。部分日用玻璃行业内企业需注意生产配方对催化剂的影响，在既往运行实践中，配方中含砷会导致烟气脱硝催化剂砷中毒。催化剂硫中毒可以通过烟气升温再生还原，而砷中毒是不可逆的。

③ 系统烟气流场的影响。烟气流场很重要，喷氨段的烟气流场越均匀稳定，氨在烟气中的分布就越均匀，NO_x 与 NH_3分子匹配度就越高，也就为降低氨逃逸创造了一个良好的前提条件；反之，则导致氨在烟气中的分布既有局部欠缺，又有局部过量，不得已通过加大喷氨量来弥补，也就会造成氨逃逸的增加。

此外，反应器中的流场影响的则是催化剂数量与烟气量的匹配度，在传统 SCR 反应器中还涉及烟气流速、角度等带来的催化剂自清灰防堵，以及流速过大防磨损等问题，这些都会影响 SCR 反应效率，处理不得当也会造成氨逃逸的增加。

④ 喷氨环节至关重要。以氨水喷射为例，如果压缩空气及氨水流量、压力过高或过低，又或是不能良好匹配，则会影喷枪雾化效果，导致氨在烟气中分布不均匀，更严重的会造成氨水液滴不能及时气化、喷射点烟道积液等，都会造成氨逃逸的升高。

⑤ 控制及检测系统对控制氨逃逸的影响。仪表在线检测装置如果测量出现偏差、错误，喷氨系统调节不能实现自动联锁及精准控制都会造成氨逃逸的增大。

3）氨逃逸控制措施

① 技术方案及设计阶段应进行全面系统的考量。由于引起氨逃逸的原因是多方面的，因此必须在工程设计阶段就要做好技术方案的优化设计工作。例如：选择合适的催化剂种类，恰当的催化剂数量，重点关注整个系统烟气流场的均匀化设计，规划好喷氨点的烟道形状和位置，反应器的大小，以及整个喷氨系统设备选型的合理匹配等，为控制好氨逃逸的达标排放创造良好的基础硬件条件。

② 保证烟气温度在适宜的范围内。针对烟温过低使得催化剂不在活性温度范围内的情况，可以采用适当措施升温，使催化剂达到良好的反应工况温度；烟温过低还容易造成催化剂的硫铵盐堵塞及中毒，一旦发生则需要高温对催化剂进行激活，燃烧加热器功率选择应考虑这一因素而留有设计余量。

③ 保证氨水喷枪良好的雾化效果。一般双流体雾化喷枪，喷枪液压控制范围为 0.3～0.5MPa，气压控制范围为 0.3～0.5MPa，在调试或运行时气压稍微比液压大一点，在这

种情况下雾化效果较好。因此，氨水泵的选型扬程不宜太低，需考虑调节余量及喷氨点位置标高等因素，扬程建议在 60m 以上，并且系统需配备稳定的压缩空气气源。

④ 为系统配备高精度氨水调节阀。建议选用等百分比氨水调节阀，使其流量与开度形成良好的正比线性关系，一般需在 20%～80%开度的范围内具有良好的调节性。因此，调节阀参数确定、流量特性计算、品牌选择都是至关重要的环节。

⑤ 有完善的检测及控制方案。一般可根据脱硝出口 NO_x 浓度高低来联锁调节氨水调节阀的开度大小，结合环保要求设定出口 NO_x 浓度的上、下限值，当超出浓度上限时可反馈信号开大氨水调节阀，当低于设定下限时则关小氨水调节阀，使氨水流量和 NO_x 浓度在一个比较稳定的范围内波动，实时调节不但节约氨水用量，而且保证了氨逃逸不超过排放限值。由此可见，完备精准的检测系统也是必不可少的，NO_x 浓度在线监测、氨水流量测量、调节阀开度反馈、各压力测量等参数共同组成了一个完备准确、反应灵敏的调节系统。

7.1.3.5 陶瓷滤管一体化烟气脱硫脱硝除尘技术

以陶瓷膜材料作载体，充分利用陶瓷膜材料的高效粉尘过滤性能和高孔隙结构的催化剂负载性能，通过在膜材料微孔内部被覆高效纳米脱硝催化剂，制成具有除尘与脱硝功能的高温气体过滤材料。这种膜过滤材料用于高温气体净化，集高温烟尘净化与 SCR 脱硝、脱硫等于一体，在同一装置内可实现高温烟气中除尘与脱硝同步进行，解决了传统工艺中除尘与脱硝分步进行而导致的净化工艺流程长、设备占地面积大以及粉尘、碱金属等因素造成的催化剂中毒、磨蚀等系列问题，可最大限度地延长催化剂使用寿命，降低脱硝成本。

陶瓷滤管一体化烟气脱硫脱硝除尘技术工作原理见图 7-8。

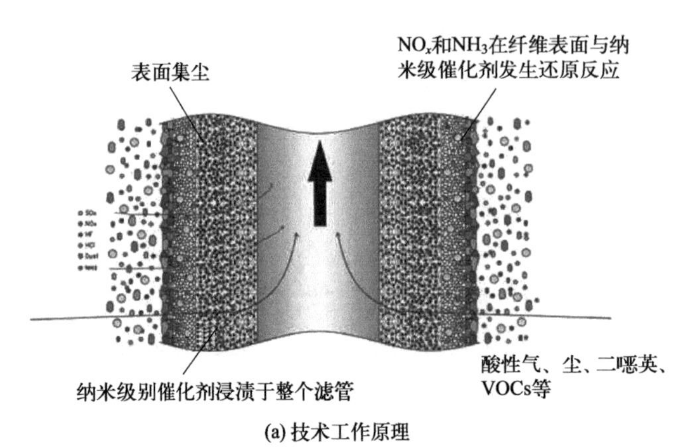

(a) 技术工作原理

(b) 陶瓷催化过滤器的结构
(纳米级催化剂促进表面活性)

图 7-8 陶瓷滤管一体化烟气脱硫脱硝除尘技术工作原理及过滤器结构

陶瓷滤管一体化烟气脱硫脱硝除尘技术具有如下特点。

① 适用温度范围广。温度适用范围为 180～380℃，在 300～360℃之间具有极高的反应效率。

② 与传统的工艺相比，复合污染物一体化治理的优势使得整套系统的造价优势明显；占地面积小，省去了针对各种污染物分别建设处理装置的占地问题。

③ 过滤精度高，而且对超细烟尘具有较高的去除效率，1μm粒子去除率不低于99.9%。

④ 陶瓷滤管一体化脱硫脱硝除尘装置多仓室独立运行，正常运行时在线清灰，必要时针对单个仓室不停机离线清灰，保障了窑炉运行的连续性。

⑤ 产品性能稳定，耐酸碱腐蚀，使用寿命长。陶瓷纤维滤管的复合结构避免了布袋的挠性，除尘效果更优，同时避免糊袋隐患，其寿命可达5～8年，大大优于滤袋寿命，减少了维护成本和运行费用。

7.1.3.6 金属滤袋一体化烟气脱硫脱硝除尘技术

除了将脱硝催化剂负载在陶瓷滤管上开发出陶瓷滤管一体化烟气脱硫脱硝除尘设备外，近些年玻璃行业逐渐开发出金属滤袋一体化烟气脱硫脱硝除尘设备，即将SCR脱硝装置与金属滤管结合，制成金属滤袋尘硝一体化设备。通过与干法脱硫相结合，实现同步脱硫、脱硝和除尘的功能。金属滤袋一体化烟气脱硫脱硝除尘技术路线见图7-9。

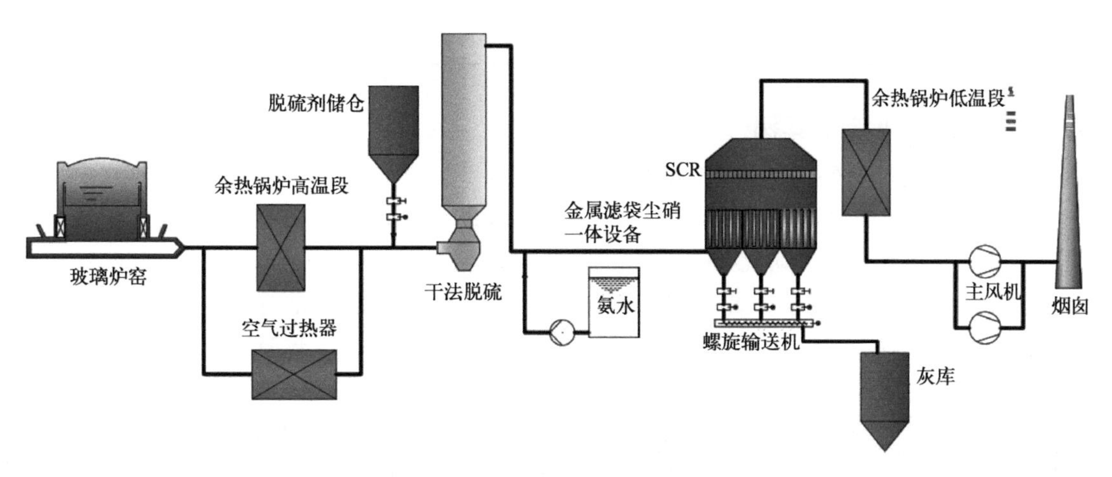

图7-9 金属滤袋一体化烟气脱硫脱硝除尘技术路线

该技术工作原理如下：玻璃窑炉烟气经余热锅炉高温段降温后，进入干法脱硫塔内，与喷入的脱硫剂均匀混合，烟气通过脱硫塔下部的文丘里管加速，气固两相由于气流的作用，产生激烈的湍动与混合，强化了气固间的传质与传热，完成部分SO_2的脱除，而后烟气与喷入的脱硝反应剂（氨气）均匀混合后进入金属滤袋除尘脱硝系统内。烟气在经过金属滤袋时，颗粒物被拦截在滤袋表面，并形成粉饼层（含部分熟石灰），滤袋表面的粉饼层又进一步脱除了烟气中的SO_2，脱硫除尘后的烟气在脱硝催化剂的催化作用下，NH_3同NO_x反应，完成了NO_x的脱除。脱硫脱硝除尘后的烟气再次进入余热锅炉低温段进行余热利用，余热利用的净烟气经锅炉引风机从烟囱达标排放。

金属滤袋一体化烟气脱硫脱硝除尘技术具有如下特点：金属滤袋不受烟气粉尘比电阻、粒径大小等物化特性的影响，具有耐高温、耐腐蚀、过滤精度高、运行阻力小、寿命长、可再生等诸多优点。在常温下，金属材料的强度是陶瓷材料的10倍，即使在700℃高温下，其强度仍然高于陶瓷材料。金属材料良好的韧性和导热性使其具有良好的抗热震性。此外，金属材料具有良好的加工性能和焊接性能。这些良好的性能使得金属过滤材料在应用方面具有更好的适用性和优越性。由表7-5可看出，金属滤袋具有对粉尘温度、黏度、腐蚀性适应性较宽的优点，同时不产生危险废物等。

表 7-5　布袋、陶瓷纤维滤管与金属滤袋综合比较

序号	参数	布袋	陶瓷纤维滤管	金属滤袋
1	滤材耐温/℃	≤250	≤400	≤850
2	滤材厚度/mm	≤3.2	10	0.4～0.6
3	滤材重量/(g/m²)	300～950	1500～1800	350～800
4	耐酸耐碱性	较差	较强	较强
5	烧袋问题	易烧袋	不易烧袋	不会烧袋
6	对粉尘的要求	要求粉尘温度较低	对粉尘温度、黏度、腐蚀性适应性较宽	
7	运行阻力损失/Pa	约 1800	约 2000	约 1800
8	二次污染	滤材存在二次污染	作为危险废物处理	金属滤材为可回收固体废物，无污染

7.1.3.7　烟气治理典型案例

（1）干法脱硫＋布袋除尘＋低温 SCR 脱硝技术

某日用玻璃企业主要产品为玻璃瓶，现有两台玻璃炉窑的产能分别为 120t/d 和 140t/d，炉窑烟气合并后采用一套烟气处理系统，总烟气量（标）为 65000m³/h，炉窑出口烟气温度在 210～300℃之间波动。若采用中温催化剂，催化剂正常工作温度范围宜在 300～420℃之间，需要配套热风炉将炉窑出口烟气升温 100℃左右，再将脱硝出口的烟气进行余热利用，再进入脱硫和布袋除尘系统。但是，日用玻璃生产工艺对余热利用需求较少，若炉窑出口烟气先补燃升温脱硝后再降温，将会增加总烟气量，并且余热锅炉产生的蒸汽只能直接外排，为了减少环保设施投资和降低运行成本，决定采用低温催化剂。

氨逃逸量的增加会促进硫酸氢氨的生成，影响脱硝效率。该项目设计采用低温催化剂，通过配套安装天然气热风炉系统，定期将部分烟气升温到 370℃以上通过催化剂，使硫酸氢氨升华，催化剂再生恢复活性。在低温 SCR 脱硝之前，先进行干法脱硫和布袋除尘（低温催化剂设计温度在 180℃以上，以反应器出口温度为准），保证了脱硝反应器可高效稳定运行，大大延长了催化剂的使用寿命。干法脱硫＋布袋除尘＋低温 SCR 脱硝工艺流程如图 7-10 所示。

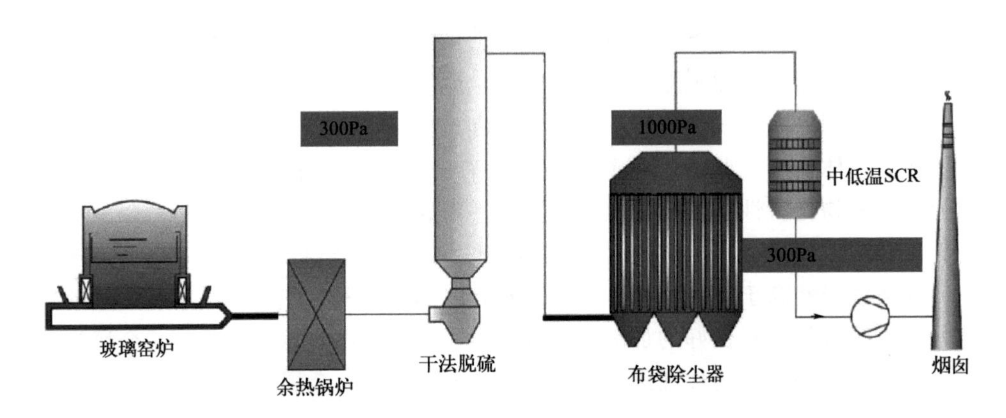

图 7-10　干法脱硫＋布袋除尘＋低温 SCR 脱硝工艺流程

考虑到布袋除尘器、脱硝反应器和烟道的散热损失，布袋除尘器的进口温度控制在220℃左右，出口温度在200℃左右，除尘器出口烟气进入 SCR 反应器。在炉窑出口烟道上设置氨水-烟气换热盘管、余热锅炉和旁路烟道，用于调节运行时布袋入口的温度，严格控制温度不超过250℃，滤料采用 PTFE 材料。

由于采用碳酸氢钠干法脱硫，与半干法脱硫工艺不同，不需要喷水雾化增湿，直接喷入碳酸氢钠（$NaHCO_3$）超细粉，$NaHCO_3$受热分解时烟气温度不会有大的变化，脱硫反应温度在140～250℃之间。$NaHCO_3$ 从60℃开始进行热分解，当温度从160℃升高至220℃时反应速率几乎翻倍，最佳温度为200℃左右。$NaHCO_3$ 超细粉与烟气充分混合接触，在烟道中与烟气中 SO_2和 SO_3快速反应，而且在布袋除尘器内，脱硫剂超细粉一直与烟气中的 SO_2和 SO_3发生反应，反应快速、充分，在2s内即可生成副产物 Na_2SO_4，通过布袋除尘器回收副产物。因为热分解产生的 Na_2CO_3颗粒为多孔结构，具有高度的反应活性，脱硫效率很高，脱除1mol SO_2需要消耗2mol $NaHCO_3$，设计取1.1～1.3的系数，$NaHCO_3$消耗量为130～150kg/h。

该日用玻璃企业炉窑烟气采用干法脱硫＋布袋除尘＋低温 SCR 脱硝改造后，投产以来运行情况良好。烟气排放指标中颗粒物浓度（标）长期稳定在30mg/m³（干基，8%O_2）以下，NO_x 浓度（标）≤350mg/m³（干基，8%O_2，以 NO_2 计），SO_2浓度（标）≤200mg/m³（干基，8%O_2）。SO_2浓度由于考虑碳酸氢钠超细粉的成本，喷入量裕量系数不大，取1.03左右，当系数达到1.1以上时，SO_2浓度（标）可以达到100mg/m³以下。

干法脱硫＋布袋除尘＋低温 SCR 脱硝技术工程现场如图7-11所示。

图 7-11　干法脱硫＋布袋除尘＋低温 SCR 脱硝技术工程现场

（2）陶瓷滤管脱硫脱硝除尘一体化技术

以某玻璃生产线为例，烟气治理采用陶瓷滤管一体化脱除技术，系统正常运行时钙硫比保持3.0，催化剂陶瓷滤管区域设计过滤风速1m/min，过滤面积为9000m²，滤管长度为3m，对应根数为6000根，不同的厂家陶瓷滤管数量差异较大。滤管设计10个箱体进行安装布置，单个箱体占地面积为7m（长）×5m（宽），总占地约400m²，整个系统的设计阻力为3000Pa。

从玻璃熔窑出来的高温烟气，进入余热锅炉换热后，从其高温段引出，烟气与喷入的脱硫剂（石灰或小苏打）和氨气进行充分混合后经过干法脱硫系统进行干法脱硫，混合烟气进入复合陶瓷纤维滤管除尘器，烟气中的SO_2与复合陶瓷纤维滤管表面滤饼层进一步反应提高干法脱硫效率，与此同时烟气中的NH_3和NO_x在复合陶瓷纤维滤管所负载的催化剂的作用下实现高效脱硝，从而完成整个脱硫、脱硝、除尘过程。脱硝除尘后的净烟气由引风机送入余热锅炉低温段，通过锅炉后由烟囱排放到大气环境。技术运行效果见表7-6。

表7-6　干法脱硫＋复合陶瓷纤维滤管除尘脱硝一体化技术运行效果

参数	进口	出口	去除效率/%
烟气量/(m^3/h)	170000		
入口烟气温度/℃	300～420		
含氧量/%	约10		
颗粒物浓度/(mg/m^3)	418.2	5.8	98.61
二氧化硫浓度/(mg/m^3)	947.2	92	90.1
氮氧化物浓度/(mg/m^3)	2882.3	380.5	86.7

某日用玻璃企业采用陶瓷滤管一体化烟气脱硫脱硝技术工程现场如图7-12所示。

图7-12　陶瓷滤管一体化烟气脱硫脱硝技术工程现场

(3) 金属滤袋一体化烟气脱硫脱硝除尘技术

山西某一日用玻璃窑炉出口引出约350℃的烟气，首先进行干法脱硫，脱硫后的烟气进入尘硝一体化设备，含尘烟气经过金属滤袋除尘，然后烟气进入脱硝催化剂层进行脱硝处理，净化后的烟气再经过节能装置回收热量，最后由风机引入烟囱排入大气中。金属滤袋一体化烟气脱硫脱硝除尘技术工程应用现场见图7-13。

图 7-13　金属滤袋一体化烟气脱硫脱硝除尘技术工程应用现场

本项目实际运行效果见表 7-7 和图 7-14。

表 7-7　金属滤袋一体化烟气脱硫脱硝除尘技术运行效果总结表

参数	进口	出口	去除效率/%
烟气量/(m^3/h)	42000		
入口烟气温度/℃	300		
颗粒物/(mg/m^3)	400	<10	97.5
二氧化硫/(mg/m^3)	500	<30	94
氮氧化物/(mg/m^3)	2200～3200	<50	97.7～98.4

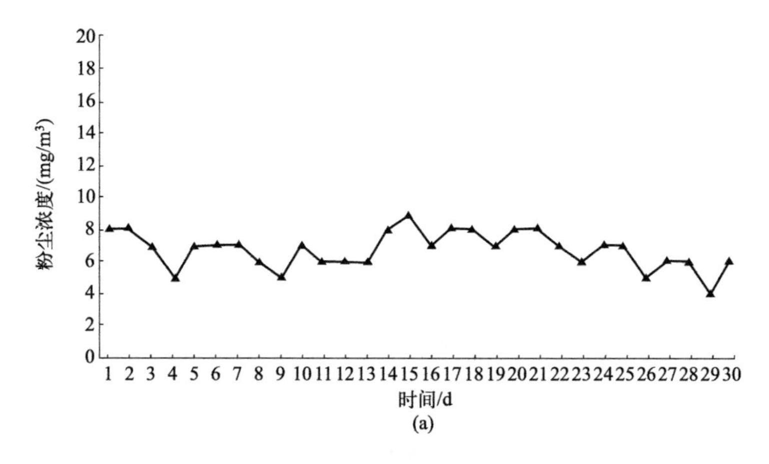

图 7-14

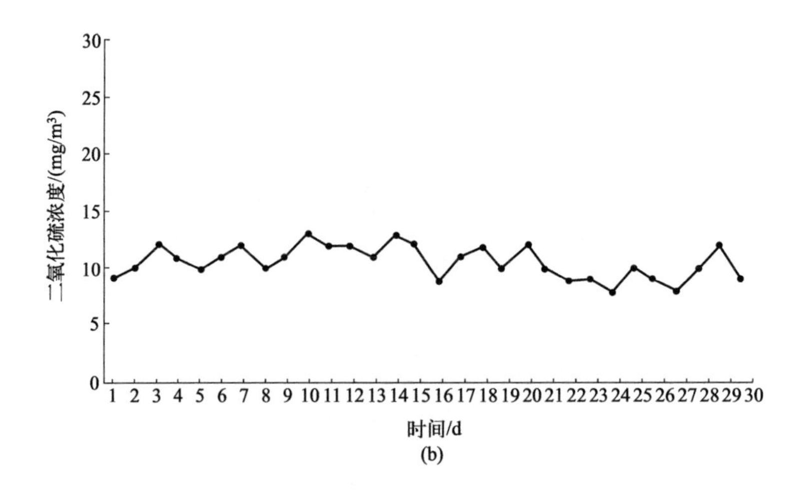

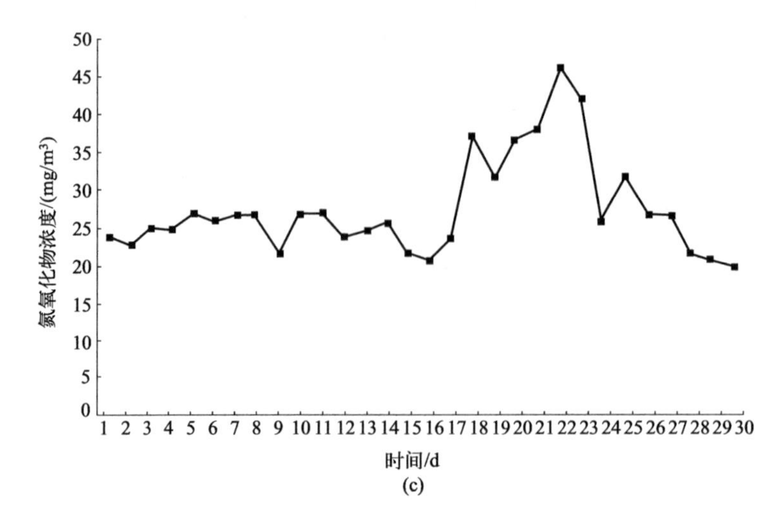

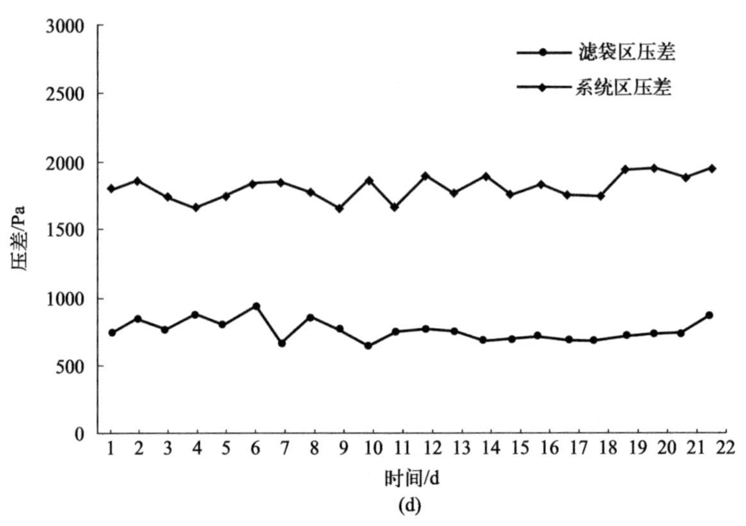

图 7-14 金属滤袋一体化烟气脱硫脱硝除尘技术运行效果

7.1.3.8　喷漆漆雾治理技术

（1）湿式除尘技术

该技术适用于喷涂工序产生的漆雾治理和 VOCs 末端治理的预处理。该技术既能净化废气中的固体颗粒物也能脱除水溶性气态污染物，同时还能起到气体降温的作用，可用于处理含尘/高温有机废气。常用的湿式除尘器有水帘柜、喷淋塔等，一般将多级处理设施串联使用，除尘效率通常可达 90%以上。该技术会产生废水和漆渣二次污染问题，若配套后续的 VOCs 治理设施，则应安装除湿设施减少废气中水汽对 VOCs 废气治理设施的影响。

（2）干式过滤技术

该技术适用于漆雾的治理及湿式除尘技术后的除湿。采用干式漆雾过滤材料对喷漆时产生的漆雾进行净化，常见的过滤材料包括纸质过滤器、漆雾过滤棉（漆雾毡）和过滤袋等，一般采用多级过滤组合，去除效率通常可达 95%以上。纸质过滤器多采用可回收环保纸制成，漆雾容纳能力大，使用寿命长，但没有可衡量的过滤精度，对小漆雾拦截效果不佳；漆雾过滤棉蓬松，不易被大的漆渣杂质堵塞，可用于去除较大的漆雾颗粒；过滤袋可捕集 0.5μm 以上的漆雾。该技术无废水产生，但有发生火灾的风险。

7.1.3.9　VOCs 废气治理技术

（1）固定床吸附/脱附技术

利用吸附材料在固定床吸附装置中选择性吸附废气中的 VOCs 以达到净化废气的目的。该技术常用的吸附材料为活性炭，当吸附饱和或废气出口浓度不能满足排放要求时需要对活性炭吸附材料进行更换或再生。被更换的吸附材料需送有资质的危废处置单位处置。饱和的吸附材料可通过解吸而再生利用。再生工艺包括变压再生和变温再生（热气流再生）。脱附废气一般采用蓄热燃烧、催化燃烧或蓄热催化燃烧技术进行处理。当入口颗粒物浓度超过 1mg/m^3 时，需先采用过滤或洗涤等方式进行预处理并除湿。该技术 VOCs 去除效率可达 90%以上。固定床吸附/脱附技术的技术参数应满足《吸附法工业有机废气治理工程技术规范》（HJ 2026）的相关要求。固定床吸附装置吸附床层的气流速度应根据吸附剂形态、废气浓度及治理要求确定。采用颗粒活性炭时气流速度宜低于 0.6m/s，采用活性炭纤维时气流速度宜低于 0.15m/s，采用蜂窝活性炭时气体流速宜低于 1.2m/s。

（2）转轮移动床吸附/脱附技术

利用装有分子筛等吸附材料的转轮吸附装置，对有机废气中的 VOCs 进行连续吸附和脱附，从而达到净化废气的目的。一般用于较大风量、中低浓度 VOCs 废气的预浓缩。该技术适用于入口废气颗粒物浓度小于 1mg/m^3、相对湿度不高于 80%、温度不高于 40℃的日用玻璃企业 VOCs 废气的治理。VOCs 净化效率可达 90%以上。转轮移动床吸附/脱附技术适用于大规模、能够连续稳定生产的日用玻璃制造企业，投资成本高，运行成本不高。脱附废气一般用蓄热燃烧、催化燃烧或蓄热催化燃烧技术进行处理。转轮移动床吸附/脱附技术的技术参数应满足《吸附法工业有机废气治理工程技术规范》（HJ 2026）的相关要求。常用的分子筛转轮吸附装置如图 7-15 所示。

废气中含有的某些物质，可能会对分子筛造成一定影响，有的甚至造成永久性损坏或磨损，影响分子筛吸附性能。某些物质成分（见表 7-8）不能通过使用分子筛进行吸附/脱

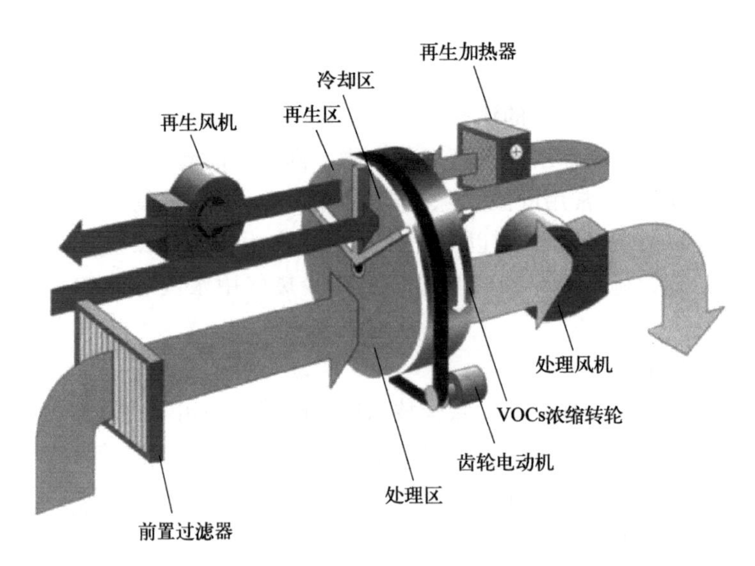

图 7-15 分子筛转轮吸附装置

附处理，日用玻璃企业在选用分子筛处理 VOCs 废气时，应确保废气中不存在下列物质或应通过预处理手段首先去除下列物质再将废气通入分子筛中。

表 7-8 分子筛转轮无法处理的物质成分

状态	物质成分	现象
不易吸附物质	甲醇	极性强不吸附
	环己烷	构造上不易吸附
	甲醛类、其他低沸点物质	低沸点不易吸附
不易脱附物质	油雾、焦油雾	不易脱附
	可塑剂｛DEP［邻苯二甲酸二（2-乙基己）酯］、DOP（邻苯二甲酸二辛酯）等｝	高沸点不易脱附
	松油醇	在细孔内反应并积蓄
	单体氯化乙烯基、丙烯腈、异氰酸酯、苯乙烯和其他聚合性物质	聚合性物质
	单乙醇胺（MEA）	蒸气压力低不易脱附
	其他胺类	改变性状不易脱附
	超过 200℃的高沸点物质	不易脱附
	蒸汽压在 20Pa 以下（20℃）的物质	不易脱附
致沸石退化物质	酸性物质、碱性物质	沸石退化
	涂料	覆盖沸石产生退化

固定床和移动床吸附剂再生过程工艺设计应满足如下要求：a. 采用热空气再生时，固定床吸附装置热空气脱附温度宜低于120℃，转轮吸附装置热空气脱附温度宜低于220℃；b. 采用水蒸气再生时，蒸汽脱附温度宜控制在100～140℃，脱附蒸汽供汽压力宜高于0.2MPa；c. 采用热氮气再生时，热气流脱附温度宜控制在120～200℃，脱附氮气压力宜为0.05～0.1MPa，要求恒压设计；d. 固定床吸附装置单床脱附再生周期应根据废气成分、脱附风量等因素确定，应大于4h；e. 脱附后气流中有机物浓度应控制在其爆炸极限下限的25%以下。

(3) 燃烧技术

该技术通过燃烧或催化燃烧发生化学反应，将废气中的VOCs氧化为二氧化碳和水等化合物，具有效率高、处理彻底、污染小等特点，可高效处理绝大多数有机废气。常见的燃烧技术包括热力燃烧技术和催化燃烧技术。

热力燃烧技术是以辅助燃料为助燃气体，在辅助燃料燃烧的过程中，将废气中的可燃组分销毁，日用玻璃通常采用的热力燃烧技术是蓄热燃烧技术（RTO）。热力燃烧的温度一般为700～900℃。该技术投资、运行成本均较高，主要适用于使用溶剂型物料的大、中规模的日用玻璃企业的漆雾、VOCs治理。

催化燃烧技术是利用固体催化剂将废气中的VOCs通过氧化作用转化为二氧化碳和水等化合物，包括催化燃烧技术（CO）和蓄热催化燃烧技术（RCO），VOCs净化效率可达90%以上。该技术反应温度低，产生氮氧化物较少。当废气中含有硫化物、氯化物、有机硅、有机磷等导致催化剂中毒的物质时，应进行预处理去除中毒物质后使用。该技术的技术参数应满足《催化燃烧法工业有机废气治理工程技术规范》（HJ 2027）的相关要求。该技术投资、运行成本均较高，主要适用于大、中规模的日用玻璃制造企业的漆雾、VOCs治理。

燃烧装置工艺设计要求如下。

① 燃烧装置的处理能力应根据废气的处理量确定，其中RTO的设计风量应按照最大废气排放量的105%以上进行设计，处理效率一般不宜低于95%；CO、RCO的设计风量宜按照最大废气排放量的120%进行设计，处理效率一般不宜低于97%。

② RTO燃烧室的运行温度和有机废气在燃烧室内的停留时间，应根据废气成分及所需净化效率而定。运行温度一般应高于760℃，停留时间一般应大于0.75s。根据运行温度、停留时间以及待处理废气通过燃烧室的有效体积流量等因素，计算确定燃烧室的结构和尺寸。

③ RTO、RCO的热回收效率应考虑废气成分及浓度、余热回用需求，一般不低于90%。根据热回收效率要求、蓄热体结构性能、系统压降等因素，计算确定蓄热室的结构和尺寸。蓄热室截面风速宜＜2m/s，应通过优化蓄热体结构、堆填方式等实现蓄热室气流均匀分布。

④ 固定式RTO换向阀的换向时间宜为60～180s，旋转式RTO气体分配器的换向时间宜为30～120s。RTO进出口气体温差宜小于60℃。

⑤ CO、RCO的运行温度、设计空速应根据废气成分、催化剂种类等因素确定。运行温度宜为250～500℃，设计空速宜为10000～40000h^{-1}。

⑥ 系统压力损失受气流速度、蓄热体/催化剂结构形式等因素影响，CO的设计压降

宜＜2kPa，RTO和RCO的设计压降宜＜3kPa。

7.1.3.10　熔化工序烟气治理工艺路线

日用玻璃企业熔化工序烟气治理工程的工艺路线选择应以达标治理、循环利用、不产生二次污染为原则，优先考虑采用副产物可资源化利用的处理工艺，根据当地脱硫剂和还原剂来源、副产物再利用可行性、安全环境等条件进行技术经济综合比较后确定工艺路线。日用玻璃企业熔化工序烟气治理推荐采用的典型工艺路线见表7-9，企业也可结合自身实际情况，选择采用其他适宜的处理工艺路线。

表7-9　推荐采用的典型工艺路线

燃料类型	适用烟气温度	工艺路线	备注
天然气	320～400℃	(1)(烟气预除尘)＋中温SCR脱硝＋干法脱硫＋金属纤维滤袋除尘； (2)(烟气预除尘)＋中温SCR脱硝＋干法脱硫＋陶瓷纤维滤管除尘； (3)(烟气预除尘)＋中温SCR脱硝＋余热锅炉＋干法/半干法脱硫＋袋式除尘	采用天然气作为燃料的日用玻璃炉窑，在满足SO_2达标排放的前提下，可不设置脱硫系统
	250～400℃	干法脱硫＋复合陶瓷纤维滤管脱硫脱硝除尘一体化技术	
	220～320℃	(1)干法脱硫＋金属纤维滤袋除尘＋低温SCR脱硝； (2)干法脱硫＋陶瓷纤维滤管除尘＋低温SCR脱硝； (3)余热锅炉＋干法/半干法脱硫＋袋式除尘＋低温SCR脱硝	
发生炉煤气、焦炉煤气	320～400℃	(1)(烟气预除尘)＋中温SCR脱硝＋干法脱硫＋金属纤维滤袋除尘； (2)(烟气预除尘)＋中温SCR脱硝＋干法脱硫＋陶瓷纤维滤管除尘； (3)(烟气预除尘)＋中温SCR脱硝＋余热锅炉＋干法/半干法脱硫＋袋式除尘	当烟气中焦油含量偏高时，不建议采用中温SCR脱硝前置的处理工艺
	250～400℃	干法脱硫＋复合陶瓷纤维滤管脱硫脱硝除尘一体化技术	—
	220～320℃	(1)干法脱硫＋金属纤维滤袋除尘＋低温SCR脱硝； (2)干法脱硫＋陶瓷纤维滤管除尘＋低温SCR脱硝； (3)余热锅炉＋干法/半干法脱硫＋袋式除尘＋低温SCR脱硝	—
石油焦	320～400℃	(1)烟气调质＋高温电除尘＋中温SCR脱硝＋余热锅炉＋湿法脱硫＋湿式电除尘； (2)烟气调质＋高温电除尘＋中温SCR脱硝＋干法/半干法脱硫＋陶瓷纤维滤管除尘/金属纤维滤袋除尘	—
	270～400℃	烟气调质＋高温电除尘＋干法脱硫＋复合陶瓷纤维滤管脱硫脱硝除尘一体化技术	—
	220～320℃	烟气调质＋高温电除尘＋干法脱硫＋陶瓷纤维滤管除尘/金属纤维滤袋除尘＋低温SCR脱硝	—

7.1.3.11 喷涂工序VOCs治理工艺路线

日用玻璃企业喷涂工序推荐采用的典型工艺路线如表7-10所列。

表7-10 日用玻璃企业喷涂工序VOCs治理典型工艺路线

涂料类型	废气类型	处理工艺	典型处理技术路线	技术适用条件
水性涂料	喷涂废气	湿式除尘或干式过滤+吸附技术	湿式除尘或干式过滤+活性炭吸附	适用于小规模日用玻璃企业涂装工序的漆雾、低浓度VOCs处理。后期需定期清理、更换过滤材料，定期更换或再生活性炭
		湿式除尘或干式过滤+吸附/脱附+燃烧技术	湿式除尘或干式过滤+活性炭吸附/脱附+CO或RCO	适用于大、中规模日用玻璃企业涂装工序的漆雾、VOCs处理
			湿式除尘或干式过滤+沸石转轮吸附/脱附+RTO	
	烘干废气	吸附/脱附+燃烧技术	活性炭吸附/脱附+CO或RCO	适用于中、小规模日用玻璃企业涂装工序烘干废气的VOCs处理
			沸石转轮吸附/脱附+RTO	适用于大、中规模日用玻璃企业涂装工序烘干废气的VOCs处理
	涂装废气	其他等效技术		—
UV固化涂料	涂装废气	湿式除尘或干式过滤+吸附技术	湿式除尘或干式过滤+活性炭吸附	适用于使用UV固化涂料的日用玻璃企业涂装工序的漆雾、VOCs处理
溶剂涂料	喷涂废气	湿式除尘或干式过滤+吸附/脱附+燃烧技术	湿式除尘或干式过滤+活性炭吸附/脱附+CO或RCO	适用于中、小规模日用玻璃企业涂装工序的漆雾、VOCs处理
			湿式除尘或干式过滤+沸石转轮吸附/脱附+RTO	适用于大、中规模日用玻璃企业涂装工序的漆雾、VOCs处理
	烘干废气	燃烧技术	CO或RCO	适用于中、小规模日用玻璃企业涂装工序烘干废气的VOCs处理
			RTO	适用于大、中规模日用玻璃企业涂装工序烘干废气的VOCs处理
	涂装废气	其他等效技术		—
UV固化油墨	丝网印刷废气、烘干废气	吸附技术	活性炭吸附	适用于使用UV固化油墨的日用玻璃企业丝网印刷、烘干工序废气的VOCs处理

续表

涂料类型	废气类型	处理工艺	典型处理技术路线	技术适用条件
溶剂型油墨	丝网印刷废气、烘干废气	吸附/脱附＋燃烧技术	活性炭吸附/脱附＋CO或RCO	适用于使用溶剂型油墨的日用玻璃企业丝网印刷、烘干工序废气的VOCs处理
—	烤花废气	吸附技术	活性炭吸附	适用于日用玻璃企业烤花废气单独处理时的VOCs处理

7.1.3.12 无组织排放控制要求

（1）颗粒物、氨无组织排放控制要求

① 粉状物料贮存于封闭料场（料仓、储库）中。煤炭、碎玻璃等其他物料贮存于封闭料场（料仓、储库）或半封闭料场（堆棚）中。半封闭料场（堆棚）应至少三面有围墙（围挡）及屋顶，并对物料采取覆盖、喷淋（雾）等抑尘措施。硅质原料的均化应在封闭的均化库中进行。

② 粉状、粒状等易散发粉尘的物料厂内转移、输送过程，应封闭或采取覆盖等抑尘措施。

③ 粉状物料卸料口应密闭或设置集气罩，并配备除尘设施。其他物料装卸点应设置集气罩并配备除尘设施，或采取喷淋（雾）等抑尘措施。

④ 配料工序应在封闭空间操作，并收集废气至除尘设施；不能封闭的、产生粉尘的设备和产尘点应设置集气罩，并配备除尘设施。配料车间外不应有可见粉尘外逸。

⑤ 厂区道路应硬化，并采取清扫、洒水等措施保持清洁。未硬化的厂区地面应采取绿化等措施。

⑥ 氨的装卸、贮存、输送、制备等过程应密闭，并采取氨气泄漏检测措施。

（2）VOCs无组织排放控制要求

① 涂料、胶黏剂、固化剂、稀释剂、清洗剂等VOCs物料应贮存于密闭的容器、包装袋、储罐、储库、料仓中。

② 盛装VOCs物料的容器或包装袋应存放于室内，或存放于设置有雨棚、遮阳设施和防渗设施的专用场地。盛装VOCs物料的容器或包装袋在非取用状态时应加盖、封口，保持密闭。VOCs物料转移和输送时应采用密闭管道或密闭容器、包装袋。

③ VOCs物料储库、料仓应满足密闭（封闭）空间的要求，储罐控制应符合GB 37822的规定。

④ 涉VOCs物料工序应采用密闭设备或在密闭空间内操作，废气应排至废气收集处理系统；无法密闭的，应采取局部气体收集措施，废气应排至废气收集处理系统。

⑤ 建有煤气发生炉的企业，焦油池应加盖。敞开液面VOCs无组织排放控制应符合GB 37822的规定。

⑥ 设备与管线组件VOCs泄漏控制应符合GB 37822的规定。

7.1.4　废气治理设施运行与维护

7.1.4.1　除尘设施要求

（1）电除尘器

① 电除尘器的运行、日常维护、定期维护、维修及质量检查应参照《电除尘工程通用技术规范》（HJ 2028—2013）、《电除尘器设计、调试、运行、维护 安全技术规范》（JB/T 6407—2017）和《日用玻璃炉窑烟气治理技术规范》（T/CNAGI 001—2020）执行。

② 电除尘器的运行状况考核指标包括除尘效率（允许根据设备设计修正曲线进行修正）、电场投用率、阻力、漏风率、排放浓度、电耗。

③ 电除尘器运行过程中应控制的关键参数包括灰斗高料位等重要报警信号、进出口烟尘浓度、烟温、二次电压、二次电流等。

④ 对电除尘器应进行巡回检查，发现问题及时处理。巡回检查应执行下列要求。a. 每周对所有传动件润滑油应进行一次检查，不符合要求的进行处理；b. 及时更换整流变压器呼吸器的干燥剂，每年进行一次整流变压器绝缘油耐压试验；c. 巡回检查排灰系统和灰斗料位计工作状态；d. 定期测量电除尘器的接地电阻；e. 定期进行高压直流电缆的耐压试验；f. 定期检查接地线和接地情况，确保导电性能良好；g. 定期检查继电器和开关箱的锁、门，确保完好；h. 定期检查各指示灯和报警器功能，确保完好。

⑤ 检修人员进入电场内部检修时应穿戴安全帽、防尘服、防尘靴、防腐手套等劳保用品，同时做好安全监护工作。

（2）袋式除尘器

① 袋式除尘器的运行、检修、维护应参照《袋式除尘工程通用技术规范》（HJ 2020）和《日用玻璃炉窑烟气治理技术规范》（T/CNAGI 001）执行。

② 袋式除尘器的运行状况考核指标包括除尘效率、阻力、漏风率、排放浓度和滤袋寿命。

③ 袋式除尘器运行中应控制的关键参数包括进出口烟气温度、烟尘浓度、高温报警信号、低温报警信号、灰斗高料位报警信号、清灰压力报警信号等。

④ 运行过程中严禁打开除尘器的人孔门、检修门。

⑤ 袋式除尘器重点巡检部位及要求如下：a. 定时巡检脉冲阀和其他阀门的运行状况，以及人孔门、检查门的密封情况，若发现脉冲阀异常应及时处理；b. 定时巡检空气压缩机的工作状态，包括油位、排气压力、压力上升时间等；c. 定期对缓冲罐、储气罐、分气包和油水分离器放水；d. 定时巡检稳压气包压力，当压力高于上限或低于下限时，应立即检查空气压缩机和压缩空气系统，及时排除故障；e. 卸灰时应检查卸、输灰装置的运行状况，发现异常及时处理；f. 实时检查风机与电机运行情况、轴承温度、油位和振动，发现异常及时处理；g. 定时检查压力变送器取压管是否畅通，发现堵塞及时处理；h. 定时检查灰斗料位状况，当高料位信号报警后应及时清灰；i. 观察排气筒排放状况，若滤袋破损应及时处理或更换。

⑥ 袋式除尘器的检修宜在停机状态下进行。当生产工艺不允许停机时可通过关闭某

个过滤仓室进、出口阀门的措施来实现仓室离线检修。

⑦ 打开检修仓室的人孔门进行换气和冷却，当煤气、有害气体成分降至安全限度以下且温度低于40℃时，人员方可进入。

⑧ 停机检修时，应检查每个过滤仓室的滤袋，若发现破损应及时更换或处理。检查喷吹装置，若发现喷吹管错位、松动和脱落应及时处理。反吹风袋式除尘器使用1～2月后应调整滤袋吊挂的张紧度。

⑨ 备品备件应符合下述要求：滤袋及滤袋框架的备品数量不少于其总数的5%；脉冲阀备品的数量不少于其总数的5%，且不少于2个；脉冲阀膜片备品数量不少于其总数的5%，且不少于10个；空压机空气过滤器备品不少于1个。

（3）金属纤维滤袋除尘器和陶瓷纤维滤管除尘器

金属纤维滤袋除尘器和陶瓷纤维滤管除尘器的运行与维护要求可参考袋式除尘器执行。

7.1.4.2　脱硫设施要求

① 烟气脱硫设施的运行、维护、检修等工作可参照《烟气循环流化床法烟气脱硫工程通用技术规范》（HJ/T 178）、《石灰石/石灰-石膏湿法烟气脱硫工程通用技术规范》（HJ/T 179）等相关标准并根据实际生产需要执行。

② 日用玻璃企业应对烟气脱硫设施的运行状况进行考核，考核指标至少包括脱硫设施的运行情况、现场安全文明生产、SO_2浓度、脱硫效率、副产物品质、排烟温度、吸收剂消耗量、水耗、电耗、气耗、系统投运率等。

③ 烟气脱硫设施的启动应具备重要转动设备、电气传动、联锁保护、阀门仪表等试验合格的条件，并做好启动前检查、试运转工作，启动应尽可能缩短与机组启动间隔，而且除尘设施应先于烟气脱硫设施启动。

④ 烟气脱硫设施的停运应结合炉窑情况列出停运计划，非计划停运要及时报环保部门备案，根据停运方式和设备状况，在停运期间做好检查和维护检修工作，并尽快投入生产。系统停运时，除尘设施应晚于烟气脱硫设施停运。

⑤ 采用湿法脱硫时，浆液系统的设备和附属管道维护检修时，应对防腐层和易损部件，根据防腐施工和检修规定，进行严格维护检修；浆液系统停用后应严格冲洗设备和附属管道，防止沉积。

⑥ 烟气脱硫设施的维护应包括日常维护和点检定修。日常维护应包括系统清洁、罐体管道泄漏处理、对转动设备定期检查护理以及对其他突发情况的处理等。烟气治理设施的点检定修应确定专职点检员职责，做到定区、定人、定设备，同时对点检人员加强业务培训。

7.1.4.3　脱硝设施要求

① 日用玻璃企业炉窑应优先采用低氮燃烧等措施，控制尽可能低的NO_x生成量，再投入高效烟气脱硝设施，确保排放达标。

② 还原剂品质及使用应满足《液体无水氨》（GB/T 536—2017）、《尿素》（GB/T 2440—2017）的相关要求。

③ 脱硝催化剂处置

Ⅰ. 日用玻璃企业应对不满足脱硝效率要求的催化剂优先进行能否再生处理的测试

评估。

Ⅱ. 经过测试评估可再生的催化剂应通过物理和化学手段使活性得以部分或完全恢复，主要程序有催化剂评估、再生工艺选择、物理清洗、活化、热处理和性能测试等。

Ⅲ. 经测试评估不可再生的催化剂应由专业厂家或原催化剂供应厂家负责回收处理，不得随意抛弃。磨损严重、机械破裂无法再生的催化剂应优先考虑回收再利用处理，其次应按照危险废物管理规定交由第三方有资质的单位进行处置。

④ 二次污染及预防

Ⅰ. 对烟气脱硝设施应采取防止氨泄漏的相关措施。

Ⅱ. 脱硝系统的稀释风机入口应加装消声装置。

Ⅲ. 采用液氨作为还原剂时，液氨贮存与供应区域应设置完善的消防系统、洗眼器、防毒面具、清洗药品、风向标等，氨区应设置防雨、防晒及喷淋设施，喷枪设施应考虑冬季防冻措施，并定期对洗眼器、喷淋设施进行维修，确保设施处于备用、待用状态，涉氨场所宜安装氨气泄漏报警仪。

⑤ 定期对烟气脱硝设施的运行状况进行考核，考核指标至少应包括脱硝效率、系统投运率、NO_x 排放达标状况及总量控制情况、还原剂消耗量、电耗等。

⑥ 运行过程中应监控的关键参数包括氨区各设备的压力、温度、氨泄漏；脱硝反应器进口、出口的烟气温度、烟气流量、烟气压力、烟气湿度、NO_x 浓度和氧含量、压差、喷氨流量，以及出口氨浓度、还原剂消耗量、稀释风机运行参数等。

⑦ 脱硝设施的启动应具备重要转动设备、电气传动、联锁保护、阀门仪表、气路泄漏等试验合格的条件，并按照相关标准和供应商说明书要求做好启动前检查、试运工作，烟气条件具备时方可喷氨。

⑧ 烟气脱硝设施的停运应根据停运方式和设备状况，做好检查、维护、检修工作。正常停运应根据运行规程顺序停运，长期停运应将箱罐、管路及地坑内含氨液体或气体排空。非正常停运应及时向环保部门汇报备案，尽快恢复投入生产。

⑨ 为保证烟气脱硝设施安全运行，日用玻璃企业应加强对运行中的烟气脱硝设施的调整优化，以提高脱硝系统运行经济性。烟气脱硝设施运行调整应遵循以下主要原则：a. 脱硝系统正常稳定运行，参数准确可靠；b. 脱硝系统运行调整服从炉窑机组负荷变化，而且在负荷稳定的条件下进行调整；c. 脱硝系统运行调整宜采用循序渐进的方式，避免运行参数出现较大的波动；d. 在满足排放总量和排放限值的前提下，优化运行参数，提高经济性。

⑩ 烟气脱硝设施的运行调整应在炉窑运行调整（主要参数为烟气温度）基础上实施，主要调整内容包括喷氨流量、稀释风机流量、喷氨平衡优化、吹灰器吹灰频率等。

⑪ 烟气脱硝设施的维护保养应纳入全厂的维护保养计划中。日用玻璃企业应根据烟气脱硝设施技术、设备等资料制定详细的维护保养规定。维修人员应根据维护保养规定定期检查、更换或维修必要的部件，并做好维护保养记录。

7.1.4.4 烟气连续检测设施

① 烟气连续检测设施（CEMS）的日常巡检、维护保养、校准和校验、运行质量保证、数据审核和处理、数据记录和报表应参照《固定污染源烟气（SO_2、NO_x、颗粒物）排放连续监测技术规范》（HJ 75—2017）执行。

② CEMS的主要技术指标、检测项目、检测方法及检测质量保证措施应参照《固定污染源烟气（SO_2、NO_x、颗粒物）排放连续监测系统技术要求及检测方法》（HJ 76—2017）执行。

③ CEMS烟气采样器、加热器、取样管线伴热投自动，设定温度不低于120℃，每日检查加热器、电伴热，确保正常运行。

④ CEMS定期维护检查校验工作应满足技术标准和相关环保要求。

⑤ 做好CEMS原、净烟气取样器防潮防水工作。

⑥ 连续检测的历史数据及历史曲线的保存应满足环保要求并及时做好离线备份工作。

⑦ CEMS的日常巡检间隔不超过7d，巡检记录应包括检查项目、检查日期、被检查项目的运行状态等内容，每次巡检记录应归档，日常巡检规程应包括该系统的运行状况、CEMS工作状况、系统辅助设备的运行状况、系统校准工作等必检项目和记录，以及仪器使用说明书中规定的其他检查项目和记录。

⑧ CEMS运行管理人员应按要求定期打印报表，检查CEMS数据超标记录和运行记录，有异常数据及时反馈。每周形成数据分析报告，月底形成月度报告。

⑨ CEMS运行过程中的定期维护是日常巡检的一项重要工作，定期维护应做到以下几点：a. 污染源停炉后到开炉前应及时到现场清洁光学镜面；b. 每30天至少清洗一次隔离烟气与光学探头的玻璃视窗，检查一次仪器光路的准直情况；c. 每30天对清吹空气保护装置进行一次维护，检查空气压缩机或鼓风机、软管、过滤器等部件；d. 每3个月至少检查一次气态污染物CEMS的过滤器、采样探头和管路的结灰与冷凝水情况、气体冷却部件、转换器、泵膜老化状态；e. 每3个月至少检查一次流速探头的积灰和腐蚀情况、反吹泵和管路的工作状态。

⑩ CEMS运行期间各种仪器仪表均应按照说明书要求进行日常管理和维护，及时更换到期的零部件。

⑪ 每日均应检查CEMS检测数据远程传输情况，出现异常时应及时处理，以保证传输正常。

⑫ 当对外委托CEMS运行维护工作时应定期对运行维护工作进行监督检查。

7.1.5　排污口和自动监测装置建设及运行

7.1.5.1　排污口设计

废气排放口的规范化设置是样品采集、计量监测的前提条件，是核算废气实际排放量的基础。排放口的位置、数量、污染物排放方式和排放去向、控制污染物的具体措施应当与排污许可证许可事项相符，不得擅自变更，违反排放口规范化要求的单位将受到相应的行政处罚。《中华人民共和国大气污染防治法》中明确指出企业事业单位和其他生产经营者向大气中排放污染物的，应当依照法律法规和国务院生态环境主管部门的规定设置大气污染物排放口。未按照规定设置大气污染物排放口的，由县级以上人民政府生态环境主管部门责令改正，处二万元以上二十万元以下的罚款；拒不改正的责令停产整治。

企业车间或生产设施排气筒应在规定的监控位置设置采样口和永久检测平台，采样口的设置应符合《固定污染源排气中颗粒物和气态污染物采样方法》（GB/T 16157—1996）及修改单的要求，同时设置规范的永久性排污口标志。有排放处理设施的还应在处理设施进、出口设置采样孔，并满足相应的采样条件要求。

根据《环境保护图形标志　排放口（源）》（GB 15562.1—1995）的规定，企业废气排放口标志如图 7-16 所示。

(a) 提示图形符号

(b) 警告图形符号

图 7-16　废气排放口环境保护图形标志

根据原国家环境保护总局（现生态环境部）办公厅《关于印发排放口标志牌技术规格的通知》（环办〔2003〕95 号）文件要求，标志牌辅助内容包括：a. 排放口标志名称；b. 单位名称；c. 编号；d. 污染物种类；e. ××环境保护局监制。

标志牌尺寸要求如下。

（1）平面固定式标志牌外形尺寸

① 提示标志：480mm×300mm。

② 警告标志：边长 420mm。

（2）立式固定式标志牌外形尺寸

① 提示标志：420mm×420mm。

② 警告标志：边长 560mm。

③ 高度：标志牌最上端距地面 2m，距地下 0.3m。

标志牌材质要求如表 7-11 所列。

表 7-11　标志牌材质要求

标志牌材料	标志牌的表面处理	标志牌的外观质量要求
（1）标志牌采用 1.5～2mm 冷轧钢板； （2）立柱采用 38×4 无缝钢管； （3）表面采用搪瓷或者反光贴膜	（1）搪瓷处理或贴膜处理； （2）标志牌的端面及立柱要经过防腐处理	（1）标志牌、立柱无明显变形； （2）标志牌表面无气泡，膜或搪瓷无脱落； （3）图案清晰，色泽一致，不得有明显缺损； （4）标志牌的表面不应有开裂、脱落及其他破损

废气排放口标识见图 7-17。

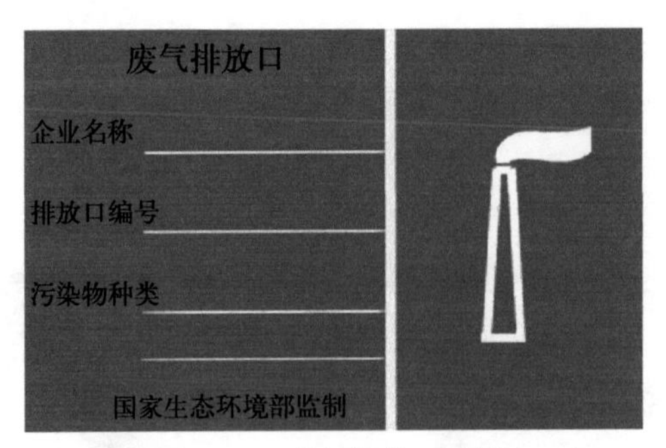

图 7-17　废气排放口标识

7.1.5.2　废气检测平台规范化设置

排气筒（烟道）是目前企业废气有组织排放的主要排放口，因此有组织废气的监测点位通常设置在排气筒（烟道）的横截断面（即监测断面）上，并通过监测断面上的监测孔完成废气污染物的采样监测及流速、流量等废气参数的测量。企业应按照相关技术规范、标准的规定，根据所监测的污染物类别、监测技术手段的不同要求，首先确定具体的废气排放口监测断面位置，再确定监测断面上监测孔的位置、数量。

废气排放口监测断面包括手工监测断面和自动监测断面，监测断面设置应满足以下基本要求。

① 监测断面应避开对测试人员操作有危险的场所，并在满足相关监测技术规范、标准规定的前提下，尽量选择方便监测人员操作、设备运输及安装的位置进行设置。

② 若一个固定污染源排放的废气先通过多个烟道或管道后进入该固定污染源的总排气管时，应尽可能将废气监测断面设置在总排气管上，不得只在其中的一个烟道或管道上设置监测断面开展监测并将测定值作为该源的排放结果，但允许在每个烟道或管道上均设监测断面同步开展废气污染物排放监测。

③ 监测断面一般优先选择设置在烟道垂直管段和负压区域，应避开烟道弯头和断面剧烈变化的部位，确保所采集样品的代表性。

检测孔一般包括用于废气污染物排放监测的手工监测孔、用于废气自动监测设备校验的参比方法采样监测孔。带有闸板阀的密封监测孔如图 7-18 所示。

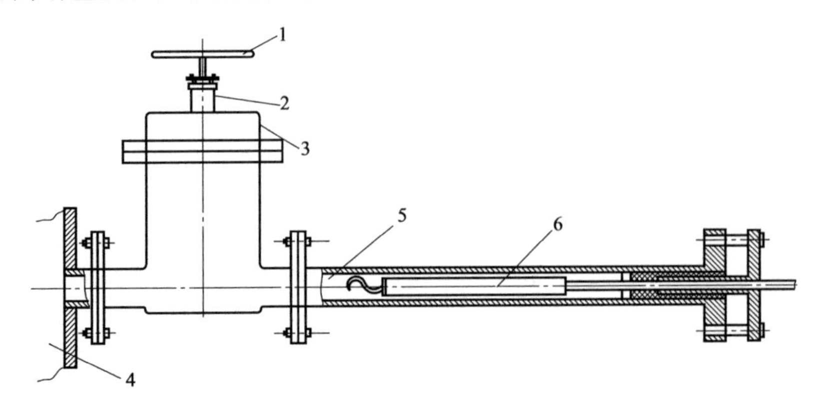

图 7-18　带有闸板阀的密封监测孔

1—闸板阀手轮；2—闸板阀阀杆；3—闸板阀阀体；4—烟道；5—监测孔管；6—采样枪

监测孔的设置应满足以下基本要求。

① 监测孔位置应便于人员开展监测工作，应设置在规则的圆形或矩形烟道上，不宜设置在烟道的顶层。

② 对于输送高温或有毒有害气体的烟道，监测孔应开在烟道的负压段；若负压段满足不了开孔需求，对正压下输送高温和有毒气体的烟道应安装带有闸板阀的密封监测孔。

③ 监测孔的内径一般不小于 80mm，新建或改建污染源废气排放口监测孔的内径应不小于 90mm；监测孔管长不大于 50mm（安装闸板阀的监测孔管除外）。监测孔在不使用时用盖板或管帽封闭，在监测使用时应易开合。

监测平台应设置在监测孔正下方 1.2～1.3m 处，应安全并便于开展监测活动，必要时应设置多层平台以满足与监测孔距离的要求。

仅用于手工监测的平台可操作面积至少应大于 1.5m^2（长度、宽度均不小于 1.2m），最好在 2m^2以上。用于安装废气自动监测设备和进行参比方法采样监测的平台面积至少在 4m^2以上（长度、宽度均不小于 2m），或不小于采样枪长度外延 1m。

监测平台应易于人员和监测仪器到达。根据平台高度，按照《固定式钢梯及平台安全要求 第 1 部分：钢直梯》（GB 4053.1—2009）、《固定式钢梯及平台安全要求 第 2 部分：钢斜梯》（GB 4053.2—2009）的要求，设置直梯或斜梯。当监测平台距离地面或其他坠落面超过 2m 时不应设置直梯，应有通往平台的斜梯、旋梯或升降梯、电梯，斜梯、旋梯宽度应不小于 0.9m，梯子倾角不超过 45°。监测平台距离地面或其他坠落面超过 20m 时，应有通往平台的升降梯。固定式钢斜梯如图 7-19 所示。

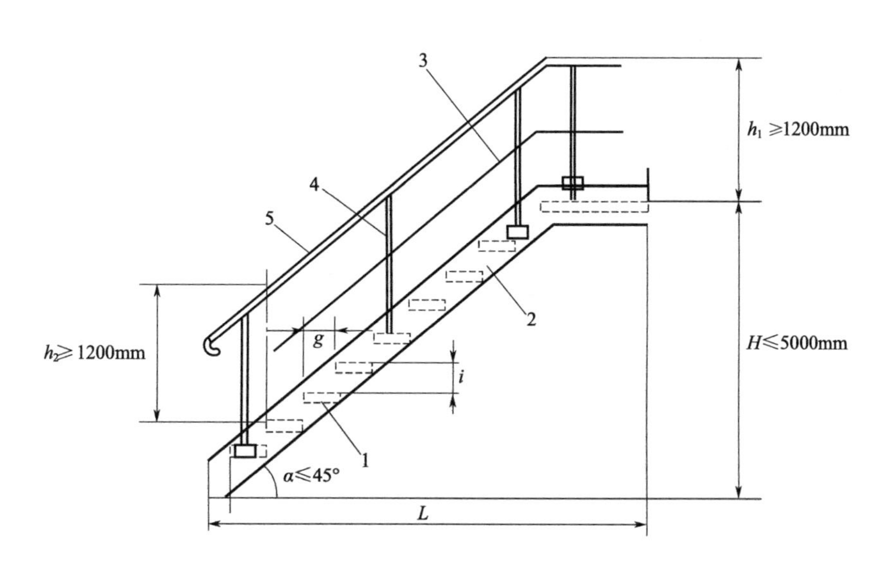

图 7-19　固定式钢斜梯示意图

1—踏板；2—梯梁；3—中间栏杆；4—立柱；5—扶手；H—梯高；L—梯跨；h_1—栏杆高；h_2—扶手高；α—梯子角度；i—踏步高；g—踏步宽

监测平台、通道的防护栏杆的高度应不低于 1.2m，脚部挡板不低于 10cm。监测平台、通道、防护栏的设计载荷、制造安装、材料、结构及防护要求应符合《固定式钢梯及平台安全要求 第 3 部分：工业防护栏杆及钢平台》（GB 4053.3—2009）的要求。防护栏杆如图 7-20 所示。

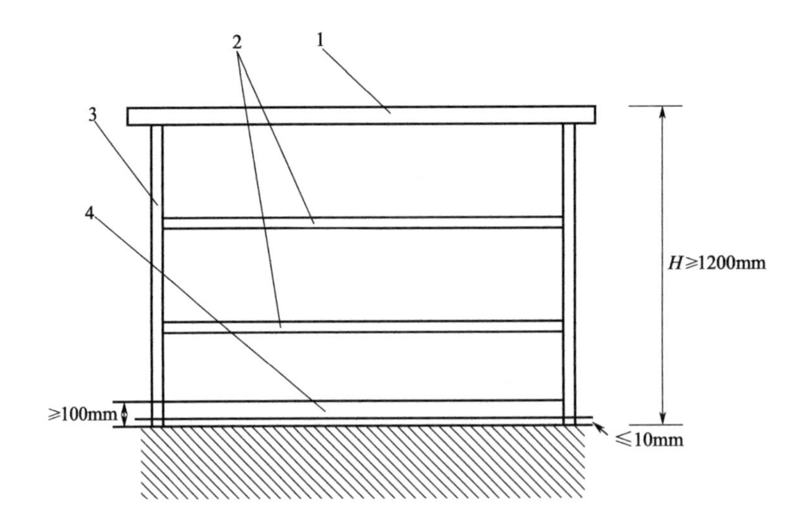

图 7-20　防护栏杆示意图

1—扶手；2—中间栏杆；3—立柱；4—脚踏板；H—栏杆高度

部分日用玻璃企业监测平台现场如图 7-21 所示。

图 7-21　部分日用玻璃企业监测平台现场

7.1.5.3　废气自动监测设施规范化设置

废气自动监测站房的设置应达到如下要求。

① 应为室外的废气自动监测系统提供独立站房，监测站房与采样点之间距离应尽可能近，原则上不超过 70m。

② 监测站房的基础荷载强度应不小于 2000kg/m^2。若站房内仅放置单台机柜，面积应不小于（2.5×2.5）m^2。若同一站房放置多套分析仪表，每增加一台机柜，站房面积

应至少增加 $3m^2$，便于开展运维操作。站房空间高度应不小于 2.8m，站房建在标高不小于 0m 处。

③ 监测站房内应安装空调和采暖设备，室内温度应保持在 15～30℃，相对湿度应不大于 60%，空调应具有来电自动重启功能，站房内应安装排风扇或其他通风设施。

④ 监测站房内配电功率能够满足仪表实际要求，功率不少于 8kW，至少预留三孔插座 5 个、稳压电源 1 个、UPS 电源 1 个。

⑤ 监测站房内应根据需要配备不同浓度的有证标准气体，而且在有效期内。低浓度标准气体可由高浓度标准气体通过经校准合格的等比例稀释设备获得（精密度≤1%），也可单独配备。

⑥ 监测站房应有必要的防水、防潮、隔热、保温措施，在特定场合还应具备防爆功能。

⑦ 监测站房应具有能够满足废气自动监测系统数据传输要求的通信条件。

7.2　水污染防治措施

7.2.1　废水治理总体要求

① 在保证水质的前提下，日用玻璃企业应采取循环利用、梯级利用、中水回用等措施，减少使用新鲜水。

② 废水污染防治设计应采用雨污分流排水系统，生产废水和生活污水的管网宜分开布置。

③ 废水处理设施应靠近厂区污水排放量大的区域，并应设置在生活区夏季主导风向的下风向，污染物排放应满足《污水综合排放标准》（GB 8978—1996）等标准的有关规定。

④ 废水处理设施的工艺流程、竖向设计宜充分利用地形，满足排水通畅、降低能耗的要求。

⑤ 废水排放口应设置测流段和永久性采样点，测流段应便于测量流量、流速。排放口应设置标志牌，标志牌应符合《环境保护图形标志 排放口（源）》（GB 15562.1—1995）的有关规定。

⑥ 生产过程中产生的含悬浮物废水、含油废水、含有机物废水、脱硫废水、含酸含碱废水、含酚废水、含氟废水、软化水制备过程产生的废水等应分别处理，或采用分类处理与集中处理相结合的方式，确保废水达标排放。

7.2.2　水污染预防技术

① 改进生产工艺，减少废水的产生量和减少废水中污染物。如窑炉用天然气、液化石油气或电加热，基本没有废水产生。

② 循环水冷却系统排污水经反渗透或混凝、沉淀、过滤处理后循环回用。位于地下水高氟区且采用地下水作为冷却水时，循环冷却系统排污水的处理宜再增加化学沉淀工序。该技术可减少新鲜水用量，提高水的利用效率，减少废水排放量。

③ 含酚废水通常在煤气发生炉内密闭循环，不外排。该技术可减少新鲜水用量，提高水的利用效率。

7.2.3 废水治理技术

7.2.3.1 含酚废水治理技术

（1）含酚废水处理现状

1）物理方法

煤气发生装置往往产生含酚的废水。酚是极易溶于水的物质，要从水中分离出酚，可使用的物理方法有吸附、萃取、气提等。较常用的吸附法为活性炭吸附和大孔树脂吸附，吸附效率为90%以上，但要求废水中含酚量不宜太多（否则脱附频繁，费用高），另对废水的预处理要求也较多。萃取是利用酚类物质在萃取剂及水中不同的溶解度实现酚、水分离，溶剂萃取法以其操作简便、设备投资少、分离效果好等优点，成为工业上常用的一种含酚废水治理方法，但一般萃取剂只能使废水中含酚量接近排放标准，而无法全面达标，因此在使用萃取法处理工业含酚废水时经常结合其他方法进行再处理。考虑到萃取剂的水溶性、分配系数、化学稳定性、回收能力、毒性及价格等因素，该法在工业上的应用和推广受到了限制。

2）化学方法

酚类物质较易被氧化剂氧化，投加氧化剂可有效除酚，但运行费用较高。一般采用的是湿式氧化法，是在高温高压下以空气或其他氧化剂将废水中溶解的和悬浮的有机物或还原性无机物，在水中氧化分解，大幅度去除COD、BOD、SS等。

3）生化方法

对于含酚较少而水量较大的废水，生化法仍不失为一种较为经济的处理方法。常用的生化法工艺中好氧工艺用的较多，如二级活性污泥法、序批式活性污泥法（SBR），还有采用厌氧工艺的。研究表明酚在厌氧菌作用下去除效果很明显，而且对进水浓度波动具有更大的承受性。综合上述各种处理工艺的适用条件，因不同废水含酚浓度也不尽相同，选择应用较广泛的处理工艺很有必要。

（2）含酚废水处理方法

1）吸附法

吸附法主要是利用吸附剂本身具有较大的比表面积和大量的微孔结构等特征，对废水中的苯酚选择性吸附达到脱除苯酚的目的，吸附剂可以通过再生（利用碱液、蒸汽或有机溶剂进行解吸脱附）处理后，供重复使用。吸附法具有处理效果好、费用低廉等优点。

2）萃取法

溶剂萃取法是利用难溶于水的萃取剂与废水进行接触，使废水中酚类物质与萃取剂进行物理或化学的结合，实现酚类物质的相转移。溶剂萃取法的关键是选择合适的萃取剂，常用萃取剂有甲基异丁基甲酮（MIBK）、苯、丁醇等。

3）氧化法

氧化法处理含酚废水是利用一些具有强氧化性质的物质将废水中的酚类物质氧化去除。氧化法具有分解速度快、氧化能力强、净化率高的特点。氧化剂将酚进行氧化，最终生成二氧化碳和水，产物无污染，是工业上常用的一种化学方法。常用的氧化法有二氧化氯氧化法、湿式催化氧化法、Fenton（芬顿）氧化法、电解氧化法、光化学氧化法等。

4）沉淀法

沉淀法处理含酚废水是在废水中添加特殊的化学物质，与酚类物质结合产生沉淀，来达到净化酚的目的。此方法简单、经济，但处理后含酚浓度过高，若与其他的方法相结合则能取得更好的效果。

5）厌氧活性污泥法

厌氧活性污泥法对处理含酚废水有诸多好处，此法具有耗能低、处理负荷高、可产生能源以及高效厌氧生物反应器发展快速等优点。

（3）含酚废水处理工艺

1）二段活性污泥法污水处理工艺

① 工艺流程。以活性污泥法和两段法为基础，结合废水有机物浓度较高的特点，选择了二段再生、延时曝气处理系统。其工艺流程如图 7-22 所示。

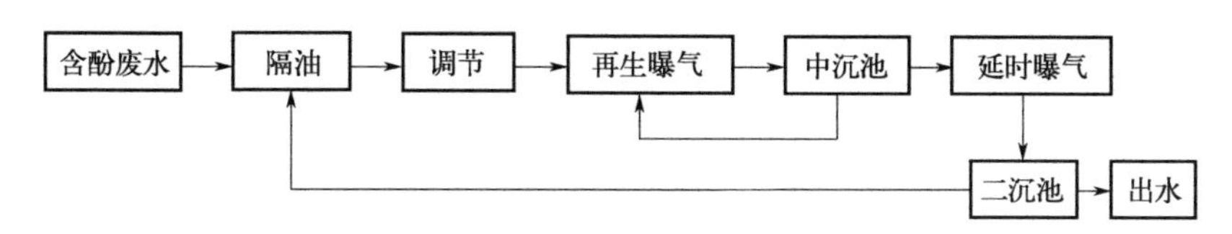

图 7-22　二段活性污泥法污水处理工艺流程

② 基本原理。该工艺的基本原理是二段活性污泥法。第一段是再生曝气强化，主要去除酚等易降解物质。第二段是延时曝气强化，采用延时曝气对含酚废水进行强化处理。

③ 主要特点。各段独立运行且都有自己的最佳微生物菌群，每段微生物都处于内源呼吸期，生命活性最强，处理效果好，对酚、氰等有毒有机废水处理彻底，都有自己的二次沉淀池和污泥回流系统。这样有利于回流污泥对污水的适应和接种，从而充分发挥各段的微生物降解酚类和其他有机物的特性，对废水水温、水质、水量变化适应性强，冬季可正常运行，不需挂膜，省去污泥处理设施，工艺简单，操作管理方便。另外，二沉池对调节池的回流主要是稀释水中有机物的浓度，并减轻对后续工艺的负荷，以免使微生物受到的冲击过大而损伤。由此可见，二段再生、延时曝气活性污泥法可大大提高废水处理效果，保证出水水质，并省去污泥处理系统。

2）破乳＋萃取＋生化处理工艺

① 工艺流程见图 7-23。

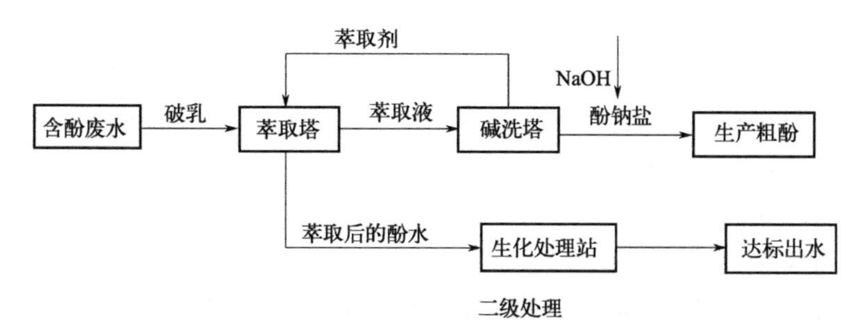

图 7-23　破乳＋萃取＋生化处理工艺流程

② 工作原理。利用酚在水中和萃取剂里溶解度不同，使酚水中的酚绝大部分被萃取剂吸收，然后用碱与萃取剂中的酚反应，将酚变成酚钠盐从萃取剂中分离出来，达到脱酚的目的。萃取剂循环往复使用。

7.2.3.2　含油废水治理技术

（1）含油废水常用处理方法

目前，大部分玻璃厂的含油废水处理仅限于隔油池加上油水分离器处理工艺，具体工艺流程如图 7-24 所示。存在的问题是隔油池仅能除去表面浮油，不能除去少量的乳化油，而且经过油水分离器还有部分浮油难以去除，达不到国家规定的排放标准。

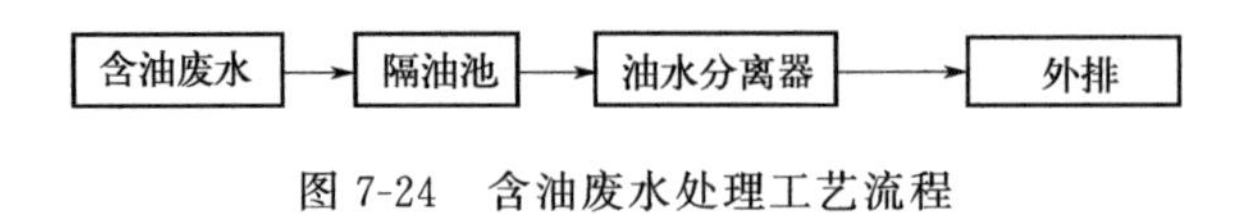

图 7-24　含油废水处理工艺流程

（2）改进后的含油废水污水处理方法

1）隔油＋油水分离法除油

① 工艺流程。油罐区排出的污水，主要含有泥沙和矿物油，针对此类废水的处理工艺流程见图 7-25。

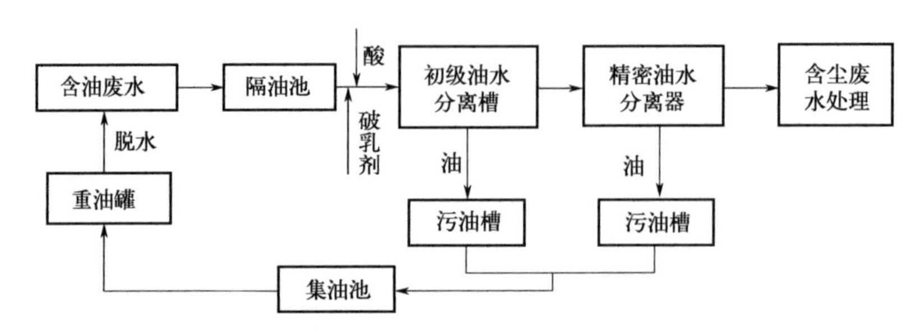

图 7-25　隔油＋油水分离处理工艺流程

② 工作原理。含油废水经隔油池初步处理后用泵打入初级油水分离槽，同时用两个加药泵分别将酸和破乳剂加入初级油水分离槽，使废水中的油经刮油机刮入分离槽前部收油区进行收集，达到一定量时排入污油槽，清水流经清水槽用泵打入精密油水分离器，分离器内 PP（聚丙烯）棉使油水分离，油打入污油槽，这两部分油同时汇入集油池后回用，清水通过暗沟排入燃煤锅炉房含尘废水处理系统，再进行处理。

2）气浮法除油

① 工艺流程。气浮法除油工艺流程如图 7-26 所示。

② 气浮法特点。应用气浮法处理含油废水，不但可处理表层浮油，而且可去除废水中乳化油。根据电荷理论，废水中的乳化油是带负电荷的，油粒间产生相斥力彼此不能结合，因此微油粒液从水中分离。造成油粒带负电荷的原因：一是水中含有表面活性物质；二是某些亲水物质在油粒表面形成一种保护壳，使乳化状态更加稳定。要使乳化油得到处理，其一是尽可能防止或减少表面活性物质及固态粉末进入废水中；其二是采取破乳化措施，投加某些化学药剂以破坏乳化油的稳定结构，从而使油粒发生凝聚；其三是油与某些

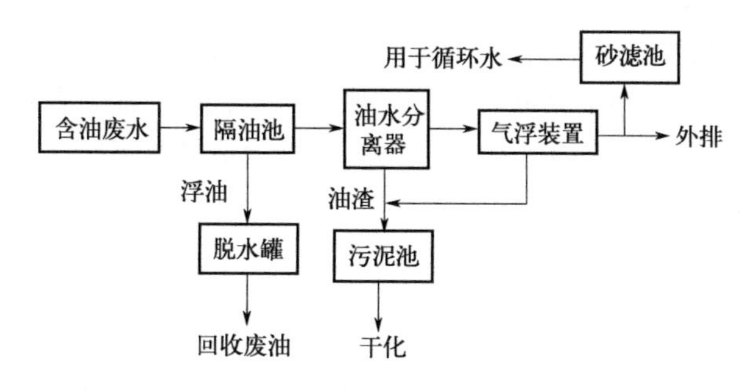

图 7-26 气浮法除油工艺流程

杂质相聚成絮凝体，油絮凝体在大量微气泡浮托下快速上浮至水面，从而达到固液分离的目的，使乳化油从废水中去除。气浮法除油效率达到90%以上。

3）隔油-气浮-砂滤法除油

① 工艺流程。隔油-气浮-砂滤法除油处理工艺流程如图7-27所示。

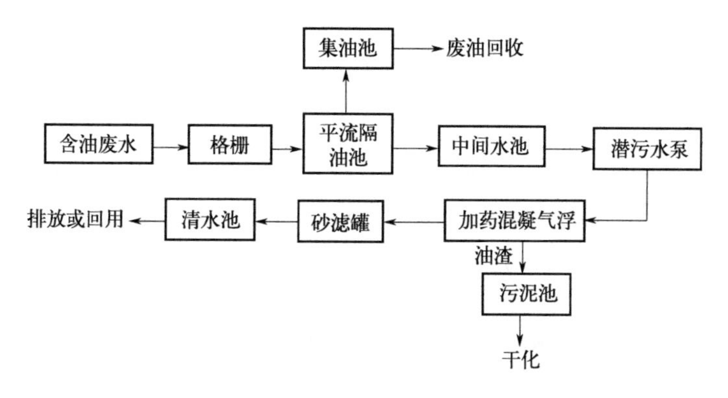

图 7-27 隔油-气浮-砂滤法除油处理工艺流程

② 工作原理。各生产车间排出来的含油废水由废水管道汇集引入隔渣井，经格栅截留去除废水中较大块的悬浮物和漂浮物后，流入平流隔油池。废水中的浮油密度比水小，油珠粒径较大，在隔油池内停留一段时间后，大部分从水中分离出来并漂浮于水面，通过刮油机将水面的浮油刮至集油槽汇入集油池内。经隔油隔渣预处理的废水，由潜污水泵送至混凝气浮装置，加入絮凝剂进行混凝反应后与溶气水接触。由于溶气经释放头释出后压力骤然降低，溶解于水中的空气形成密集的微小气泡，弥漫在气浮池内的废水中。在气泡上浮的过程中，与悬浮于水中吸附有大量油珠的絮凝体发生碰撞而附着在一起，形成“气垫”效应，使絮凝体的密度变得比水小从而上浮至水面形成浮渣，由刮渣机清出。废水中的油类、COD_{Cr}、BOD_5和SS得到进一步的去除，出水经砂滤排入清水池后向外排放或返回车间使用。

在混凝气浮装置处理废水过程中产生的浮渣，由污泥管道引入污泥浓缩池，经浓缩的污泥加入污泥脱水剂后由污泥泵送至带式污泥脱水机进行脱水。

4）隔油-气浮-吸附法除油

① 工艺流程。重油在废水中以三种状态存在。第一种为悬浮状态，油粒直径大，占

石油类含量60%～80%，利用油水密度差，比较容易从水中分离出来，使用隔油池比较合理；第二种为乳化油状态，油粒直径在0.5～25μm，用沉淀的方法不容易从废水中分离出来，需要用混凝法或气浮法来分离；第三种为溶解状态，油品在水中溶解度更小，一般只有几毫克每升，可用吸附方式来解决。当废水中含油量过高时，可采用该法处理，具体工艺流程如图7-28所示。

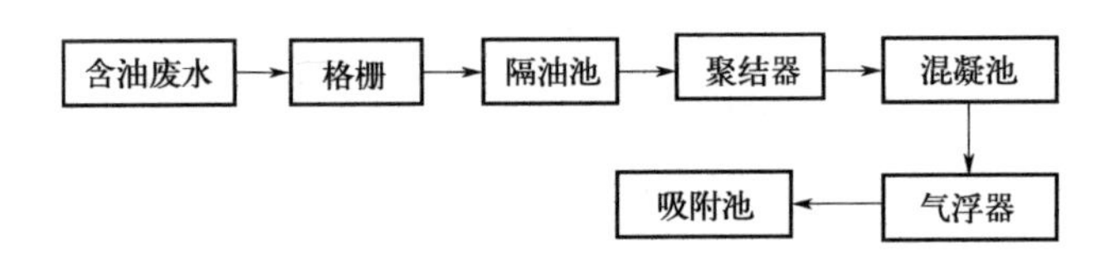

图7-28　隔油-气浮-吸附法除油处理工艺流程

② 工作过程。在工艺流程中，隔油池为初级处理，聚结器与混凝池、气浮器为二级处理，吸附池为三级处理。重油脱水产生的含油废水进入初级隔油池处理后，经泵打入聚结器分离，再进入混凝池，加药絮凝后经气浮泵打入气浮器中气浮，最后进入吸附池。

7.2.3.3　含氟废水治理技术

（1）处理技术

1）沉淀法

向含氟废水中投加沉淀剂或混凝剂，沉淀剂在水中直接与氟离子形成氟化物沉淀，或氟离子与混凝剂形成沉淀物，经过滤或沉降将沉淀与水分离，从而将废水中的氟去除的方法为沉淀法。沉淀法可分为化学沉淀法和絮凝沉淀法。

2）吸附法

其原理是含氟废水流经吸附剂时氟离子与吸附剂进行离子交换，废水中氟离子留在固定相而从废水中除去，吸附剂可用特定的洗脱剂进行再生恢复。吸附法操作简单，出水质量稳定，常用于处理低浓度含氟废水。常见吸附剂有活性氧化铝、粉煤灰等。

3）电化学法

包括电渗析法和电凝聚法。电渗析法的原理是在选择透过性膜两侧借助电极外加直流电产生电位差，电位差推动阴阳离子经膜选择性透过分离。该方法可处理大量含氟废水、高浓度含氟废水，去氟效果好，不产生二次污染，而且可降低出水含盐量；缺点是成本高、能耗高、设备维护难。

电凝聚法的原理是电解生成活性絮状沉淀，絮状沉淀与废水中氟离子发生静电吸附和离子交换达到去氟的目的。该法适于低浓度含氟废水的处理，工艺简单，易于操作，出水水质好，不会产生二次污染；缺点是持续生产所产生的絮状沉淀会附着于电极表面使电极钝化，废水处理过程中需经常清理电极。

（2）处理工艺

1）工艺流程

采用预处理＋混凝沉淀＋复合生化降解＋活性炭过滤技术，可使回用水中的氟化物含量≤5mg/L，并且处理成本＜4.40元/t，达到低廉高效的处理目的。工艺流程如图7-29所示。

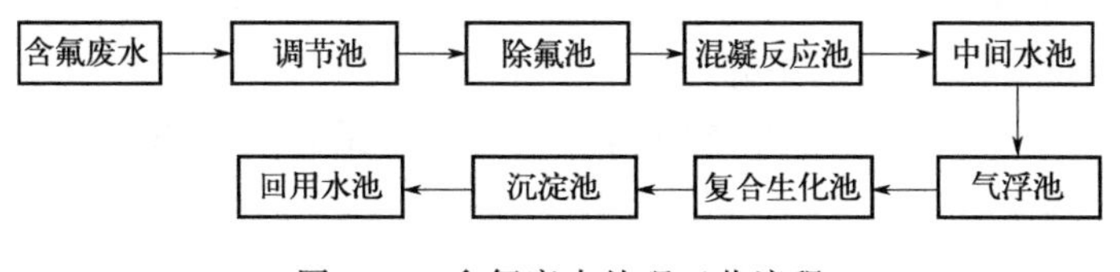

图 7-29　含氟废水处理工艺流程

2）技术原理

对于车间排出的含氟废水经过格栅去除大颗粒杂质后用泵提升到混凝反应池，在废水中投加酸、含钙盐和氢氧化钙等除氟剂，与废水中的氟化物产生 CaF_2 沉淀。在投药的同时不断搅拌废水，将处理后的废水自流到斜板装置中固液分离，分离出的清液自流到中间水池，混凝物、絮凝物和胶状物经后续中间池进入下一级生化处理。经混凝沉淀和复合生化处理后的废水中仍含有少量有机物与氟化物，为达到较好的效果，在复合生化后串联活性炭-纤维球过滤工艺，达到深度处理的效果。

7.2.3.4　循环冷却水排污治理技术

（1）工艺流程

循环冷却系统排水经酸碱中和调节 pH 值处理后进入多级沉渣池净化水质，后可以进入厂区生活污水排水系统进一步处理或者进行反渗透处理后循环利用（见图 7-30）。

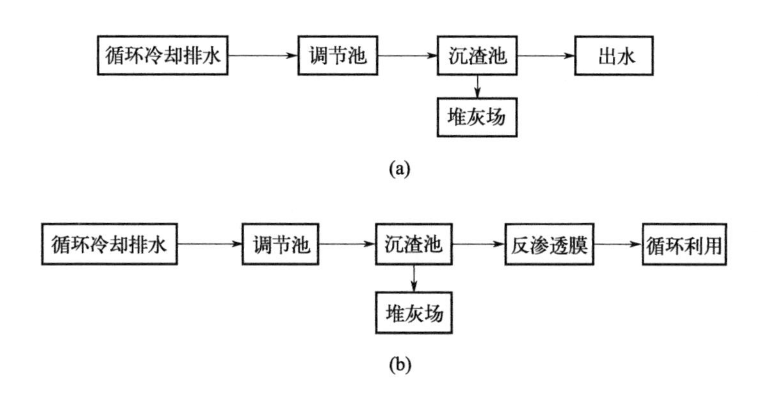

图 7-30　循环冷却水处理工艺流程

（2）技术原理

反渗透又称逆渗透，是一种以压力差为推动力，从溶液中分离出溶剂的膜分离操作。对膜一侧的料液施加压力，当压力超过它的渗透压时，溶剂会逆着自然渗透的方向做反向渗透。从而在膜的低压侧得到透过的溶剂，即渗透液；高压侧得到浓缩的溶液，即浓缩液。反渗透膜能截留水中的各种无机离子、胶体物质和大分子溶质，从而取得净制的水。

（3）工艺特点

循环冷却水排水主要来源于余热锅炉的循环冷却排污水、生产设备循环冷却水。由于余热锅炉及生产设备易发生明显的结垢、腐蚀、管壁内形成黏泥等现象，故而这些车间的冷却水中含有无毒的无机悬浮物，其通过沉淀或过滤处理后可以直接排放或者循环利用。

7.2.3.5　原料车间冲洗废水及软化水制备系统排污水治理技术

（1）冲洗废水及软化水废水来源

原料车间冲洗废水中主要含有车间内的尘粒、酸碱物质、COD、石油类等污染物，软化水制备系统产生的废水中主要含有水垢、尘粒等悬浮物及COD。经混凝沉淀、过滤等方法处理后可以进入厂区排水系统进行综合处理。

（2）冲洗废水及软化水排污水处理工艺

1）工艺流程

原料车间冲洗废水可以同软化水制备系统排污水一起经酸碱中和调节pH值处理后，进行混凝沉淀净化水质，后可以进入厂区生活污水排水系统进一步处理或者进行过滤处理后混合进入厂区排水系统综合处理（见图7-31）。

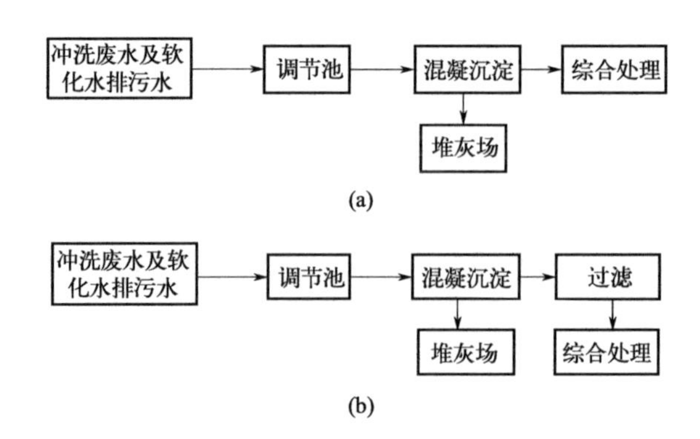

图7-31　冲洗废水及软化水排污水处理工艺流程

2）技术原理

废水进入pH值调节池后，通过投加酸/碱药剂将pH值调节至7.0～8.5范围内。调节pH值后的废水进入絮凝反应池，分别投加聚合氯化铝（PAC）/聚丙烯酰胺（PAM）并搅拌均匀，使得废水中细小悬浮物在PAC/PAM的作用下发生絮凝反应，生成絮凝物，在沉淀池中将絮凝物沉淀并通过抽吸泵吸除。

后续的过滤过程采取砂滤器等设备，经机械过滤，去除废水中剩余悬浮及胶体状物质后，即可进入厂区管网系统综合处理。

3）工艺特点

水中含有少量的悬浮物，pH偏中性且较为稳定，含有少量的COD，其水质较为干净，混合一起处理可以节约处理场地面积。混凝沉淀池及二次沉淀池的堆灰，其无机性质稳定，可外运用作建筑材料，因而具有经济价值。使用砂滤池和反渗透设备处理后废水可用作厂区循环冷却水、冲洗水等，可以节约厂区的需水量。

7.2.3.6　脱硫废水治理技术

（1）脱硫废水的水质特点

① pH值：脱硫废水pH值一般在4～6之间，呈弱酸性。

② 悬浮物：主要是粉尘和脱硫产物硫酸钙、亚硫酸盐等，大部分可以直接通过沉淀的方法处理。

③ 重金属离子：含汞、镉、铬、铅、镍等重金属离子。这些重金属离子属于一类污染物，是我国严格限制排放的物质。

④ 含有 SO_4^{2-} 、Ca^{2+} 、Mg^{2+} 、Cl^- 、F^- 等离子。为了提高二氧化硫的去除率，有时会在脱硫剂中加 Mg，因此废水中的 Mg 含量很高。

⑤ COD：主要由未氧化的 SO_3^{2-} 、$S_2O_3^{2-}$ 和 $S_2O_6^{2-}$ 及痕量有机物组成，其含量和脱硫系统的运行状态有关。

(2) 脱硫废水处理方法

1) 工艺流程

工艺流程如图 7-32 所示。

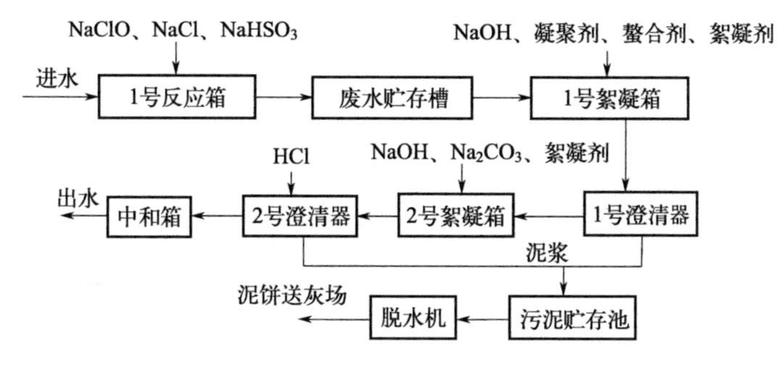

图 7-32 脱硫废水处理工艺流程

2) 技术原理

进入脱硫废水处理系统的废水，悬浮物、有机物含量高；另外还有一些重金属离子，需经中和、絮凝和沉淀等处理过程，达标后排放。

3) 技术特点

以上处理系统可以有效地降低脱硫废水中的悬浮物、有机物、氟、微量重金属的含量，但处理过的脱硫废水中的钙、镁、氯、硫酸根等离子的含量仍然较高。结合国内其他脱硫废水处理系统来看，长期排放脱硫废水，对环境不利，应根据工程的实际情况，将脱硫废水用于煤场喷洒、冲灰等系统，既节约用水又避免污染。

7.2.3.7 含银废水治理技术

保温瓶胆镀银工序产生含银废水。如镀银时玻璃表面不净，银膜附着不牢，或者在镀银过程中由于条件控制不当金属银不是在玻璃表面均匀析出，而是还原出大量的粗银粒沉淀。可通过提高镀银液配制的软化水质量、控制镀银温度和时间，提高银的利用率。同时，对于含银废水，主要是投加硫化物或氯化物使银离子与其反应生成难溶的金属硫化物沉淀或氯化物沉淀。硫化物可采用硫化钠、硫化亚铁等，氯化物可采用氯化钠等。目前，保温瓶胆企业主要采用氯化钠沉淀工艺。

7.2.3.8 生活污水治理技术

(1) 无能耗地埋式小型生活污水装置（改进型化粪池）

1) 工艺流程

处理工艺流程如图 7-33 所示。

图 7-33　改进型化粪池处理工艺流程

2）技术原理

厌氧水解池即为国标化粪池；厌氧过滤池即为厌氧接触氧化池，内置填料；氧化沟即利用排水沟及强制通风，空气中的氧气溶入污水中的过程是自然进行的。

3）技术特点

该污水处理工艺适宜单个住宅楼的生活污水处理，并且可与国标化粪池组合使用，其最大的优点是运行费用为零。出水水质可达到国家《污水综合排放标准》中的二级标准。

（2）厌氧-好氧污水处理技术（A/O 法）

1）工艺流程

处理工艺流程如图 7-34 所示。

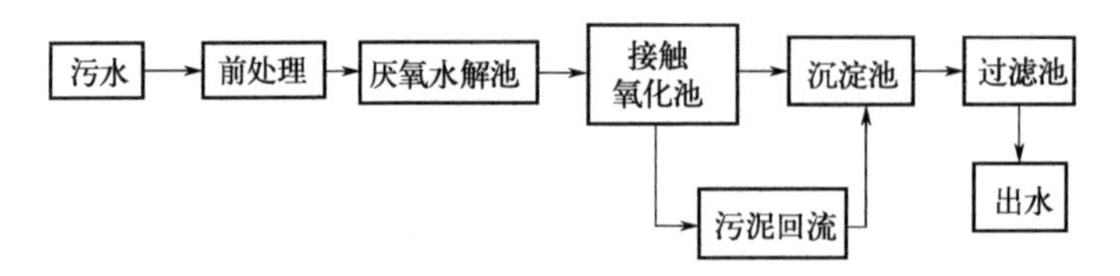

图 7-34　A/O 法处理工艺流程

2）技术特点

适应能力强，耐冲击负荷，高容积负荷，不存在污泥膨胀，排泥量非常少，具有较好的脱氮效果。由 A/O 法衍生的 A^2/O、A^3/O 污水处理工艺，原理上是相似的。

（3）序批式活性污泥法（SBR 法）

1）工艺流程

序批式活性污泥法，由于其具有一系列优于普通活性污泥法的特征，目前已普遍应用于污水处理工程中。SBR 法中曝气池兼具沉淀的作用，厌氧、好氧也在同一池中进行，其运行操作由流入、反应、沉淀、排放、待机五个工序组成。通过调节每个工序的时间，可达到除磷脱氮的效果。SBR 法处理工艺流程见图 7-35。

图 7-35　SBR 法处理工艺流程

2）技术特点

出水水质较好，占地少，不产生污泥膨胀，除磷脱氮效果好。

（4）活性污泥法

1）工艺流程

活性污泥法工艺流程如图 7-36 所示。

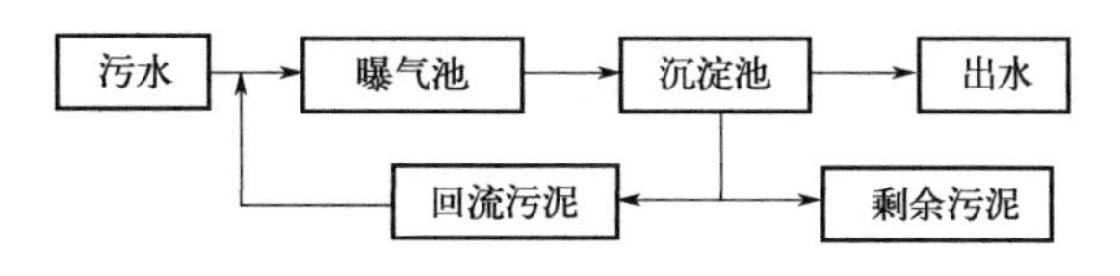

图 7-36　活性污泥法处理工艺流程

2）技术原理

活性污泥法是以活性污泥为主体的废水生物处理的主要方法。活性污泥法是向废水中连续通入空气，经一定时间后因好氧性微生物繁殖而形成污泥状絮凝物。其上栖息着以菌胶团为主的微生物群，具有很强的吸附与氧化有机物的能力。

典型的活性污泥法由曝气池、沉淀池、污泥回流系统和剩余污泥排除系统组成。活性污泥法污水和回流的活性污泥一起进入曝气池形成混合液，从空气压缩机站送来的压缩空气，通过铺设在曝气池底部的空气扩散装置，以细小气泡的形式进入污水中，目的是增加污水中的溶解氧含量，还使混合液处于剧烈搅动的状态，呈悬浮状态。溶解氧、活性污泥与污水互相混合、充分接触，使活性污泥反应得以正常进行。

3）工作特点

① 优点：工艺相对成熟，积累运行经验多，运行稳定；有机物去除效率高，BOD_5的去除率通常为 90%～95%；适用于处理进水水质比较稳定而处理程度要求高的大型城市污水处理厂。

② 缺点：曝气池耐冲击负荷能力较低；需氧与供氧矛盾大，池首端供氧不足，池末端供氧大于需氧，造成浪费；传统活性污泥法曝气池停留时间较长，曝气池容积大、占地面积大、基建费用高，电耗大；脱氧除磷效率低，通常只有 10%～30%。

7.2.3.9　废水处理典型案例

以某日用玻璃生产企业为例，该企业排水量约 $400m^3/d$，主要为生产废水，生活污水比例较小。生产废水主要来自锅炉排污水、离子交换树脂再生水、循环冷却水系统外排水、蒸汽冷凝水、各车间冲洗地面水。污水处理后主要回用作循环冷却水系统补水，其他作为厂区绿化、冲厕、道路清扫用水。因此，处理后的水质在满足《工业循环冷却水处理设计规范》（GB/T 50050—2017）中规定的再生水作为间冷开式系统补充水的水质指标要求的同时，还应满足《城市污水再生利用 城市杂用水水质》（GB/T 18920—2020）中城市绿化、道路清扫和冲厕的要求。

企业废水处理工艺流程见图 7-37。

由于废水处理后主要用作循环冷却水系统补水，对水质要求较高，水解酸化工艺可提高污水的可生化性。曝气生物滤池（BAF）集生物氧化、截留悬浮固体于一体，具有抗冲击负荷能力强、污泥产量较少、出水水质稳定等特点。超滤在过滤微细悬浮物及胶体物质方面具有良好的效果，因此采用水解酸化-曝气生物滤池-超滤组合工艺进行处理。从流程上分为 3 个部分，即预处理工艺、生化处理工艺和深度处理工艺。其中生化处理工艺为水解酸化-两级曝气生物滤池工艺，深度处理工艺为超滤工艺。废水处理运行效果见表 7-12。

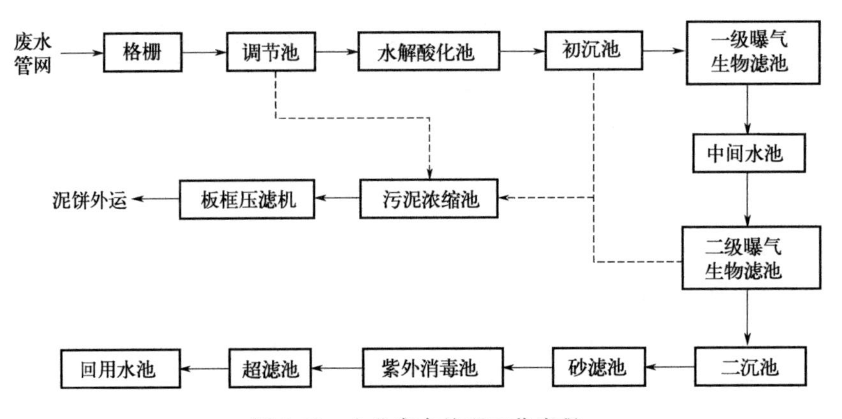

图 7-37　企业废水处理工艺流程

表 7-12　废水处理运行效果

项目	pH 值	浊度/度	SS /(mg/L)	COD /(mg/L)	BOD_5 /(mg/L)	粪大肠菌群数 /(个/L)	氨氮 /(mg/L)
进水	6～9	28.5	90～150	80～150	20～40	16	18
出水	7.69	0.11	0.53	17	3.2	2	0.31

典型日用玻璃行业不同类别废水污染指标及废水处理工艺见表 7-13。

表 7-13　典型日用玻璃行业不同类别废水污染指标及废水处理工艺

序号	废水类别	燃料类型	废水来源	污染物种类	治理工艺
1	碎玻璃清洗水	所有燃料	碎玻璃清洗系统	悬浮物、污泥、有机物	混凝＋沉淀＋过滤＋回用
2	生产设备循环冷却排污水	所有燃料	玻璃熔窑、行列机、制瓶机、退火炉等生产设备	pH 值、悬浮物、化学需氧量、氨氮	反渗透、其他
3	余热锅炉循环冷却排污水	所有燃料	余热锅炉	pH 值、悬浮物、化学需氧量、氨氮	反渗透、其他
4	软化水制备系统排污水	所有燃料	软化水制备系统	pH 值、悬浮物、化学需氧量	混凝＋沉淀＋过滤、其他
5	热端喷涂废气治理废水	所有燃料	热端喷涂废气治理系统	pH 值、悬浮物、化学需氧量	中和＋混凝＋沉淀＋过滤、其他
6	含油废水	重油、煤焦油	储油设施	悬浮物、化学需氧量、石油类	隔油＋混凝＋气浮、其他
7	含酚废水	发生炉煤气	煤气发生炉	化学需氧量、挥发酚、总氰化物、硫化物	破乳＋萃取＋生化、其他

续表

序号	废水类别	燃料类型	废水来源	污染物种类	治理工艺
8	地面与设备冲洗水	所有燃料	原料车间、生产车间	pH 值、悬浮物、化学需氧量、石油类	混凝＋沉淀＋过滤、其他
9	脱硫废水	所有燃料	湿法脱硫系统	悬浮物、化学需氧量、硫化物、重金属等	中和、絮凝、沉淀、其他
10	有机废水	所有燃料	涂装工序	化学需氧量、五日生化需氧量、悬浮物、氨氮	预处理＋沉淀＋过滤＋厌氧＋好氧＋混凝沉淀
11	含氟废水	所有燃料	蒙砂工序	pH 值、化学需氧量、五日生化需氧量、悬浮物、氨氮、氟化物	氢氧化钙预处理＋生化处理＋深度处理
12	含银废水	所有燃料	保温瓶胆镀银工序	pH 值、悬浮物、化学需氧量、重金属	混凝＋沉淀＋过滤、其他
13	生活污水	所有燃料	厂区生活	pH 值、悬浮物、化学需氧量、五日生化需氧量、氨氮、总磷、动植物油	化粪池＋生物接触氧化、活性污泥、其他

7.2.4　废水处理设施运行与维护

① 废水处理站应建立操作规程、运行记录、水质检测、设备检修、人员上岗培训、应急预案、安全注意事项等处理设施运行与维护的相关制度，加强处理设施的运行、维护与管理。

② 建有废水处理站的企业应将废水处理设施作为生产系统的组成部分进行管理，应配备专职人员负责废水处理设施的操作、运行和维护。废水处理设备设施每年进行一次检修，其日常维护与保养应纳入企业正常的设备维护管理工作中。

③ 日用玻璃企业不得擅自停止废水治理设施的正常运行。因维修、维护致使处理设施部分或全部停运时，应事先征得当地环保部门的批准。

④ 废水处理站的运行记录和水质检测报告作为原始记录，应妥善保存，不得丢失或撕毁。

⑤ 操作人员应遵守岗位职责，如实填写运行记录。运行记录的内容应包括：水泵及相关处理设备/设施的启动-停止时间、处理水量、水温、pH 值；电器设备的电流、电压，检测仪器的实时检测数据；投加药剂名称、调配浓度、投加量、投加时间、投加点位；处理设施运行状况与处理后出水情况等。

⑥ 废水处理设施在运行期间，每天均应根据设施的运行状况，对处理水质进行检测，并建立水质检测报告制度。检测项目、采样点、采样频率、采用的监测分析方法应按照相关规定的要求进行。已安装在线监测系统的，也应定期取样，进行人工检测，比对数据。

7.2.5 排污口和自动监测装置建设及运行

7.2.5.1 排污口规范化设置

排污口设置应符合《排污口规范化整治技术要求》（环监〔1996〕470 号）的规定。具体要求包括：a. 合理确定污水排放口位置。b. 按照《污染源监测技术规范》设置采样点，如工厂总排放口、排放一类污染物的车间排放口、污水处理设施的进水口和出水口等。c. 设置规范的、便于测量流量和流速的测流段等。

废水排放口应按照《环境保护图形标志 排放口（源）》（GB 15562.1—1995）的规定，设置与之相适应的环境保护图形标志牌。环境保护图形标志牌应设置在距污染物排放口（源）或采样点较近且醒目处，并能长久保留。企业污水、废水排放口标志如图 7-38 和图 7-39 所示。

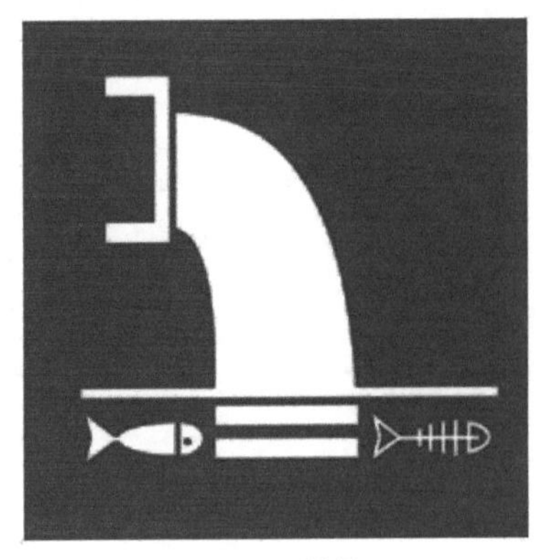

(a) 提示图形符号

(b) 警告图形符号

图 7-38　污水排放口环境保护图形标志

废水排放口

企业名称

排放口编号

污染物种类

国家生态环境部监制

图 7-39　废水排放口标识

废水排放口标识的尺寸和材质等要求与废气排放口标识一致。

7.2.5.2　废水自动监测设施规范化设置

废水自动监测站房的设置，应满足如下要求。

① 新建监测站房面积应不小于 7m²。监测站房应尽量靠近采样点，与采样点的距离不宜大于 50m。监测站房应做到专室专用。

② 监测站房应密闭，安装空调，保证室内清洁，环境温度、相对湿度和大气压等应符合《工业过程测量和控制装置 工作条件 第 1 部分：气候条件》（GB/T 17214.1—1998）的要求。

③ 监测站房内应有安全合格的配电设备，能提供足够的电力负荷，不小于 5kW。站房内应配置稳压电源。

④ 监测站房内应有合格的给排水设施，应使用自来水清洗仪器及有关装置。

⑤ 监测站房应有完善规范的接地装置和避雷措施、防盗和防止人为破坏的设施。

⑥ 监测站房如采用彩钢夹芯板搭建，应符合相关临时性建（构）筑物设计和建造要求。

⑦ 监测站房内应配备灭火器箱、手提式二氧化碳灭火器、干粉灭火器或沙桶等。

⑧ 监测站房不能位于通信盲区。

⑨ 监测站房的设置应避免对企业安全生产和环境造成影响。

废水自动监测设备的采样取水系统的设置，应满足如下要求。

① 采样取水系统应保证采集有代表性的水样，并保证将水样无变质地输送至监测站房供水质自动分析仪取样分析或采样器采样保存。

② 采样取水系统应尽量设在废水排放堰槽取水口头部的流路中央，采水的前端设在下流的方向，减少采水部前端的堵塞。测量合流排水时，在合流后充分混合的场所采水。采样取水系统宜设置成可随水面的涨落而上下移动的形式。应同时设置人工采样口，以便进行比对试验。

③ 采样取水系统的构造应有必要的防冻和防腐设施。

④ 采样取水管材料应对所监测项目没有干扰，并且耐腐蚀。取水管应能保证水质自动分析仪所需的流量。采样管路应采用优质的硬质 PVC（聚氯乙烯）或 PPR（无规共聚聚丙烯）管材，严禁使用软管做采样管。

⑤ 采样泵应根据采样流量、采样取水系统的水头损失及水位差合理选择。取水采样泵应对水质参数没有影响，并且使用寿命长、易维护。采样取水系统的安装应便于采样泵的安置及维护。

⑥ 采样取水系统宜设有过滤设施，防止杂物和粗颗粒悬浮物损坏采样泵。

⑦ 氨氮水质自动分析仪采样取水系统的管路设计应具有自动清洗功能，宜采用加臭氧、二氧化氯或加氯等冲洗方式。应尽量缩短采样取水系统与氨氮水质自动分析仪之间输送管路的长度。

现场废水自动分析仪的设置，应满足如下要求。

① 现场水质自动分析仪应落地或壁挂式安装，有必要的防震措施，保证设备安装牢固稳定。在仪器周围应留有足够空间，方便仪器维护。现场水质自动分析仪的安装还应满足《自动化仪表工程施工及质量验收规范》（GB 50093—2013）的相关要求。

② 安装高温加热装置的现场水质自动分析仪，应避开可燃物和严禁烟火的场所。

③ 现场水质自动分析仪与数据采集传输仪的电缆连接应可靠稳定，并尽量缩短信号传输距离，减少信号损失。

④ 各种电缆和管路应加保护管铺于地下或空中架设，空中架设的电缆应附着在牢固的桥架上，并在电缆和管路以及电缆和管路的两端做上明显标识。电缆线路的施工还应满足《电气装置安装工程 电缆线路施工及验收标准》(GB 50168—2018) 的相关要求。

⑤ 现场水质自动分析仪工作所必需的高压气体钢瓶，应稳固固定在监测站房的墙上，防止钢瓶跌倒。

⑥ 必要时（如南方的雷电多发区），仪器和电源也应设置防雷设施。

7.3 固体废物防治措施

日用玻璃制造企业产生的固体废物包括一般固体废物和危险废物两类。对于一般固体废物，应优先采用有利于资源化利用的处理方法，再采用适当的处置方法，避免二次污染；对于产生的危险废物，应按照相关要求进行贮存和处置。

7.3.1 固体废物的资源化利用

(1) 配料工序除尘灰

配料工序使用袋式除尘器或滤筒除尘器，收集的灰尘粒度很小，粒度可达到 300 目左右。生产玻璃的原料的粒度一般应＜150 目。单从生产工艺上看，除尘灰不适用于回用，但从固体废物的资源化利用角度考虑，当除尘灰的成分稳定，生产工艺控制合理时，除尘灰可直接作为原料回用；当原料成分不稳定时，不可作为原料回用，但可作为制砖等原料进行综合利用。

(2) 熔化工序除尘灰

熔化工序除尘灰主要指熔窑投料处除尘器收集的颗粒物，此处的料为配合料，收集的除尘灰含石英砂、纯碱等成分，由于外界因素的变化，收集的除尘灰的成分变化较大，一般不适于作为原料回用，但可用作制砖等建筑材料的原料。

(3) 烟气脱硫固废

烟气中的硫治理后转入固体废物中产生脱硫灰，根据使用的脱硫剂不同，脱硫灰中主要含硫酸钙、亚硫酸钙、硫酸钠和亚硫酸钠等成分。硫酸钙可作为生产石膏粉料、石膏砌块、矿山回填或铺路材料、土壤改良剂等的原料，对于硫酸钠，目前尚未见有效的资源化利用方式。当脱硫灰不能利用时，应交由第三方机构进行处置。

(4) 半干法脱硫灰渣

半干法脱硫后产生的副产物包括硫酸钙和亚硫酸钙，可作为混凝土的原料使用。

(5) 碎玻璃

日用玻璃生产过程中各种原料的熔化温度高，碎玻璃的熔化温度较低，将碎玻璃回收加入配合料中可降低原料的熔化温度，提高熔化质量。日用玻璃企业根据产品和配方的不同，碎玻璃添加量一般在 40%～70%之间。

碎玻璃回收后的应用主要包括用作玻璃生产原料、制作筑路材料、用作制砖用的助溶剂、制作玻璃瓷砖、制作泡沫玻璃砖等。

(6) 报废玻璃熔窑耐火砖的处理利用

玻璃熔窑耐火砖的主要材料是二氧化硅、氧化铝和氧化锆。要对耐火砖进行回收利用，需要改进拆窑工作，将起支撑作用的锆砖与氧化铝、氧化硅耐火砖分离开。将拆下来的耐火砖捣碎并进行筛分，保持尺寸的一致性以利于精选。精选包括重选、磁选和其他金属分选技术。将氧化硅和氧化铝耐火砖混合，再加入玻璃配料中的某些材料，可以熔制性能优异、深受玻璃厂欢迎的玻璃料。

(7) 失效脱硝催化剂再生或处置

日用玻璃企业失活脱硝催化剂需要定期更换，直接影响到企业运行成本。研究表明，多数情况下，可对失活催化剂进行再生，恢复催化剂的脱硝性能。根据脱硝催化剂失活机理的不同，其再生方法主要有物理清洗、化学清洗、活性组分补充等。

1) 物理清洗

物理清洗是采用水冲洗失活脱硝催化剂，除去覆盖在催化剂表面的积灰，使物理失活的部分催化剂表面恢复活性，但同时会引起活性组分流失的问题。一般情况下水洗很少单独作为再生方法，常常作为再生预处理方法和其他再生方法联用。采用水洗再生处理时，应该合理选择水洗方式、把握水洗时间、控制水洗强度等，以保证水洗效果最好且活性组分流失最少。

2) 化学清洗

化学清洗可进一步去除吸附在脱硝催化剂表面的中毒物质，可分为酸液清洗和碱液清洗。酸洗适用于碱金属中毒的催化剂再生；碱洗一般适用于P、As中毒的催化剂再生。化学清洗具有较好的再生效果，但是酸洗、碱洗均会造成不同程度的V、W流失，同时对催化剂的强度有一定程度的影响。应根据中毒元素或物质，合理选择酸碱清洗方法，对废旧催化剂再生至关重要。

3) 活性组分补充

脱硝催化剂在使用过程中会导致活性组分损失，而且在再生过程中，酸洗、碱洗处理虽然会让催化剂上中毒的活性位恢复活性，但部分催化剂表面活性物质会溶于清洗液中，造成一定的流失。因此，上述两种情况下损失的活性位就需要补充。通常采用浸渍法进行活性组分补充。

废脱硝催化剂再生过程见图7-40。

失效催化剂应作为危险固体废物来处理。对于蜂窝式催化剂，目前一般的处理方法是压碎后进行填埋，填埋过程中应严格遵照危险固体废物的填埋要求。失效催化剂也可交给有资质的废催化剂回收单位，回收其中的Ti、W及Mo等元素，做到废物资源化。对于板式催化剂，由于其中含有不锈钢基材，故除填埋外可送至金属冶炼厂进行回用。

7.3.2 危险废物安全处置措施

根据《国家危险废物名录(2021年版)》(生态环境部、国家发展和改革委员会、公安部、交通运输部、国家卫生健康委员会 部令第15号，2020年11月25日)，日用玻璃企业生产过程中产生的危险废物主要包括如表7-14所列几类。

(a) 制定再生工艺方案 (b) 预处理

(c) 物理化学清洗 (d) 中间热处理

(e) 活性植入 (f) 最终热处理

(g) QA/QC检验 (h) 包装/仓储/交付

图 7-40 废脱硝催化剂再生过程

表 7-14 危险废物类别

废物类别	废物代码	危险废物	废物特性
HW08 废矿物油与 含矿物油废物	900-249-08	设备维修时产生的废矿物油，油罐清理过程中产生的废油渣	T，I
	900-210-08	含油废水处理中产生的浮油、浮渣和污泥	T，I
HW11 精（蒸）馏残渣	451-001-11	煤气净化过程中产生的煤焦油渣	T
	451-002-11	煤气生产过程中产生的废水处理污泥（不包括废水生化处理污泥）	T

续表

废物类别	废物代码	危险废物	废物特性
HW12 染料、涂料废物	900-252-12	使用油漆（不包括水性漆）、有机溶剂进行喷漆、上漆过程中产生的废物	T，I
	900-253-12	使用油墨和有机溶剂进行丝网印刷过程中产生的废物	T，I
HW13 有机树脂类废物	900-015-13	工业废水处理过程中产生的废离子交换树脂	T
HW49 其他废物	900-039-49	VOCs 治理过程中产生的废活性炭	T
HW50 废催化剂	772-007-50	烟气脱硝过程中产生的废钒钛系催化剂	T

注：T 为毒性；I 为易燃性。

日用玻璃制造企业产生的危险废物主要包括设备维修时产生的废机油、油罐清理过程中产生的废油渣、油水分离设施产生的废油和油泥、废水处理产生的浮渣和污泥（不包括废水生化处理污泥）、发生炉煤气生产过程中产生的煤焦油、软化水制备设施产生的失效的离子交换树脂、烟气脱硝过程中产生的废钒钛系催化剂，以及有涂装工序的日用玻璃企业使用油漆（不包括水性漆）时产生的废油漆、废油漆桶，废气处理产生的废过滤棉、废活性炭，废水处理产生的漆渣等，均应委托有资质的单位进行危险废物处置，以满足《危险废物贮存污染控制标准》（GB 18597—2023）等要求。

7.3.3　危险废物贮存管理要求

日用玻璃企业产生的危险废物贮存应满足《危险废物贮存污染控制标准》（GB 18597—2023）和《中华人民共和国固体废物污染环境防治法》（2020 年修订）的要求，并重点关注以下几点。

① 不同类别的危险废物应分类贮存，禁止混合收集、贮存、运输、处置性质不相容而且未经安全性处置的危险废物。

② 盛装危险废物的容器上必须粘贴符合规定的标签 [危险废物标签背景色应采用醒目的橘黄色，RGB 颜色值为（255，50，0）；标签边框和字体颜色为黑色，RGB 颜色值为（0，0，0）；危险废物标签字体宜采用黑体字，其中“危险废物”字样应加粗放大]。标签样式如图 7-41 所示。

③ 废矿物油、废有机溶剂等液态危险废物盛装量不应超过容器容积的 3/4。

④ 含有挥发性有机物的危险废物应放入密闭容器中贮存。

⑤ 企业应建立危险废物管理台账，记录危险废物产生的种类、数量和贮存、利用、处置等情况，至少保存 3 年。

⑥ 危险废物标识应满足下列要求：

a. 危险废物设施标志背景颜色为黄色，RGB 颜色值为（255，255，0），字体和边框颜色为黑色，RGB 颜色值为（0，0，0）；b. 危险废物设施标志字体应采用黑体字，其中

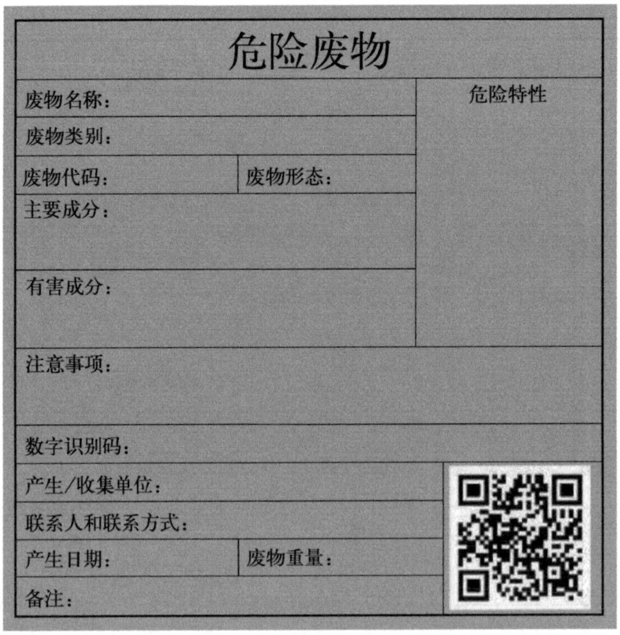
危险废物
废物名称：
危险特性
废物类别：
废物代码：
废物形态：
主要成分：
有害成分：
注意事项：
数字识别码：
产生/收集单位：
联系人和联系方式：
产生日期：
废物重量：
备注：

图 7-41　危险废物标签

危险废物设施类型的字样应加粗放大并居中显示；c. 危险废物贮存设施标志的尺寸宜根据其设置位置和对应的观察距离按照表 7-15 中的要求设置；d. 危险废物贮存设施标志可采用横版或竖版的形式，参考样式如图 7-42 和图 7-43 所示。

表 7-15　危险废物警告标志牌样式要求

设置位置	观察距离 L/m	标志牌整体外形最小尺寸/mm	三角形警告性标志			最低文字高度/mm	
			三角形外边长/mm	三角形内边长/mm	外框外角圆弧半径/mm	设施类型名称	其他文字
露天/室外入口	>10	900×558	500	375	30	48	24
室内	4<L≤10	600×372	300	225	18	32	16
室内	≤4	300×186	140	105	8.4	16	8

危险废物
贮存设施
单位名称：
设施编码：
负责人及联系方式：
危 险 废 物

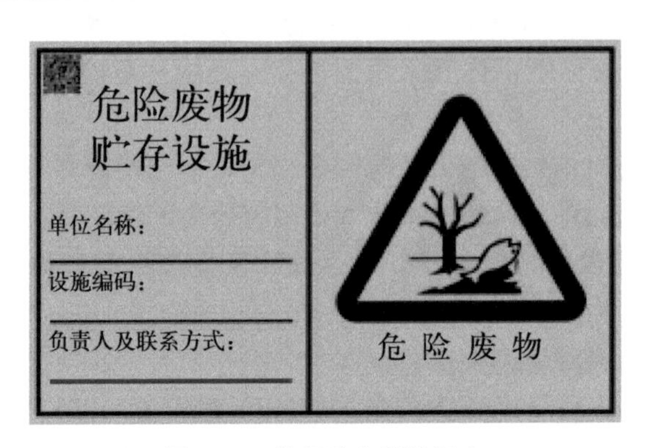

图 7-42　横版贮存设施标志

图 7-43　竖版贮存设施标志

7.3.4　危险废物转移管理具体要求

（1）日用玻璃生产企业

企业产生的危险废物应按照国家要求交由具有危废处理资质的单位进行集中处理处置。日用玻璃生产企业在转移危险废物前必须按照国家有关规定报批危险废物转移计划；经批准后，产生单位应当向移出地环境保护行政主管部门申请领取联单。

产生单位应当在危险废物转移前 3d 内报告移出地环境保护行政主管部门，并同时将预期到达时间报告接收地环境保护行政主管部门。

危险废物产生单位每转移一车、船（次）同类危险废物，应当填写一份联单。每车、船（次）有多类危险废物的，应当按每一类危险废物填写一份联单。

危险废物产生单位应当如实填写联单中产生单位栏目，并加盖公章，经交付危险废物运输单位核实验收签字后，将联单第一联副联自留存档，将联单第二联交移出地环境保护行政主管部门，联单第一联正联及其余各联交付运输单位随危险废物转移运行。

（2）危险废物接收单位

危险废物接收单位应当按照联单填写的内容对危险废物核实验收，如实填写联单中接收单位栏目并加盖公章。接收单位应当将联单第一联、第二联副联自接收危险废物之日起 10d 内交付产生单位，联单第一联由产生单位自留存档，联单第二联副联由产生单位在 2d 内报送移出地环境保护行政主管部门；接收单位将联单第三联交付运输单位存档；将联单第四联自留存档；将联单第五联自接收危险废物之日起 2d 内报送接收地环境保护行政主管部门。

（3）联单保存

联单保存期限为五年。

7.4　噪声污染防治措施

7.4.1　噪声排放执行标准

日用玻璃工厂噪声主要来源于原料制备系统（原料制备系统中主要噪声设备是各类破碎机、混合机，以及物料输送下落时产生的噪声）、熔制系统（熔制系统中的最主要噪声源是行列机、成型机以及各类风机）、辅助生产系统（辅助生产系统中的主要噪声源是空压站的空压机、废气处理系统和废水处理系统的各种风机、水泵等）、冷却系统（冷却系统中最大的噪声是自然通风冷却塔的淋水噪声）等。

日用玻璃企业厂界噪声执行《工业企业厂界环境噪声排放标准》（GB 12348—2008）要求，不同声环境功能区执行的标准如表 7-16 所列。

表 7-16　噪声排放限值　　单位：dB（A）

厂界外声环境功能区类别	时段	
	昼间	夜间
0	50	40
1	55	45
2	60	50
3	65	55
4	70	55

7.4.2　噪声控制措施

日用玻璃企业噪声主要产生于设备的运转，属于机械噪声，风机入口产生空气动力噪声。目前企业采取的主要降噪措施包括以下几点。

① 原料车间、生产车间、包装车间、空压站、余热锅炉房、废气处理系统、废水处理系统等设置高噪声设备的厂房宜采用全封闭处理，或采用密封隔声围护结构，门、窗不宜朝向噪声敏感点。

② 原料系统各类破碎机、混合机等设备基础应设置减振装置，生产车间的各类风机、瓶罐及器皿玻璃成型用的行列机、空压站的空压机及余热锅炉房的设备应设置减振器、减振基座、消声器等。

③ 废气处理系统、废水处理系统的各种风机、水泵等高噪声设备宜根据其产生气流噪声的特性及风管直径选择合适的消声器，高噪声风机宜采用低转速风机（较低转速不能满足工艺要求）。

④ 块状物料输送时，钢溜管、钢料仓、碎玻璃仓口钢板等位置均宜设置阻尼和隔声措施。输送物料的提升机和皮带输送机的下料溜子应降低落差，内部应采取防磨、降噪措施。

其他日用玻璃企业可采用的噪声防治技术及效果见表 7-17，风机等基础减振设施见图 7-44。

表 7-17　噪声防治技术及效果

序号	分类	噪声源	噪声源声级水平/dB（A）	防治技术
1	原料系统	破碎机、混合机、输送系统	80～90	隔声屏障、消声阻尼、减振
2	熔化工序	助燃风机、冷却风机	85～115	减振处理、消声器
3	成型与退火工序	冷却风机	85～115	减振处理、消声器、吸声板
4	切割与包装工序	掰边装置、破碎机	75～100	减振处理、隔声
5	余热锅炉	水泵、阀门、对空排气管	85～95	隔声罩、消声器、厂房内壁面吸声处理
6	空压站	空压机	80～100	减振处理、隔声罩、消声器
7	废气处理系统	加氧风机、增压风机	80～100	隔声罩、管道外壳阻尼、消声器
8	废水处理系统	曝气风机、加压水泵	80～100	隔声罩、管道外壳阻尼、消声器
9	公共工程	补水水泵、循环水泵	80～100	减振处理、隔声罩

(a)

(b)

图 7-44　基础减振设施

7.4.3　噪声排放源图形标志

根据《环境保护图形标志 排放口（源）》（GB 15562.1）的规定，企业噪声排放源图形标志如图 7-45 所示。

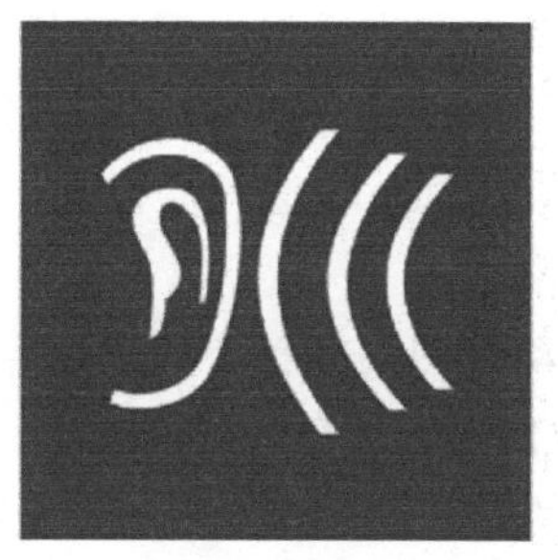

(a) 提示图形符号

(b) 警告图形符号

图 7-45　噪声排放源图形标志

7.5 环境监测要求

7.5.1 环境监测相关规定

环境监测是企业环境管理的基础，通过监测，可第一时间发现生产运行过程中存在的问题并采取针对性的措施，减少或避免环境污染。按照监测计划定期组织进行全厂的污染源监测，对不达标事项第一时间分析原因、及时处理。目前，国家和地方对玻璃企业提出了严格的监测要求，包括以下几方面。

(1)《玻璃工业大气污染物排放标准》

① 企业应按照有关法律、《环境监测管理办法》和《排污单位自行监测技术指南 总则》(HJ 819）等相关要求，建立企业监测制度，制定监测方案，对污染物排放状况及其对周边环境治理的影响开展自行监测，保存原始监测记录，并公布监测结果。

② 新建企业和现有企业安装污染物排放自动监控设备，按有关法律和《污染源自动监控管理办法》等规定执行。

③ 企业应按照环境监测管理规定和技术规范的要求，设计、建设、维护永久性采样口、采样测试平台和排污口标志。

④ 大气污染物监测应在规定的监控位置进行，有废气处理设施的，应在处理设施后监测。根据企业使用的原料、生产工艺过程、生产的产品及副产品等，确定需要监测的污染物项目。

⑤ 因工艺需要设置废气应急旁路的企业，按规定应安装大气污染物排放自动监控设备的，应将其采样点设定在旁路与废气处理设施混合后的烟道内；不具备条件的，应在旁路烟道上安装大气污染物排放自动监控设备。大气污染物排放自动监控设备应与生态环境主管部门联网。正常运行时不应通过旁路排放；当废气处理设施非正常运行时，为保证安全生产确需使用旁路烟道排放的，企业应及时向辖区生态环境主管部门报告，并及时采取修复措施。

(2)《排污许可证申请与核发技术规范 工业炉窑》(HJ 1121—2020)

① 工业炉窑排污单位在申请排污许可证时，应制定自行监测方案，并在全国排污许可证管理信息平台填报。自行监测方案和自行监测要求按 HJ 819 制定。

② 自行监测污染源和污染物项目应包括排放标准、环境影响评价文件及其审批意见和其他环境管理要求中涉及的废气、废水污染源和污染物。工业炉窑排污单位自行监测内容包括有组织排放废气、无组织排放废气、生产废水和生活污水等全部污染源（单独排入公共污水处理设施的生活污水可不开展自行监测），以及颗粒物、二氧化硫、氮氧化物、氟及其化合物、铅、汞、铍及其化合物等废气污染物和 pH 值、悬浮物、化学需氧量、氨氮、氟化物、石油类、硫化物、挥发酚等废水污染物。

③ 对于相关法律法规和管理规定要求采用自动监测的指标，应采用自动监测技术；对于监测频次高、自动监测技术成熟的监测指标，应优先选用自动监测技术，自动监测应满足《污染源自动监控设施运行管理办法》的要求；其他监测指标，可选用手工监测技术。

(3)《工业炉窑大气污染综合治理方案》(生态环境部 环大气〔2019〕56 号)

① 建立健全监测监控体系。加强重点污染源自动监控体系建设。排气口高度超过

45m 的高架源，纳入重点排污单位名录，督促企业安装烟气排放自动监控设施。加快工业炉窑大气污染物排放自动监控设施建设，重点区域内玻璃熔窑原则上应纳入重点排污单位名录，安装自动监控设施。具备条件的企业，应通过分布式控制系统（DCS）等，自动连续记录工业炉窑环保设施运行及相关生产过程主要参数。自动监控、DCS 监控等数据至少要保存 1 年，视频监控数据至少要保存 3 个月。

② 强化监测数据质量控制。自动监控设施应与生态环境主管部门联网。加强自动监控设施运营维护，数据传输有效率达到 90%。企业在正常生产以及限产、停产、检修等非正常工况下，均应保证自动监控设施正常运行并联网传输数据。各地对出现数据缺失、长时间掉线等异常情况，要及时进行核实和调查处理。严厉打击篡改、伪造监测数据等行为，对监测机构运行维护不到位及篡改、伪造、干扰监测数据的，排污单位弄虚作假的，依法严格处罚，追究责任。

7.5.2 污染源监测要求

7.5.2.1 有组织监测要求

监测的技术手段包括手工监测和自动监测。

采用自动监测的，根据《排污许可证申请与核发技术规范 工业炉窑》（HJ 1121—2020）的规定，排污单位应按照 HJ 75 开展自动监测数据的校验比对。按照《污染源自动监控设施运行管理办法》的要求，自动监控设施不能正常运行期间，应按要求将手工监测数据向生态环境主管部门报送，每天不少于 4 次，间隔不得超过 6h。

采用手工监测的，监测频次不能低于国家或地方发布的标准、规范性文件、环境影响评价文件及其审批意见等明确规定的监测频次。工业炉窑排污单位采用手工监测时，监测指标及最低监测频次要求应符合表 7-18～表 7-20 的规定。

表 7-18　重点管理单位有组织废气污染物排放监测要求

生产单元	监测指标	最低监测频次			
		主要排放口		一般排放口	
		重点地区	一般地区	重点地区	一般地区
热工单元	颗粒物、二氧化硫、氮氧化物	1 次/月	1 次/季度	1 次/季度	1 次/半年
	氟及其化合物、铅等	1 次/半年	1 次/年	1 次/半年	1 次/年
原燃料预处理单元	颗粒物	—	—	1 次/年	1 次/2 年
成品后处理单元	颗粒物	—	—	1 次/年	1 次/2 年

表 7-19　简化管理单位有组织废气污染物排放监测要求

生产单元	监测指标	最低监测频次	
		一般排放口	
		重点地区	一般地区
热工单元	颗粒物、二氧化硫、氮氧化物	1 次/年	1 次/年
	氟及其化合物、铅等	1 次/年	1 次/年

表 7-20　重点管理单位废水排放口污染物排放监测要求

生产单元	监测指标	最低监测频次	
		直接排放	间接排放
废水排放口	pH 值、悬浮物、COD、BOD_5、氨氮、总磷、总氮、动植物油	1 次/季度	1 次/半年
	氟化物、挥发酚、石油类、硫化物	1 次/年	1 次/年
车间或车间处理设施排风口	总砷、总铅、总汞、总镉	1 次/季度	

根据《固定污染源排污许可分类管理名录》(2019 年版)，玻璃制品制造行业排污许可实行重点管理、简化管理和登记管理，其中以煤、石油焦、油和发生炉煤气为燃料的企业实行重点管理，以天然气为燃料的企业实行简化管理，其他燃料类型实行登记管理。

几种主要大气污染物的分析测定采用的方法标准汇总见表 7-21。

表 7-21　几种主要大气污染物分析测定的方法标准

序号	污染物项目	标准名称	标准编号
1	颗粒物	固定污染源排气中颗粒物测定与气态污染物采样方法	GB/T 16157
		固定污染源废气　低浓度颗粒物的测定　重量法	HJ 836
		环境空气　总悬浮颗粒物的测定　重量法	HJ 1263
2	二氧化硫	固定污染源排气中二氧化硫的测定　碘量法	HJ/T 56
		固定污染源废气　二氧化硫的测定　定电位电解法	HJ 57
		固定污染源废气　二氧化硫的测定　非分散红外吸收法	HJ 629
		固定污染源废气　二氧化硫的测定　便携式紫外吸收法	HJ 1131
		固定污染源废气　气态污染物(SO_2、NO、NO_2、CO、CO_2)的测定　便携式傅立叶变换红外光谱法	HJ 1240
3	氮氧化物	固定污染源排气中氮氧化物的测定　紫外分光光度法	HJ/T 42
		固定污染源排气中氮氧化物的测定　盐酸萘乙二胺分光光度法	HJ/T 43
		固定污染源废气氮　氧化物的测定　非分散红外吸收法	HJ 692
		固定污染源废气氮　氧化物的测定　定电位电解法	HJ 693
		固定污染源废气　氮氧化物的测定　便携式紫外吸收法	HJ 1132
		固定污染源废气　气态污染物(SO_2、NO、NO_2、CO、CO_2)的测定　便携式傅立叶变换红外光谱法	HJ 1240
4	氯化氢	固定污染源排气中氯化氢的测定　硫氰酸汞分光光度法	HJ/T 27
		固定污染源废气　氯化氢的测定　硝酸银容量法	HJ 548
		环境空气和废气　氯化氢的测定　离子色谱法	HJ 549

续表

序号	污染物项目	标准名称	标准编号
5	氟化物	大气固定污染源 氟化物的测定 离子选择电极法	HJ/T 67
6	氨	空气质量 氨的测定 离子选择电极法	GB/T 14669
		环境空气和废气 氨的测定 纳氏试剂分光光度法	HJ 533

对于涉挥发性有机物工序的日用玻璃企业，涂装工序自行监测按照《排污单位自行监测技术指南 涂装》(HJ 1086—2020) 执行。有组织废气排放监测点位、监测指标及最低监测频次部分要求如表 7-22 所列。

表 7-22　有组织废气排放监测点位、监测指标及最低监测频次部分要求

生产工序	监测点位	监测指标	监测频次		
			重点排污单位		非重点排污单位
			主要排放口	一般排放口	
涂覆	水性涂料涂覆设施废气排气筒	颗粒物、挥发性有机物、特征污染物	季度	半年	年
	溶剂涂料涂覆(含溶剂擦洗)设施废气排气筒	挥发性有机物	月	半年	年
		颗粒物、苯、甲苯、二甲苯、特征污染物	季度		
	粉末涂料涂覆设施废气排气筒	颗粒物	季度	半年	年
固化成膜	水性涂料(含胶)固化成膜设施废气排气筒	挥发性有机物、特征污染物	季度	半年	年
	溶剂涂料(含胶)固化成膜设施废气排气筒	挥发性有机物	月	半年	年
		苯、甲苯、二甲苯、特征污染物	季度		

注：1. 重点排污单位按环境要素实行分类管理，纳入大气环境重点排污单位名录，按本表执行。
2. 主要排放口为《排污许可证申请与核发技术规范》确定的主要排放口。

根据生态环境部 2022 年 11 月 28 日发布的《环境监管重点单位名录管理办法》(部令第 27 号) 规定，大气环境重点排污单位应当根据本行政区域的大气环境承载力、重点大气污染物排放总量控制指标的要求以及排污单位排放大气污染物的种类、数量和浓度等因素确定，具备下列条件之一的应当列为大气环境重点排污单位。

① 太阳能光伏玻璃行业企业，其他玻璃制造、玻璃制品、玻璃纤维行业中以天然气为燃料的规模以上企业。

② 工业涂装行业规模以上企业，全部使用符合国家规定的水性、无溶剂、辐射固化、

粉末四类低挥发性有机物含量涂料的除外。

由上述规定可见，除使用符合国家规定的水性、无溶剂、辐射固化、粉末四类低挥发性有机物含量涂料的企业外，日用玻璃涉挥发性有机物企业均为重点排污单位。

7.5.2.2 无组织监测要求

《玻璃工业大气污染物排放标准》中规定的对日用玻璃企业的无组织监测指标包括厂区内的VOCs排放情况和企业边界的有毒有害大气污染物，包括砷及其化合物、铅及其化合物和苯。对于企业边界的大气污染物监测，应满足《大气污染物无组织排放监测技术导则》（HJ/T 55—2000）的要求。

对于厂区内VOCs的无组织监测，应在厂房门窗或通风口、其他开口（孔）等排放口外1m，距离地面1.5m以上位置处进行监测。若厂房不完整（如有顶无围墙），则在操作工位下风向1m，距离地面1.5m以上位置处进行监测。

《排污许可证申请与核发技术规范 工业炉窑》（HJ 1121—2020）对无组织废气的监测要求见表7-23和表7-24。

表7-23　无组织废气污染物排放监测要求

企业类型	生产设施	设置方式	监测指标	最低监测频次	
				主要排放口	
				重点地区	一般地区
重点管理单位	工业炉窑	有车间厂房	颗粒物	1次/半年	1次/年
		露天（或有顶无围墙）	颗粒物	1次/半年	1次/年
简化管理单位	工业炉窑	有车间厂房	颗粒物	1次/半年	1次/年
		露天（或有顶无围墙）	颗粒物	1次/半年	1次/年

表7-24　厂界无组织废气污染物排放监测要求

企业类型	监测点位	监测指标	最低监测频次	
			主要排放口	
			重点地区	一般地区
重点管理单位	厂界	颗粒物	1次/半年	1次/年
简化管理单位	厂界	颗粒物	1次/半年	1次/年

7.5.3 自行监测方案与报告编制要求

《国家重点监控企业自行监测及信息公开办法（试行）》（环发〔2013〕81号）中第二章分十四条对自行监测与报告提出了详细的要求，部分主要条款规定如下。

① 企业应当按照国家或地方污染物排放（控制）标准、环境影响评价报告书（表）及其批复、环境监测技术规范的要求，制定自行监测方案。自行监测方案内容应包括企业基本情况、监测点位、监测频次、监测指标、执行排放标准及其限值、监测方法和仪器、

监测质量控制、监测点位示意图、监测结果公开时限等。自行监测方案及其调整、变化情况应及时向社会公开，并报地市级环境保护主管部门备案。

② 企业自行监测内容应当包括：a. 水污染物排放监测；b. 大气污染物排放监测；c. 厂界噪声监测；d. 环境影响评价报告书（表）及其批复有要求的，开展周边环境质量监测。

③ 企业应于每年 1 月底前编制完成上年度自行监测开展情况年度报告，并向负责备案的环境保护主管部门报送。年度报告应包含以下内容：a. 监测方案的调整变化情况；b. 全年生产天数、监测天数，各监测点、各监测指标全年监测次数、达标次数、超标情况；c. 全年废水、废气污染物排放量；d. 固体废物的类型、产生数量、处置方式、处置数量以及去向；e. 按要求开展的周边环境质量影响状况监测结果。

企业应将自行监测工作开展情况及监测结果向社会公众公开，公开内容应包括以下几方面。

① 基础信息：企业名称、法人代表、所属行业、地理位置、生产周期、联系方式、委托监测机构名称等。

② 自行监测方案。

③ 自行监测结果：全部监测点位、监测时间、污染物种类及浓度、标准限值、达标情况、超标倍数、污染物排放方式及排放去向。

④ 未开展自行监测的原因。

⑤ 污染源监测年度报告。

企业可通过对外网站、报纸、广播、电视等便于公众知晓的方式公开自行监测信息。同时，应当在省级或地市级环境保护主管部门统一组织建立的公布平台上公开自行监测信息，并至少保存一年。

《排污单位自行监测技术指南　总则》（HJ 819—2017）规定排污单位应制定监测方案，主要内容包括单位基本情况、监测点位及示意图、监测指标、执行标准及其限值、监测频次、采样和样品保存方法、监测分析方法和仪器、质量保证与质量控制等。新建排污单位应当在投入生产或使用并产生实际排污行为之前完成自行监测方案的编制及相关准备工作。

排污单位应编写自行监测年度报告，至少应包含以下内容。

① 监测方案的调整变化情况及变更原因。

② 企业及各主要生产设施（至少涵盖废气主要污染源相关生产设施）全年运行天数，各监测点、各监测指标全年监测次数、超标情况、浓度分布情况。

③ 按要求开展的周边环境质量影响状况监测结果。

④ 自行监测开展的其他情况说明。

⑤ 排污单位实现达标排放所采取的主要措施。

信息公开要求：排污单位自行监测信息公开内容及方式按照《企业事业单位环境信息公开办法》（环境保护部令第 31 号）及《国家重点监控企业自行监测及信息公开办法（试行）》（环发〔2013〕81 号）执行。非重点排污单位的信息公开要求由地方环境保护主管部门确定。

第8章 排污许可核发与证后监管

8.1 基本概念

排污许可是具有法律意义的行政许可，是环境保护管理的八项制度之一，是以许可证为载体的，是对排污单位的排污权利进行约束的一种制度。

排污许可证，是指排污单位向生态环境主管部门提出申请后，生态环境主管部门经审查发放的允许排污单位排放一定数量污染物的凭证。排污许可证属于环境保护许可证中的重要组成部分，而且被广泛使用。排污许可证制度，是指有关排污许可证的申请、审核、颁发、中止、吊销、监督管理和罚则等方面规定的总称。

排污许可证包括正本和副本。排污许可证的正本包括以下内容。

① 排污单位名称、注册地址、法定代表人或者主要负责人、技术负责人、生产经营场所地址、行业类别、统一社会信用代码等排污单位基本信息。

② 排污许可证有效期限、发证机关、发证日期、证书编号和二维码等基本信息。

排污许可证的副本应包括以下内容。

① 主要生产设施、主要产品及产能、主要原辅材料等。

② 产排污环节、污染防治设施等。

③ 环境影响评价审批意见、依法分解落实到本单位的重点污染物排放总量控制指标、排污权有偿使用和交易记录等。

下列许可事项由排污单位申请，经核发部门审核后，在排污许可证副本中进行规定。

① 排放口位置和数量、污染物排放方式和排放去向等，以及大气污染物无组织排放源的位置和数量。

② 排放口和无组织排放源排放污染物的种类、许可排放浓度、许可排放量。

③ 取得排污许可证后应当遵守的环境管理要求。

④ 法律法规规定的其他许可事项。

8.2 政策要求

2021 年 1 月 29 日，李克强总理签署国务院第 736 号令，公布了《排污许可管理条例》（以下简称《许可条例》），自 2021 年 3 月 1 日起施行。实施排污许可制度，是党中央、国务院从推进生态文明建设全局出发，全面深化生态环境领域改革的一项重要部署，是推进环境治理体系和治理能力现代化的重要内容，也是全面落实排污者主体责任，有效控制污染物排放，切实改善生态环境质量的战略举措。

党的十八大以来，党中央、国务院将全面推动实施排污许可制度。中共中央《关于全面深化改革若干重大问题的决定》要求，完善污染物排放许可制，实行企事业单位污染物排放总量控制制度；中共中央国务院《关于加快推进生态文明建设的意见》要求，完善污染物排放许可证制度，禁止无证排污和超标准、超总量排污；中共中央国务院《生态文明体制改革总体方案》要求，完善污染物排放许可制，尽快在全国范围建立统一公平、覆盖所有固定污染源的企事业排放许可制；《中共中央关于制定国民经济和社会发展第十四个五年规划和二〇三五年远景目标的建议》中，要求“全面实行排污许可制”。

2016 年 11 月，国务院办公厅印发《控制污染物排放许可制实施方案》（以下简称《方案》），标志着我国排污许可制改革进入实施阶段。为落实该实施方案，环境保护部（现生态环境部）于 2016 年 12 月发布《排污许可证管理暂行规定》（环水体〔2016〕186 号），2017 年 7 月 28 日出台《固定污染源排污许可分类管理名录》（环境保护部部令 45 号），2018 年 1 月出台部门规章《排污许可管理办法（试行）》（环境保护部部令 48 号），推动排污许可制度改革和排污许可证的核发。

为解决在排污许可制度改革工作实践中面临的问题，及时完善排污许可制度，生态环境部对排污许可的管理办法和分类管理名录分别都作了进一步修改完善，于 2019 年 8 月 22 日发布实施《排污许可管理办法（试行）》（生态环境部部令第 7 号），2019 年 12 月 20 日修订发布《固定污染源排污许可分类管理名录》（生态环境部部令第 11 号）。

从顶层设计来看，《方案》是排污许可制度改革具有里程碑意义的顶层设计文件，确立了排污许可制度改革的路线图；从法规体系来看，《排污许可管理条例》确立了排污许可的法律地位；从管理体系来看，《固定污染源排污许可分类管理名录（2019 年版）》明确了管理范围、管理类型，增加了登记管理类别；《排污许可管理办法（试行）》（以下简称《办法》）进一步规范了排污许可证的申请、核发、执行及监管等行为；《固定污染源排污登记工作指南（试行）》指导排污单位和生态环境管理部门进行排污登记相关工作。

从技术体系来看，目前已发布排污许可证申请与核发技术规范 74 项、自行监测指南 45 项、污染防治可行技术指南 17 项、源强核算指南 18 项。制度设计的不断完善和健全，为排污许可制度的改革和推进提供了有力保障。

8.3 推进情况

目前，覆盖所有固定污染源的排污许可证核发和排污登记工作正在有序推进，将排污许可证发放到每个应该领证的排污单位，其他污染物产生量、排放量和对环境的影响程度很小，依法不需要申请取得排污许可证的排污单位填报排污登记表，通过排污许可证和排污登记表将所有固定污染源纳入监管，从而成为监管的底数。截至 2022 年底，全国已将 344.66 万个固定污染源纳入排污许可管理，其中核发排污许可证 35.91 万家，实现动态全覆盖。

2020 年 3 月 27 日，生态环境部发布了《排污许可证申请与核发技术规范 工业炉窑》(HJ 1121—2020)，日用玻璃行业排污许可申请与核发需执行该标准。

根据《固定污染源排污许可分类管理名录（2019 年版）》要求，日用玻璃行业排污许可分类管理要求如表 8-1 所列。

表 8-1　日用玻璃行业排污许可分类管理要求

行业类别	重点管理	简化管理	登记管理
玻璃制品制造 305	以煤、石油焦、油和发生炉煤气为燃料的	以天然气为燃料的	其他

同时，有下列情形之一的，还应当对其生产设施和相应的排放口等申请取得重点管理排污许可证。

① 被列入重点排污单位名录的。

② 二氧化硫或者氮氧化物年排放量＞250t 的。

③ 烟粉尘年排放量＞500t 的。

④ 化学需氧量年排放量＞30t，或者总氮年排放量＞10t，或者总磷年排放量＞0.5t 的。

⑤ 氨氮、石油类和挥发酚合计年排放量＞30t 的。

⑥ 其他单项有毒有害大气、水污染物污染当量数大于 3000 的。

截至 2023 年 5 月，1341 家玻璃制品制造企业（C305）核发了排污许可证。其中：技术玻璃制品制造企业（C3051）101 家；光学玻璃制造企业（C3052）70 家；玻璃仪器制造企业（C3053）35 家；日用玻璃制品制造企业（C3054）490 家；玻璃包装容器制造企业（C3055）361 家；玻璃保温容器制造企业（C3056）28 家；其他玻璃制品制造企业（C3059）256 家。

日用玻璃行业排污许可证核发情况如图 8-1 所示。

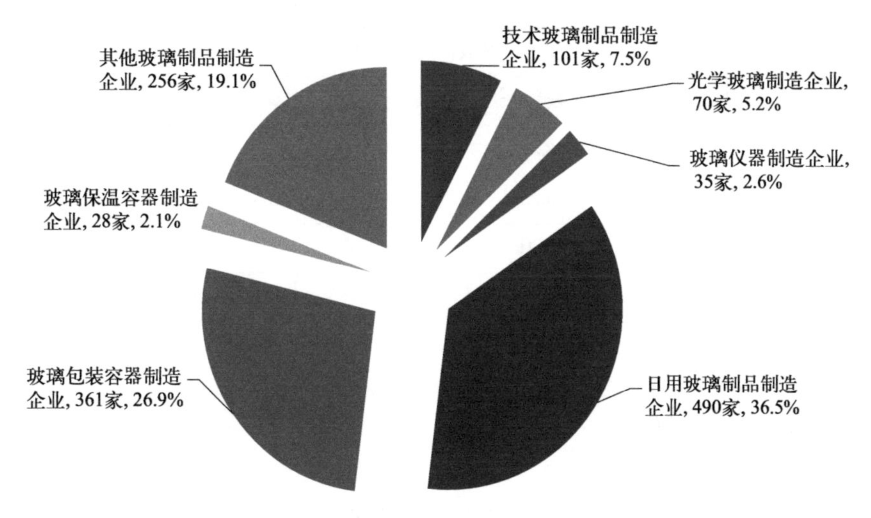

图 8-1　日用玻璃行业排污许可证核发情况

8.4　主要规定

8.4.1　适用标准

日用玻璃行业企业排污许可证的申请、核发、执行和监管等工作主要依据《排污许可证申请与核发技术规范 工业炉窑》（HJ 1121—2020）中的相关规定。

该标准主要规定了日用玻璃行业排污单位排污许可证申请与核发的基本情况填报要求、许可排放限值确定、实际排放量核算、合规判定的方法以及自行监测、环境管理台账与排污许可证执行报告等环境管理要求，提出了日用玻璃行业污染防治可行技术要求。

该标准适用于日用玻璃行业排污单位排放的大气污染物和水污染物的排污许可管理。

8.4.2　污染物许可排放浓度和许可排放量确定方法

（1）许可排放浓度

按照污染物排放标准确定日用玻璃工业排污单位许可排放浓度时，应依据《玻璃工业大气污染物排放标准》（GB 26453—2022）及地方排放标准从严确定。

（2）许可排放量

《排污许可证申请与核发技术规范 工业炉窑》（HJ 1121—2020）规定日用玻璃熔窑大气污染物年许可排放量计算方法按照优先顺序依次为基准排气量法、绩效值法、气量法。安装自动监测设施的工业炉窑，也可将近一年连续自动监测的污染物实际排放量（依据有效且达到国家或地方污染物排放标准要求的数据计算得到）作为许可排放量。日用玻璃熔窑可按照绩效值、年实际产量确定许可排放量。其中，实际产量为玻璃熔窑前三年实际产量最大值（若不足一年或前三年实际产量最大值超过设计产能，则以设计产能为准）。

日用玻璃熔窑排放口参考绩效值如表 8-2 所列。

表 8-2 日用玻璃熔窑排放口参考绩效值

生产单元	主要工艺	地区	绩效值/(kg/t 玻璃液)			备注
			颗粒物	二氧化硫	氮氧化物	
热工单元	熔化	重点地区	0.06	0.60	1.60	
			0.06	1.60	3.50	硼硅玻璃器皿、微晶玻璃
		一般地区	0.16	1.30	2.20	
			0.16	1.30	5.00	硼硅玻璃器皿、微晶玻璃

8.4.3 合规性判定方法

(1) 废气排放浓度合规性判定

工业炉窑排污单位各废气排放口和无组织排放污染物的排放浓度合规是指“任一小时浓度均值均满足许可排放浓度要求”。国务院生态环境主管部门发布相关合规判定方法的从其规定。

其中，在执法监测时，按照监测规范要求获取的现场监测数据超过许可排放浓度限值的，即视为不合规。根据《固定污染源排气中颗粒物测定与气态污染物采样方法》(GB/T 16157—1996)、《大气污染物无组织排放监测技术导则》(HJ/T 55—2000)、《固定源废气监测技术规范》(HJ/T 397—2007) 确定监测要求。

采用自动监测时，按照监测规范要求获取的有效自动监测数据计算得到的有效小时浓度均值与许可排放浓度限值进行对比，超过许可排放浓度限值的即视为不合规。自动监测小时均值是指“整点 1h 内不少于 45min 的有效数据的算术平均值”。

(2) 排放量合规判定

工业炉窑排污单位污染物的排放量合规是指：a. 有许可排放量要求的废气排放口污染物年实际排放量满足年许可排放量要求；b. 废气污染物年实际排放量满足年许可排放量要求；c. 对于特殊时段有许可排放量要求的，特殊时段实际排放量之和满足特殊时段许可排放量要求；d. 对于工业炉窑排污单位非金属焙（煅）烧炉窑（耐火材料窑、石灰窑）等设施启停、设备故障、检维修等情况，应通过加强正常运营时污染物排放管理、减少污染物排放量的方式，确保全厂污染物实际年排放量（正常排放+非正常排放）满足许可排放量要求。

8.4.4 排污许可环境管理要求

(1) 企业自行监测

日用玻璃企业在申请排污许可证时，应制定自行监测方案，并在全国排污许可证管理信息平台填报。自行监测内容应包括有组织排放废气、无组织排放废气、生产废水和生活污水等全部污染源（单独排入公共污水处理设施的生活污水可不开展自行监测)。

以炉窑烟气为例，重点管理工业炉窑排污单位有组织废气污染物监测指标及最低监测频次如表 8-3 所列。

表 8-3　重点管理工业炉窑排污单位有组织废气污染物监测指标及最低监测频次

生产单元	监测指标	最低监测频次			
		主要排放口		一般排放口	
		重点地区	一般地区	重点地区	一般地区
热工单元	颗粒物、二氧化硫、氮氧化物	1 次/月	1 次/季度	1 次/季度	1 次/半年
	烟气黑度、氟及其化合物	1 次/半年	1 次/年	1 次/半年	1 次/年

以涉挥发性有机物工序为例，日用玻璃排污单位涂装工序自行监测按照《排污单位自行监测技术指南 涂装》(HJ 1086—2020) 执行。

有组织废气排放监测点位、监测指标及最低监测频次部分要求如表 8-4 所列。

表 8-4　有组织废气排放监测点位、监测指标及最低监测频次部分要求

生产工序	监测点位	监测指标	监测频次		
			重点排污单位		非重点排污单位
			主要排放口	一般排放口	
涂覆	水性涂料涂覆设施废气排气筒	颗粒物、挥发性有机物、特征污染物	季度	半年	年
	溶剂涂料涂覆（含溶剂擦洗）设施废气排气筒	挥发性有机物	月	半年	年
		颗粒物、苯、甲苯、二甲苯、特征污染物	季度		
固化成膜	水性涂料（含胶）固化成膜设施废气排气筒	挥发性有机物、特征污染物	季度	半年	年
	溶剂涂料（含胶）固化成膜设施废气排气筒	挥发性有机物	月	半年	年
		苯、甲苯、二甲苯、特征污染物	季度		

玻璃制镜排污单位无组织废气排放监测点位、监测指标及最低监测频次部分要求如表 8-5所列。

表 8-5　玻璃制镜排污单位无组织废气排放监测点位、监测指标及最低监测频次部分要求

监测点位	监测指标	监测频次
厂界	挥发性有机物、颗粒物、特征污染物	半年
涂装工段旁（适用于涂装工段无密闭空间情况）	挥发性有机物、颗粒物、特征污染物	季度

(2) 环境管理台账记录

重点管理日用玻璃排污单位环境管理台账应记录以下内容。

1）工业炉窑运行管理信息

分为正常工况和非正常工况。正常工况运行管理信息包括按周或批次记录主要产品产量，按采购批次记录原辅料用量、硫元素占比等，按采购批次记录燃料用量、热值、品质等。非正常工况运行管理信息包括按工况期记录起止时间、产品产量、原辅料及燃料消耗量、事件原因、应对措施、是否报告等。

2）污染防治设施运行管理信息

分为正常情况和异常情况。正常情况运行管理信息包括按批次记录除尘灰（泥）、脱硫副产物、脱硝副产物等产生量，按批次记录袋式除尘系统滤料更换量和时间，按批次记录脱硫剂、脱硝剂添加量和时间；涉及DCS系统的，还应按月记录DCS曲线图（包括烟气量、污染物出口浓度等）。异常情况运行管理信息包括按异常情况期记录起止时间、污染物排放浓度、异常原因、应对措施、是否报告等。

3）监测记录信息

① 有组织废气。有组织废气污染物排放情况手工监测记录信息包括采样日期、样品数量、采样方法、采样人姓名等采样信息，并记录排放口编码、标况烟气量、排放口温度、污染因子、许可排放浓度、监测浓度、监测浓度（折标）、测定方法以及是否超标等信息。若监测结果超标，应说明超标原因。

② 无组织废气。无组织废气污染物排放情况手工监测记录信息包括记录采样日期、无组织采样点位数量、各点位样品数量、采样方法、采样人姓名等采样信息，并记录无组织排放、污染因子、采样点位、各采样点监测浓度、许可排放浓度、测定方法、是否超标。若监测结果超标，应说明超标原因。

（3）执行报告要求

重点管理日用玻璃排污单位应提交年度执行报告与季度执行报告。简化管理工业炉窑排污单位应提交年度执行报告。

年度执行报告与季度执行报告编制内容应包括排污单位基本信息、污染防治措施运行情况、自行监测执行情况、环境管理台账执行情况、实际排放情况及合规判定分析、信息公开情况、排污单位内部环境管理体系建设与运行情况、其他排污许可证规定的内容执行情况、其他需要说明的问题、结论、附图附件要求等部分。

（4）污染防治可行技术运行管理要求

《排污许可证申请与核发技术规范 工业炉窑》（HJ 1121—2020）规定了污染防治可行技术的运行管理要求。该标准部分规定了以下内容。

1）废气有组织排放管理要求

有组织排放废气污染防治设施应按照国家和地方规范进行设计；污染防治设施应与产生废气的生产设施同步运行；事故或设备维修等原因造成污染防治设施停止运行时，应立即报告当地生态环境主管部门；污染防治设施应在满足设计工况的条件下运行，并根据工艺要求，定期对设备、电气、自控仪表及构筑物进行检查维护，确保污染防治设施可靠运行；污染防治设施正常运行中废气的排放应符合国家和地方污染物排放标准。

2）废气无组织排放管理要求

无组织排放的运行管理按照国家和地方污染物排放标准以及《工业炉窑大气污染综合

治理方案》执行。严格控制工业炉窑生产工艺过程及相关物料储存、输送等无组织排放，在保障生产安全的前提下，采取密闭、封闭等有效措施，有效提高废气收集率，产尘点及车间不得有可见烟粉尘外逸。

3）废水排放管理要求

废水污染防治设施应按照国家和地方规范进行设计；事故或设备维修等原因造成污染防治设施停止运行时，应立即报告当地生态环境主管部门；污染防治设施应在满足设计工况的条件下运行，并根据工艺要求，定期对设备、电气、自控仪表及构筑物进行检查维护，确保污染防治设施可靠运行；全厂综合污水处理厂应加强源头管理，加强对上游装置来水的监测，并通过管理手段控制上游来水水质满足污水处理厂的进水要求；污染防治设施正常运行中废水的排放应符合国家和地方污染物排放标准。

4）固体废物管理要求

产生的固体废物应按照一般工业固体废物和危险废物分别贮存；对于不明确是否具有危险特性的固体废物，应当按照《危险废物鉴别标准 通则》（GB 5085.7—2019）等系列标准进行鉴别；一般工业固体废物贮存的污染控制及管理应满足《一般工业固体废物贮存和填埋污染控制标准》（GB 18599—2020）的相关要求；危险废物应当根据其主要有害成分和危险特性确定所属废物类别并进行归类管理，其贮存的污染控制及监督管理应满足《危险废物贮存污染控制标准》（GB 18597—2023）的相关要求；固体废物贮存场所或设施应满足相应污染控制标准要求。

8.5 填报问题

8.5.1 行业类别选取

通过全国排污许可证管理信息平台进行查询，发现部分企业填报排污许可证时行业类别选取有误。玻璃制品制造的排污单位应按照其生产的产品填写，如填写技术玻璃制品制造、光学玻璃制造、玻璃仪器制造、日用玻璃制品制造、玻璃包装容器制造或玻璃保温容器制造等。

8.5.2 污染物排放口填报

排污许可技术文件将废气有组织排放口分为主要排放口和一般排放口；明确了主要排放口的许可排放浓度和排放量；一般排放口则简化管理要求，仅规定许可排放浓度。现行排污许可技术规范对排污口类型的规定如表 8-6 所列。

表 8-6　现行排污许可技术规范对排污口类型的规定

标准名称	污染物排放口规定
《排污许可证申请与核发技术规范 工业炉窑》（HJ 1121—2020）	（1）燃煤、石油焦、油、发生炉煤气日用玻璃熔窑、玻璃纤维熔窑为主要排放口；燃天然气日用玻璃熔窑、玻璃纤维熔窑以及原燃料预处理单元、成品后处理单元等均为一般排放口。 （2）废水排放口为一般排放口

排污单位应根据《排污口规范化整治技术要求（试行）》（环监〔1996〕470 号），以及排放标准中有关排放口规范化设置的规定，填报废气、废水排放口设置是否符合规范化要求。

8.5.3 排放因子和排放限值填报

应选用国家及地方排放标准中的污染因子和排放限值。排污单位的排放口排放单股废气时，有行业标准的污染物优先执行行业排放标准，其他污染源执行综合排放标准。排污单位的排放口存在多种类型废气混合排放的情况时，应按照“交叉从严”的原则确定排放标准。

部分企业在申报中未深入研究排污许可技术规范，照搬技术规范上给定的污染物或随意减少污染物的种类，导致排放种类与实际情况不符。

8.5.4 许可排放量填报

熔窑是日用玻璃行业大气污染物的主要来源之一。根据排污许可相关规定，主要排放口需要许可排放量，一般排放口不许可排放量。在许可排放量填报方面，主要问题在于许可量存在一定偏差。

以日用玻璃行业为例，《排污许可证申请与核发技术规范 工业炉窑》（HJ 1121—2020）规定年许可排放量计算方法按照优先顺序依次为基准排气量法、绩效值法、气量法，其具体适用形式如表 8-7 所列。

表 8-7 日用玻璃排污单位许可排放污染物项目及许可排放量核算方法

生产单元	排放口名称	排放口类型	许可排放浓度污染物	许可排放量污染物	许可排放量核算方法
热工单元	日用玻璃熔窑烟囱	主要排放口	颗粒物、烟气黑度、二氧化硫、氮氧化物、氟及其化合物、铅、汞等	颗粒物、二氧化硫、氮氧化物	基准排气量法 绩效值法

《排污许可证申请与核发技术规范 工业炉窑》（HJ 1121—2020）规定了日用玻璃排污单位主要污染物许可排放量的参考绩效值。颗粒物、二氧化硫、氮氧化物排放量绩效值分别基于排放浓度 $20mg/m^3$、$200mg/m^3$、$500mg/m^3$，基准排气量 $3200m^3/t$ 玻璃液确定。当日用玻璃企业执行的排放标准严于上述限值时不应采用该绩效值。

8.5.5 自行监测及记录信息表填报

日用玻璃排污单位在填写自行监测内容时应注意以下事项。

① 依据国家或地方排放标准、环境影响评价文件及其审批意见和其他环境管理要求，并且严格按照技术规范标准申报中各项废气、废水、固体废物污染源和对应的污染物指标填报。

② 梳理企业现有固定污染源及大气污染源在线监测系统是否完备。确认自动监测设

施是否符合在线监测系统安装、运行、维护等管理要求。若不符合，则需备注整改。对于已按规范建立平台并完成验收、实现数据上传的在线监测系统，还需统计在线监测数据的缺失率，判断自动监测数据能否作为核算实际排放量的依据，无法取用的需说明理由。注意：不要遗漏在线监测系统故障时采用的手工监测方法。

8.6 现场检查要点

8.6.1 现场检查要点清单

覆盖所有固定污染源的排污许可证核发工作是排污许可制度实施的其中一步，而证后执法工作的有效开展是排污许可制度实施到位的关键所在。本书基于对各地日用玻璃企业实施排污许可证执法检查案例的调研和分析，结合技术规范中对于废气排放的相关要求，归纳了日用玻璃行业排污许可证废气现场检查体系及技术清单，见表 8-8。

表 8-8　日用玻璃企业排污许可证废气现场检查体系及技术清单

检查环节	检查要点	
废气排放合规性检查	排放口合规性	（1）废气主要排放口、一般排放口基本情况，包括有组织排放口地理坐标、数量、内径、高度、排放污染物种类等与许可要求的一致性。 （2）排放口设置的规范性等
	排放浓度与许可浓度一致性检查	（1）采用的废气治理设施与排污许可登记事项的一致性。 （2）废气治理设施运行及维护情况。 （3）各主要排放口和一般排放口颗粒物、二氧化硫、氮氧化物、氯化氢、氟化物等污染物排放浓度是否低于许可排放限值
	实际排放量与许可排放量一致性检查	颗粒物、二氧化硫、氮氧化物的实际排放量是否符合年许可排放量的要求
环境管理合规性检查	自行监测情况检查	废气自行监测的执行情况，以及废气自行监测点位、因子、频次是否符合排污许可证要求
	环境管理台账执行情况检查	环境管理台账（内容、形式、频次等）是否符合排污许可证要求
	执行报告上报执行情况检查	执行报告内容和上报频次等是否符合排污许可证要求
	信息公开情况检查	排污许可证中涉及的信息公开事项等是否公开

8.6.2 废气排放合规性检查

8.6.2.1 排放口合规性

现场核实废气排放口（主要排放口和一般排放口）地理位置、数量、内径、高度、排放污染物种类等与许可要求的一致性。根据《排污口规范化整治技术要求（试行）》（环监〔1996〕470号）等国家和地方相关文件要求，检查废气排放口、采样口、环境保护图形标志牌、排污口标志登记证是否符合规范要求。例如：排气筒应设置便于采样、监测的采样口，采样口的设置应符合相关监测技术规范的要求；排污单位应按照《环境保护图形标志——排放口（源）》（GB 15562.1—1995）的规定，设置与之相适应的环境保护图形标志牌等。

核实原料破碎系统、备料与储存系统、配料系统、燃料供应单元（燃石油焦系统、煤气发生炉、贮油设施等）、液氨/氨水储存系统无组织排放源的管控要求与排污许可证的一致性。

8.6.2.2　排放浓度与许可浓度一致性检查

（1）采用污染治理设施情况

以核发的排污许可证为基础，现场核实玻璃熔窑烟气治理设施是否与登记事项一致，名称、工艺、设施参数等必须符合排污许可证的登记内容。对废气治理设施是否属于污染防治可行技术进行检查，利用可行技术判断企业是否具备符合规定的污染防治设施或污染物处理能力。在检查过程中发现废气治理设施不属于可行技术的，需在后续的执法中关注排污情况，重点对达标情况进行检查。

（2）污染治理设施运行情况

核查各废气治理设施是否正常运行，以及运行和维护情况。主要从以下几个方面进行检查：

① 查看烟囱处的烟气温度判断旁路是否完全关闭。

② 查阅脱硫剂台账，核实使用量是否合理。查看脱硫剂系统风机电流是否大于空负荷电流，判断脱硫设施是否正常启用。

③ 查阅中控系统或台账等工作记录，检查静电除尘电流、电压是否正常，以及布袋除尘器压差、喷吹压力等数据是否有异常波动及其原因，判断设施是否正常运行。

④ 查看电场数量，判断运行电场数量的比例是否正常。

⑤ 查看烟温是否达到脱硝反应窗口温度，烟温低于催化剂要求时无法保证脱硝效率。

⑥ 检查正常工况下，实际喷氨量与设计喷氨量是否一致，判定脱硝设施是否正常运行。

⑦ 检查脱硝设施运行参数的逻辑关系是否合理，例如：入口氮氧化物变化不大的情况下，还原剂流量与出口氮氧化物浓度呈反向关系；负荷较低、烟温达不到脱硝反应窗口温度时间段曲线中出口氮氧化物浓度是否与入口浓度基本一致（由于还原剂停止加入，出口氮氧化物浓度会逐步上升至与入口氮氧化物浓度一致）。通过DCS实时数据和历史曲线判断还原剂流量、稀释风机或稀释水泵电流是否正常。

⑧ 现场检查无组织管控措施是否符合规定。包括原料破碎系统、备料与贮存系统、配料系统、燃料供应单元（燃石油焦系统、煤气发生炉、贮油设施等）、液氨/氨水贮存系统的密闭情况以及切换备用设备时的运行情况。

（3）污染物排放浓度满足许可浓度要求情况

核查各主要排放口和一般排放口颗粒物、二氧化硫、氮氧化物、氯化氢、氟化物等污染物浓度是否低于许可限值要求。

排放浓度以资料核查为主，通过登录在线检测系统查看废气排放口自动检测数据，结合执法监测数据、自行监测数据进一步判断排放口的达标情况。

8.6.2.3 实际排放量与许可排放量一致性检查

实际排放量为正常和非正常排放量之和。根据检查获取废气排放口有效自动监测数据，计算废气有组织排放口颗粒物、二氧化硫、氮氧化物实际排放量，进一步判断是否满足年许可排放量要求。在检查过程中，对于应采用自动监测的排放口或污染物而未采用的企业，采用物料衡算法或产排污系数法核算污染物的实际排放量，且均按直接排放进行核算。日用玻璃行业排污单位如含有适用其他行业排污许可技术规范的生产设施，大气污染物的实际排放量为涉及各行业生产设施实际排放量之和。

8.6.3 环境管理合规性检查

8.6.3.1 自行监测情况检查

主要核查排污单位是否按《排污单位自行监测技术指南 总则》（HJ 819—2017）等相关要求严格执行大气污染物监测制度，以及是否自行监测大气污染物的产生情况，是否按照排污许可证的要求确定污染物的监测点位、监测因子与监测频次。尤其是废气自动监控设施的检查，包括从废气采样及预处理单元、分析单元、公用工程等单元按照《固定污染源烟气（SO_2、NO_x、颗粒物）排放连续监测技术规范》（HJ 75—2017）、《固定污染源烟气（SO_2、NO_x、颗粒物）排放连续监测系统技术要求及检测方法》（HJ 76—2017）、《固定源废气监测技术规范》（HJ/T 397—2007）、《污染源自动监控设施现场监督检查技术指南》（环办〔2012〕57号）等标准和相关文件的要求，结合在线监测设施的运维记录，核查废气污染源在线自动监控设施的安装、联网与定期校核等运维情况，以及大气污染物在线监测数据的达标情况等。

8.6.3.2 环境管理台账执行情况检查

主要检查企业环境管理台账的执行情况，包括是否有专人记录环境管理台账，环境管理台账记录内容的及时性、完整性、真实性以及记录频次、形式的合规性。重点检查产生废气的生产设施的基本信息、废气治理设施的基本信息、废气监测记录信息、运行管理信息和其他环境管理信息等。

8.6.3.3 执行报告上报执行情况检查

查阅排污单位执行报告文件及上报记录。检查执行报告上报频次和主要内容是否满足排污许可证要求。企业应根据《排污许可证申请与核发技术规范 工业炉窑》（HJ 1121—2020）相关规定，编制执行报告。报告分年度执行报告、半年执行报告、月度/季度执行报告。

8.6.3.4 信息公开情况检查

主要包括是否开展了信息公开，信息公开是否符合相关规范要求。主要核查信息公开的公开方式、时间节点、公开内容与排污许可证要求的相符性。公开内容应包括但不限于颗粒物、二氧化硫、氮氧化物的排放浓度、排放量、自行监测结果等。

8.7 关于达标判定的问题及建议

日用玻璃企业在排污许可证申请、核发及证后执法工作中，达标判定是相关管理部门和企业较为关心的内容之一。相关技术规范也对达标判定进行了一些规定，如：a.《排污许可证申请与核发技术规范 玻璃工业—平板玻璃》(HJ 856—2017) 规定，对于已建备用污染治理设施且已拆除旁路或实行旁路挡板铅封的平板玻璃工业排污单位，非正常情况切换脱硝设施时，脱硝设施启动 6h 内的氮氧化物排放数据可不作为合规判定依据；b.《排污许可证申请与核发技术规范 水泥工业》(HJ 847—2017)》规定，水泥窑冷点火时（从点火升温、投料到稳定运行）36h（大面积更换耐火砖及冬季时，时间可适当延长）、热点火时（从点火升温、投料到稳定运行，窑尾烟室温度高于 400℃）8h、停窑 8h 内窑尾二氧化硫和氮氧化物排放浓度均不视为违反许可排放浓度限值；c.《排污许可证申请与核发技术规范 陶瓷砖瓦工业》(HJ 954—2018) 规定，喷雾干燥塔、窑启动 4h 内，停窑 2h 内，主要排放口（含窑炉和喷雾干燥塔混合排放的总排放口）污染物排放浓度均不视为违反许可排放浓度限值。

日用玻璃熔窑烤窑、热修、停炉等过程均属于非正常生产工况，但在《排污许可证申请与核发技术规范 工业炉窑》(HJ 1121—2020) 文件中未做相关规定，导致日用玻璃企业在非正常生产工况时存在废气违反许可排放浓度限值的可能。

针对上述问题，对日用玻璃炉窑大气污染物排放浓度达标判定提出如下建议。

(1) 启停窑阶段大气污染物达标判定

日用玻璃炉窑建成后，需将炉窑从常温经 7～14d 逐步烤窑升温至 1100℃左右，换用正常燃烧设备升温至 1350℃左右；后经 3～5d 逐步投入易熔的碎玻璃与小量粉料，待炉窑火焰空间温度达到 1580℃左右方可正常加入配合料；再经 3～5d 达到生产所需的玻璃液面线，然后进行放料和试生产。但整个炉窑的系统温度达到热力学平衡与稳定的状态还需要 10～14d，届时烟气温度达到 300℃左右。此时，炉窑耐材水分基本蒸发完毕，脱硫、脱硝设备具备运行条件，否则低温湿烟气将导致脱硫、脱硝、除尘设备内产生严重结露、析水现象，致使设备损坏或报废。因此，整个烤窑过程需 23～38d，冬季受气温影响，窑尾烟气温度达到脱硝的温度条件还要延长 5d 左右。

建议：日用玻璃炉窑冷点火时（从点火烤窑升温、投料至稳定运行）30d（冬季时间可适当延长至 35d）内的大气污染物排放数据可不作为达标判定依据。

(2) 炉窑热修阶段大气污染物达标判定

随着炉龄的增加，玻璃炉窑不可避免地会出现一些安全隐患，通过采取热修技术来延长炉窑的使用寿命，从而实现更大的经济效益。炉窑热修主要是拆开蓄热室，疏通格子体，以及拆开烟道进行清灰等工作，每次需 1～3d 时间。在此期间，炉窑对外开口，大量冷风进入烟气，导致环保设施无法正常运行。

建议：玻璃炉窑热修 72h 内的大气污染物排放数据可不作为达标判定依据。

(3) 环保设施检修阶段大气污染物达标判定

根据实际工况，环保设施需定期检修，如清理管道烟尘、更换除尘布袋和脱硝系统催化剂等。基于调查结果，部分环保设施检修时间如下：a. 电除尘＋SCR 两个处理单元同时清灰需要 28h；b. 电除尘器配件更换（如电除尘器的振打锤、绝缘子出现故障，电极板短路等需换件或校正）需要 36h；c. 更换布袋除尘器的布袋需要 48h；d. 清理陶瓷管积尘或更换陶瓷管需要 96h；e. 更换脱硝催化剂并升温至脱硝正常工况需要 48h。

建议：玻璃炉窑环保设施检修期间相应的大气污染物排放数据可不作为达标判定依据。

同时，参照《排污许可证申请与核发技术规范 玻璃工业—平板玻璃》（HJ 856—2017），建议：对于已建备用污染治理设施的玻璃企业，非正常情况切换脱硝设施时，脱硝设施启动 6h 内的氮氧化物排放数据可不作为达标判定依据。

第9章 绿色制造与评价

9.1 基本概念

党的十九届五中全会提出，推动绿色发展，促进人与自然和谐共生，要加快推动绿色低碳发展，持续改善环境质量，提升生态系统质量和稳定性，全面提高资源利用效率。习近平总书记在第七十五届联合国大会上庄严宣告，中国将提高国家自主贡献力度，采取更加有力的政策和措施，二氧化碳排放力争于2030年前达到峰值，努力争取2060年前实现碳中和。党和国家对深入实施可持续发展战略、完善生态文明统筹协调机制、加快推动绿色低碳发展等做出重要部署，为推进生态文明建设、共筑美丽中国注入了强大动力。绿色制造体系建设是贯彻落实新发展理念、推进实施制造强国、加快工业绿色低碳发展的重要保障。

2012年，我国科技部颁布了《绿色制造科技发展“十二五”专项规划》，将绿色制造定义如下：一种在保证产品的功能、质量、成本的前提下，综合考虑环境影响和资源效率的现代制造模式，通过开展技术创新及系统优化，使产品在设计、制造、物流、使用、回收、拆解与再利用等全生命周期过程中，对环境影响最小，资源能源利用率最高，对人体健康与社会的危害最小，并使企业经济效益与社会效益协调优化。

9.2 政策要求

绿色制造是绿色发展的主要载体，是生态文明建设的重要内容。为践行绿色发展理念，开展生态文明建设，我国陆续出台了一系列绿色制造相关政策，为绿色制造的实施提供了政策保障和体系支撑。

(1)《中国制造2025》

2015年5月8日，国务院发布《中国制造2025》，明确了创新能力、质量效益、两化融合、绿色发展四项制造业主要指标，以及包含绿色制造工程在内的五个专项工程。并且首次提出“推行绿色制造”的战略任务和重点，并要求开发绿色产品、建设绿色工厂、发展绿色园区、打造绿色供应链、壮大绿色企业，强化绿色监管，开展绿色评价。

（2）《工业绿色发展规划（2016—2020年）》

2016年6月，工业和信息化部印发了《工业绿色发展规划（2016—2020年）》（工信部规〔2016〕225号）的通知，目标是到2020年，绿色发展理念成为工业全领域全过程的普遍要求，工业绿色发展推进机制基本形成，绿色制造产业成为经济增长新引擎和国际竞争新优势，工业绿色发展整体水平显著提升。其中，关于绿色制造的目标是：绿色制造标准体系基本建立，绿色设计与评价得到广泛应用，建立百家绿色示范园区和千家绿色示范工厂，推广普及万种绿色产品，主要产业初步形成绿色供应链。并且提出“加快构建绿色制造体系，发展壮大绿色制造产业”的重点任务，要求强化产品全生命周期绿色管理，支持企业推行绿色设计，开发绿色产品，建设绿色工厂，发展绿色工业园区，打造绿色供应链，全面推进绿色制造体系建设。

（3）《绿色制造工程实施指南（2016—2020年）》

2016年8月，工业和信息化部、发展改革委、财政部、科技部联合印发了《绿色制造工程实施指南（2016—2020年）》（以下简称《指南》），提出了实施绿色制造工程的具体目标：到2020年，工业绿色发展整体水平显著提升，与2015年相比，传统制造业物耗、能耗、水耗、污染物和碳排放强度显著下降，重点行业主要污染物排放强度下降20%，工业固体废物综合利用率达到73%，部分重化工业资源消耗和排放达到峰值；规模以上单位工业增加值能耗下降18%，吨钢综合能耗降到0.57t标准煤，吨氧化铝综合能耗降到0.38t标准煤，吨合成氨综合能耗降到1300kg标准煤，吨水泥综合能耗降到85kg标准煤，电机、锅炉系统运行效率提高5个百分点，高效配电变压器在网运行比例提高20%；单位工业增加值二氧化碳排放量、用水量分别下降22%、23%；节能环保产业大幅增长，初步形成经济增长新引擎和国民经济新支柱；绿色制造能力稳步提高，一大批绿色制造关键共性技术实现产业化应用，形成一批具有核心竞争力的骨干企业，初步建成较为完善的绿色制造相关评价标准体系和认证机制，创建百家绿色工业园区、千家绿色示范工厂，推广万种绿色产品，绿色制造市场化推进机制基本形成；制造业发展对资源环境的影响初步缓解。《指南》围绕“传统制造业绿色化改造示范推广”“资源循环利用绿色发展示范应用”“绿色制造技术创新及产业化示范应用”“绿色制造体系构建试点”等提出了具体的工作部署，并根据行业现状调研和现有先进适用技术推广普及后的效果预测，确定了各项工作的具体目标。《指南》首次公布了绿色工厂、绿色园区、绿色供应链的评价要求。

（4）《关于开展绿色制造体系建设的通知》

2016年9月3日，工信部办公厅印发《关于开展绿色制造体系建设的通知》，要求全面统筹推进绿色制造体系建设，到2020年，绿色制造体系初步建立，绿色制造相关标准体系和评价体系基本建成，在重点行业出台100项绿色设计产品评价标准、10～20项绿色工厂标准，建立绿色园区、绿色供应链标准，发布绿色制造第三方评价实施规则、程序，制定第三方评价机构管理办法，遴选一批第三方评价机构，建设百家绿色园区和千家绿色工厂，开发万种绿色产品，创建绿色供应链，绿色制造市场化推进机制基本完成，逐步建立集信息交流传递、示范案例宣传等于一体的线上绿色制造公共服务平台，培育一批具有特色的专业化绿色制造服务机构。

（5）《绿色制造标准体系建设指南》

2016 年 9 月，工信部、国家标准委联合印发《绿色制造标准体系建设指南》，要求到 2020 年，制定一批基础通用和关键核心标准，组织开展重点标准应用试点，形成基本健全的绿色制造标准体系；到 2025 年，绿色制造标准在各行业普遍应用，形成较为完善的绿色制造标准体系。加快绿色产品、绿色工厂、绿色企业、绿色园区、绿色供应链等重点领域标准制定，创建重点标准试点示范项目，提升绿色制造标准国际影响力，促进我国制造业绿色转型升级。

绿色制造标准体系由综合基础、绿色产品、绿色工厂、绿色企业、绿色园区、绿色供应链和绿色评价与服务等方面的标准构成。绿色制造标准体系框架如图 9-1 所示。

（6）《中华人民共和国国民经济和社会发展第十四个五年规划纲要》

2021 年 3 月 12 日，《中华人民共和国国民经济和社会发展第十四个五年规划和 2035 年远景目标纲要》（以下简称《纲要》）全文发布。《纲要》提出，要加快发展方式绿色转型，大力发展绿色经济。坚决遏制高耗能、高排放项目盲目发展，推动绿色转型实现积极发展。壮大节能环保、清洁生产、清洁能源、生态环境、基础设施绿色升级、绿色服务等产业，推广合同能源管理、合同节水管理、环境污染第三方治理等服务模式。推动煤炭等化石能源清洁高效利用，推进钢铁、石化、建材等行业绿色化改造，加快大宗货物和中长途货物运输“公转铁”“公转水”。推动城市公交和物流配送车辆电动化。构建市场导向的绿色技术创新体系，实施绿色技术创新攻关行动，开展重点行业和重点产品资源效率对标提升行动。建立统一的绿色产品标准、认证、标识体系，完善节能家电、高效照明产品、节水器具推广机制。深入开展绿色生活创建行动。

（7）《2030 年前碳达峰行动方案》

2021 年 10 月 24 日，国务院发布《2030 年前碳达峰行动方案》（国发〔2021〕23 号），提出推动工业领域绿色低碳发展：深入实施绿色制造工程，大力推行绿色设计，完善绿色制造体系，建设绿色工厂和绿色工业园区。

（8）《“十四五”工业绿色发展规划》

2021 年 11 月 15 日，工业和信息化部印发《“十四五”工业绿色发展规划》（工信部规〔2021〕178 号），提出到 2025 年，绿色制造水平全面提升，为 2030 年工业领域碳达峰奠定坚实基础。健全绿色低碳标准体系，完善绿色评价和公共服务体系，强化绿色服务保障，构建完整贯通的绿色供应链，全面提升绿色发展基础能力。

（9）《工业领域碳达峰实施方案》

2022 年 7 月 7 日，工信部等三部门联合印发《工业领域碳达峰实施方案》（工信部联节〔2022〕88 号），提出积极推行绿色制造：完善绿色制造体系，深入推进清洁生产，打造绿色低碳工厂、绿色低碳工业园区、绿色低碳供应链，通过典型示范带动生产模式绿色转型。建设绿色低碳工厂，对标国际先进水平，建设一批“超级能效”和“零碳”工厂；构建绿色低碳供应链；打造绿色低碳工业园区；全面提升清洁生产水平；深入开展清洁生产审核和评价认证，推动工业涂装、包装印刷等行业企业实施节能、节水、节材、减污、降碳等系统性清洁生产改造。

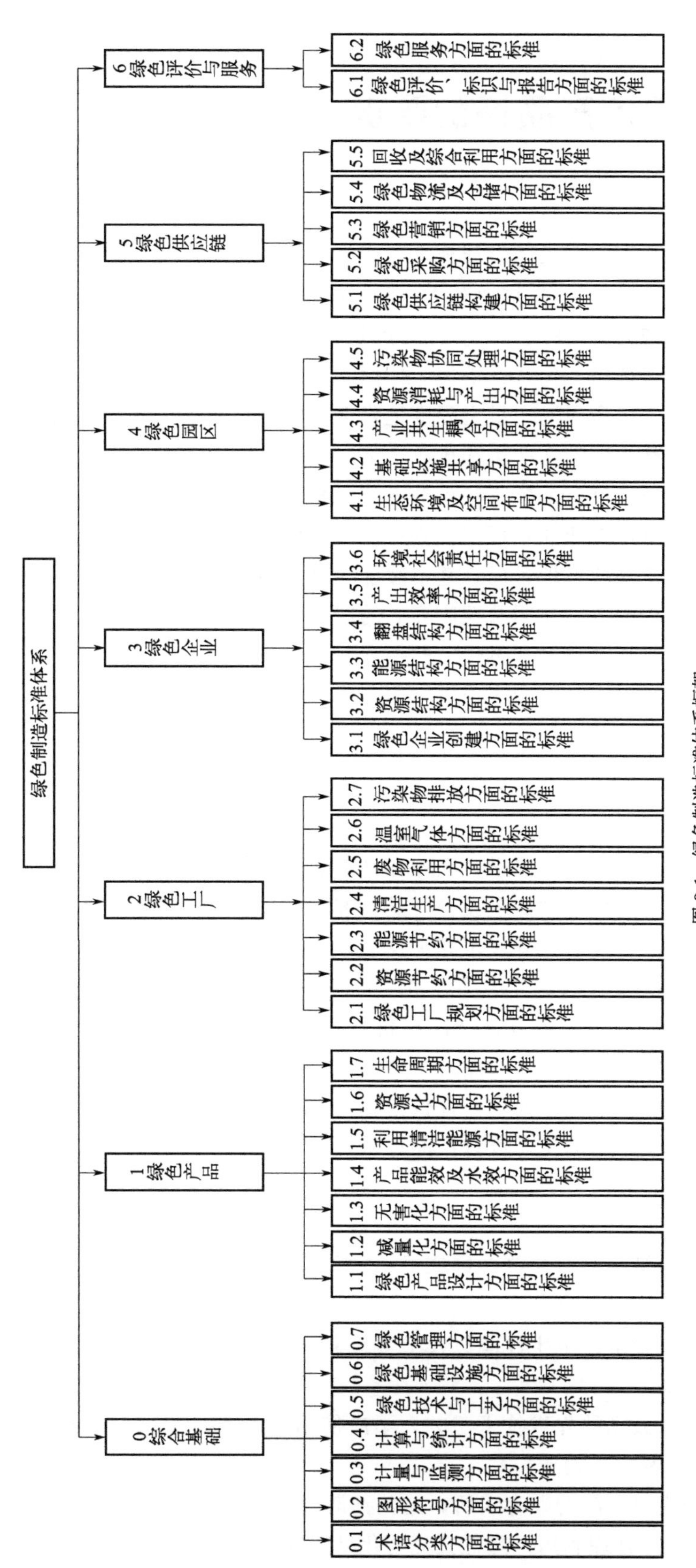

图 9-1　绿色制造标准体系框架

9.3 绿色设计产品评价要求

9.3.1 定义

绿色设计产品是指符合绿色设计理念和评价要求的产品，其中绿色设计又称为生态设计。根据《工业和信息化部 发展改革委 环境保护部关于开展工业产品生态设计的指导意见》(工信部联节〔2013〕58 号)，生态设计是按照全生命周期的理念，在产品设计开发阶段系统考虑原材料选用、生产、销售、使用、回收、处理等各个环节对资源环境造成的影响，力求产品在全生命周期中最大限度地降低资源消耗，尽可能少用或不用含有有毒有害物质的原材料，减少污染物产生和排放，从而实现环境保护的活动。

绿色设计是以环境资源为核心概念的设计过程，即在产品的整个生命周期内，优先考虑产品的环境属性（可拆卸性、可回收性等），并将其作为产品的设计目标，在满足环境目标的同时，保证产品的物理目标（基本性能、使用寿命、质量等）。绿色设计包含了产品从概念形成到生产制造、使用乃至废弃后的回收、再用及处理的各个阶段，即涉及产品的整个生命周期，是从“摇篮到再现”的过程。

绿色设计产品是以绿色制造实现供给侧结构性改革的最终体现，侧重于产品全生命周期的绿色化。

9.3.2 评价要求

根据工业和信息化部相关要求，企业在开展绿色设计产品评价时，应为工业和信息化部节能与综合利用司网站中“绿色设计产品标准清单”列明标准的产品。

目前，日用玻璃行业已经开展了相关绿色设计产品标准的制定工作，包括由中国包装联合会提出并归口的《绿色设计产品评价规范 玻璃酒瓶》(T/CPF 0024—2021) 和由中国轻工业联合会归口的《绿色设计产品评价技术规范 玻璃器皿》(项目编号：2017008) 两项团体标准，其中《绿色设计产品评价规范 玻璃酒瓶》已正式发布，标准规定了绿色设计产品玻璃酒瓶评价的基本要求、评价指标要求、产品生命周期评价报告编制方法和评价方法，适用于玻璃酒瓶的生态设计产品评价。

具体要求如下：

(1) 基本要求

① 生产企业污染物排放应符合国家或地方污染物排放标准的要求，近 3 年无重大安全和环境污染事故。

② 产品质量、安全、卫生性能以及节能降耗和综合利用水平，应达到国家标准、行业标准的相关要求。

③ 应采用国家鼓励的先进技术工艺，不应使用国家或有关部门发布的淘汰或禁止的技术、工艺、装备及相关物质。

④ 固体废物应有专门的贮存场所，避免扬散、流失和渗漏；减少固体废物的产生量，降低其危害性，充分合理利用，降低其无害化处置固体废物。

⑤ 生产企业应按照 GB/T 19001、GB/T 24001、GB/T 23331 和 GB/T 45001 分别建立并运行质量管理体系、环境管理体系、能源管理体系和职业健康安全管理体系。

⑥ 生产企业按照 GB 17167 配备能源计量器具，并根据环保法律法规和标准要求配备污染物检测与在线监控设备。

（2）评价指标要求

指标体系由一级指标和二级指标组成。一级指标包括资源属性、能源属性、环境属性和产品属性。玻璃酒瓶的评价指标要求见表 9-1。

表 9-1　玻璃酒瓶的评价指标要求

一级指标	二级指标	基准值	判定依据	所属生命周期
资源属性	生产过程产生的碎玻璃回收利用率/%	100	依据附录 A.1 进行计算，并提供证明材料	产品生产
	单位产品取水量/(m^3/t)	≤0.62	依据附录 A.2 进行计算，并提供证明材料	产品生产
	水的重复利用率/%	≥90	依据附录 A.3 计算，并提供证明材料	产品生产
	产品年度生产合格率/%	≥90（啤酒瓶） ≥85（其他酒瓶）	依据附录 A.4 计算，并提供证明材料	产品生产
能源属性	单位产品综合能耗/(kgce/t)	≤356（晶质料玻璃瓶） ≤326（高白料玻璃瓶） ≤298（普白料玻璃瓶） ≤268（颜色料玻璃瓶）	依据附录 A.5 计算，并提供证明材料	产品生产
	单位产品熔化单耗/(kgce/t 液)	≤205（晶质料玻璃瓶） ≤175（高白料玻璃瓶） ≤155（普白料玻璃瓶） ≤150（颜色料玻璃瓶）	依据附录 A.6 计算，并提供证明材料	产品生产
环境属性	氮氧化物折算值/(mg/m^3)	<300	依据附录 A.7 计算，并提供证明材料	产品生产
	二氧化硫折算值/(mg/m^3)	<100		产品生产
	烟尘/(mg/m^3)	<20		产品生产
产品属性	产品品质	按相关标准执行	提供产品检验报告	产品生产

截至 2023 年 3 月，前七批绿色制造名单中还未有日用玻璃产品入选绿色制造名单。

9.4　绿色工厂评价要求

9.4.1　内涵及意义

2015 年 5 月，国务院发布《中国制造 2025》，首次在国家正式文件中提出绿色工厂概念。2018 年 5 月，我国首个绿色工厂国家标准《绿色工厂评价通则》（GB/T 36132—2018）正式发布，明确了绿色工厂术语定义，即实现了用地集约化、原料无害化、生产洁净化、废物资源化、能源低碳化的工厂。

（1）用地集约化

用地集约化就是要实现集约用地。对于工业企业，可以通过合理布局厂区、优化工艺等方式，使用地面积最大限度地提高投入产出比例，符合投资强度，提高土地配置和利用效率，提高土地利用的集约化程度。

（2）原料无害化

原料无害化就是使工厂产品所需要使用到的原料无毒无害。但原料无害化指的其实并不是必须百分之百无毒无害，而是以绿色发展理念为引领，通过持续推动有毒有害原料的绿色替代和减量化，最大限度地减少有毒有害物质的使用量，将其对产品和环境的影响降至最低的一种工厂发展模式。

在实际的应用中，有以下两种渠道能够实现工厂的原料无害化：一是采用无毒、无害或者低毒、低害的原料，替代毒性大、危害严重的原料；二是尽量使用再生资源或产业废物替代原生资源。

（3）生产洁净化

生产洁净化注重源头进行控制，进行系统化优化和过程化管控，而不是末端治理，鼓励采用先进适用的清洁生产工艺技术，减少污染物的产生量。

（4）废物资源化

废物资源化指的是采用各种工程技术方法和管理措施，从废物中回收有用的物质和能源并加以利用，也是废物利用的宏观称谓。此处所指的废物不仅仅指固体废物，还包括液体废物，以及工厂产生的工业废水。工厂内部的废物资源化水平越高，原本所需的原材料和水资源就会越少，所以废物资源化同时还能达到低资源消耗、降低生态环境压力的目的。

（5）能源低碳化

能源低碳化主要体现在两个方面：一方面是使用低碳能源，如天然气等清洁能源，风能、太阳能等可再生能源；另一方面是通过优化工艺、节能改造等措施，减少能源使用量。

绿色工厂是制造业的生产单元，是绿色制造的实施主体，属于绿色制造体系的核心支撑单元，侧重于生产过程的绿色化。对绿色工厂进行评价，有助于在行业内树立标杆，引导和规范工厂实施绿色制造。绿色工厂构成见图 9-2。

9.4.2　评价要求

《绿色工厂评价通则》（GB/T 36132—2018）建立了绿色工厂系统评价指标体系，提出了绿色工厂评价通用要求。

为将工厂的绿色化水平的定性判断转化成定量的评价，将普适性要求转变为玻璃行业的个性化要求，2020 年 4 月工信部发布《玻璃行业绿色工厂评价导则》（JC/T 2563—2020），2021 年 8 月发布《玻璃行业绿色工厂评价要求》（JC/T 2635—2021）。上述两项标准构成了玻璃行业（主要是平板玻璃）绿色工厂创建与评价的标准体系，将引导和推动玻璃企业加快绿色工厂建设，对玻璃行业实现绿色转型、提升发展水平具有重要的促进作

图 9-2　绿色工厂构成

用。考虑到《日用玻璃行业绿色工厂评价导则》尚在修订过程中，本节将从已发布的相关标准政策出发，结合实际的评价工作，详细探讨玻璃行业绿色工厂的创建和评价要求，并为日用玻璃行业绿色工厂的创建提供一定的参考。

9.4.3　整体评价指标框架

绿色工厂应在保证产品功能、质量以及制造过程中员工的职业健康安全的前提下，引入生命周期思想，优先选用绿色工艺、技术和设备，满足基础设施、管理体系、能源与资源投入、产品、环境排放、绩效的综合评价要求。评价指标框架见图 9-3。

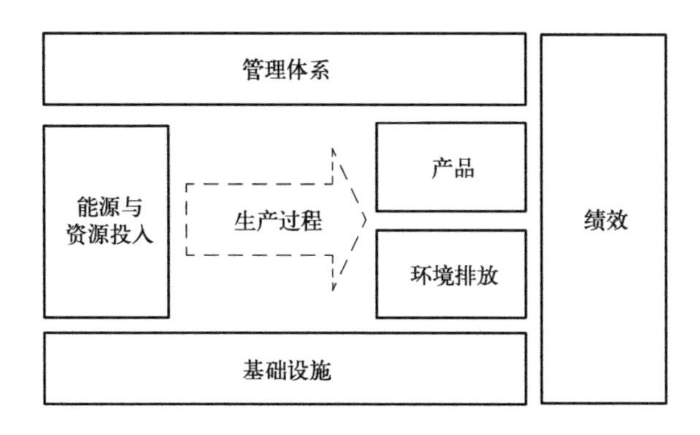

图 9-3　玻璃行业绿色工厂评价指标框架

9.4.4　评价边界

为规范玻璃行业绿色工厂评价，根据导则要求，结合玻璃行业的特点，界定评价边界如图 9-4 所示。

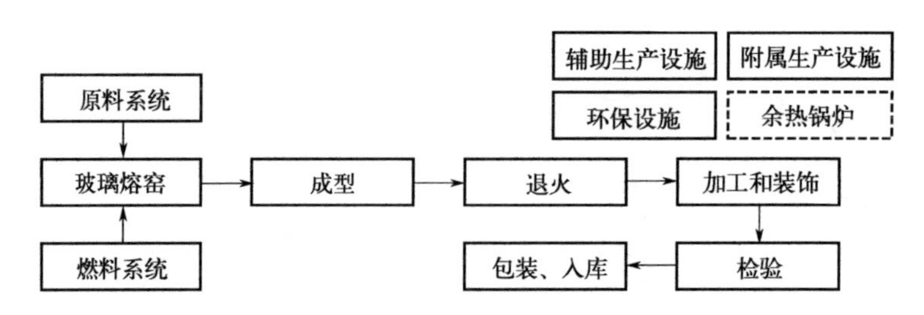

图 9-4 玻璃行业绿色工厂评价边界

9.4.5 评价指标体系

玻璃行业绿色工厂评价指标体系包括基本要求与评价指标要求两部分，评价指标权重和具体评价要求见表 9-2～表 9-4。基本要求包括基础合规性要求及基础管理职责，是绿色工厂建设的强制性要求，不参与评分。评价指标要求包括 6 项一级指标，26 项二级指标，按评分要求采用指标加权的方法进行综合评分。二级指标下的具体评价要求分为必选要求与可选要求。必选要求为工厂应达到的基础性要求；可选要求为工厂通过努力宜达到的提高性要求。

表 9-2 玻璃行业绿色工厂评价指标权重

一级指标	一级指标权重/%		二级指标	二级指标权重/%	
	平板玻璃生产企业	玻璃加工企业		平板玻璃生产企业	玻璃加工企业
基础设施	10	10	建筑	45	35
			照明	20	30
			设备设施	35	35
管理体系	10	15	质量管理	15	15
			职业健康安全管理	15	15
			环境管理	15	15
			能源管理	25	25
			社会责任报告	10	10
			信息化和工业化融合管理	20	20
能源与资源投入	15	10	能源投入	40	40
			资源投入	30	30
			采购	30	30
产品	10	35	产品特性	30	50
			生态设计	25	15
			有害物质使用	20	15
			减碳	25	20

续表

一级指标	一级指标权重/%		二级指标	二级指标权重/%	
	平板玻璃生产企业	玻璃加工企业		平板玻璃生产企业	玻璃加工企业
环境排放	20	10	大气污染物	60	15
			水体污染物	10	25
			固体废弃物	5	30
			噪声	5	15
			温室气体	20	15
综合绩效	35	20	用地集约化	5	25
			原料无害化	5	5
			生产洁净化	40	10
			废物资源化	15	25
			能源低碳化	35	35

表 9-3　玻璃行业绿色工厂评价基本要求

一级指标	二级指标	序号	基本要求
基础合规性要求	基本政策合规	1	工厂应取得排污许可证。建设过程严格遵守环境影响评价制度，获得环境影响评价批复，通过验收
		2	从评价日期向前追溯三年内未发生以下事故、事件： (1)《生产安全事故报告和调查处理条例》中规定的或地方主管部门认定的较大及以上生产安全事故； (2)《国家突发环境事件应急预案》所规定的突发环境事件分级标准中较大及以上等级环境事件； (3) 由所提供产品不符合标准要求造成的工程质量事故
	绿色工厂合规	3	平板玻璃生产企业生产线应符合《平板玻璃规范条件（2014 年本）》，并经工业和信息化主管部门公示
		4	平板玻璃生产企业应达到《平板玻璃行业清洁生产评价指标体系》所规定的Ⅱ级或以上水平
基础管理职责	最高管理者职责	5	最高管理者应通过下述方面证实其在绿色工厂方面的领导作用和承诺： (1) 对绿色工厂的有效性负责； (2) 确保建立绿色工厂建设、运维的方针和目标，并确保其与组织的战略方向及所处的环境相一致； (3) 确保将绿色工厂要求融入组织的业务过程中； (4) 确保可获得绿色工厂建设、运维所需的资源； (5) 就有效开展绿色制造的重要性和符合绿色工厂要求的重要性进行沟通； (6) 确保工厂实现其开展绿色制造的预期结果； (7) 指导并支持员工对绿色工厂的有效性做出贡献； (8) 促进持续改进； (9) 支持其他相关管理人员在其职责范围内证实其领导作用

续表

一级指标	二级指标	序号	基本要求
基础管理职责	最高管理者职责	6	最高管理者应确保在工厂内部分配并沟通与绿色工厂相关角色的职责和权限。分配的职责和权限至少应包括下列事项： (1) 确保工厂建设、运维符合本标准的要求； (2) 收集并保持工厂满足绿色工厂评价要求的证据； (3) 向最高管理者报告绿色工厂的绩效
	工厂管理职责	7	工厂应设置具体的绿色工厂管理机构，负责有关绿色工厂的制度建设、实施、考核及奖励工作，建立目标责任制
		8	工厂应制定可量化的绿色工厂创建中长期规划及年度目标、指标，并形成文件化的实施方案
		9	工厂应定期为员工提供绿色制造相关知识的教育、培训，不同职责或岗位的员工所接受的教育、培训内容包括但不限于节能、减排、节材、节水、气候变化等方面。工厂应对教育和培训的结果进行考评

表 9-4　玻璃行业绿色工厂评价指标

一级指标	二级指标	序号	评价要求	评分准则	分值
基础设施	建筑	1	*工厂建筑的设计满足 GB 50435 等标准的要求	工厂及评价边界内的各类新改扩建设施通过可行性研究报告、生产线规划设计文件、验收文件等材料证明其满足相应设计规范要求	15
				工厂新建、改建和扩建建筑时，遵守国家“固定资产投资项目节能审查办法”“建设项目环境保护管理条例”“工业项目建设用地控制指标”等产业政策和有关要求	10
		2	*原燃材料贮存、运输等设施及生产车间采取适宜的封闭、通风、降噪、除尘等措施	工厂评价边界内无露天堆放的物料，原材料均存放于封闭或半封闭场所，半封闭场所应至少包括屋顶及三面围墙，内部进行防尘处理。经破碎、烘干、均化处理后的物料设置封闭厂房	15
		3	*用于贮存生产过程使用或产生的危险品、危险废物的建筑设施符合相关标准要求	依据 GB 13690、GB 18597、《国家危险废物名录》等文件对所使用危险品以及产生的危险废物进行识别与管理	10

续表

一级指标	二级指标	序号	评价要求	评分准则	分值
基础设施	建筑	4	工厂从规划设计、场地布局、建筑结构、建筑材料等方面考虑建筑及场地的节材、节能、节水、节地等要求	根据厂区景观和自然条件进行绿化，种植适应当地气候和土壤条件的植物，采用乔、灌、草结合的复层绿化，非硬化地面绿化率高于95%	10
				已硬化地面养护良好，无大面积损坏，雨雪天气排水功能完善，雨污分流	10
				工厂设置有单独的物流通道与运输车辆出入口	5
				厂内有规范的机动车、非机动车停车设施，位置合理、方便出入	5
		5	建筑设施配备节水、节电设备设施并制定相应的制度	工厂建有水资源循环利用设施，室内冲厕、室外绿化灌溉、道路浇洒、洗车等充分利用非传统水源	4
				非传统水源利用率高于10%	4
				清洗、冲洗工器具及卫生器具等采用节水或免水技术	4
				工厂的卫生器具用水效率达到3级或以上	4
				工厂利用可再生能源及余热供应生活热水、供暖、制冷等	4
	照明	6	*工厂厂区及各房间或场所的照明、采光应符合GB 50033、GB 50034和GB 50435的有关规定	工厂通过生产线规划设计文件、验收文件等材料证明其照明、采光符合GB 50435的有关设计要求	20
				生产车间、辅助建筑的一般照明不使用卤钨灯、高压汞灯	15
				工厂通过照明测量、核算记录等材料证明其照度满足GB 50034—2013中照明节能所规定的标准值，照明功率密度不高于目标值，其中办公建筑按GB 50034—2013表6.3.3执行，公共和工业建筑按GB 50034—2013表6.3.13执行	15

续表

<table>
<tr><th>一级指标</th><th>二级指标</th><th>序号</th><th colspan="2">评价要求</th><th>评分准则</th><th>分值</th></tr>
<tr><td rowspan="13">基础设施</td><td rowspan="4">照明</td><td rowspan="4">7</td><td colspan="2" rowspan="4">工厂厂区和办公区宜充分利用自然光采光。公共区域宜采用定时、自动控制照明措施。提高节能型照明设施以及新能源照明设施的配备比例</td><td>室外公共区域照明采用太阳能路灯等可再生能源</td><td>20</td></tr>
<tr><td>工厂节能灯具使用比例不低于照明设施总数的 60%</td><td>15</td></tr>
<tr><td>在公共建筑的走廊、楼梯间、厕所等场所以及无人长时间逗留，只进行检查、巡视和短时操作的工作场所配用感应式自动控制的发光二极管灯</td><td>10</td></tr>
<tr><td>绿化带、主要道路照明设施安装定时器控制</td><td>5</td></tr>
<tr><td rowspan="9">设备设施</td><td rowspan="7">8</td><td rowspan="7">专用设备</td><td>*生产线配备适宜的安全生产及节能环保设备</td><td>采用高效节能燃烧、能源梯级利用（含低温余热发电）等先进技术</td><td>10</td></tr>
<tr><td rowspan="6">选用《产业结构调整指导目录》中的鼓励类设备设施，不断提高装备技术水平；采用节能、节水、高效、智能化、低物耗、低排放的先进工艺装备</td><td>玻璃熔窑用全氧/富氧燃烧技术</td><td>5</td></tr>
<tr><td>采用一窑多线平板玻璃生产技术与装备</td><td>5</td></tr>
<tr><td>规模不超过 150t/d（含）的电子信息产业用超薄基板玻璃、触控玻璃、高铝盖板玻璃、载板玻璃、导光板玻璃生产线、技术装备和产品</td><td>5</td></tr>
<tr><td>生产高硼硅玻璃、微晶玻璃、交通工具和太阳能装备用铝硅酸盐玻璃</td><td>5</td></tr>
<tr><td>玻璃熔窑用低导热熔铸铅刚玉、长寿命（12 年及以上）无铬碱性高档耐火材料</td><td>5</td></tr>
<tr><td rowspan="2">9</td><td rowspan="2">通用设备</td><td rowspan="2">*通用设备不使用国家明令淘汰的设备，符合国家用能设备（产品）二级及以上能效标准或同等水平，输送流体的设备合理采用流量调节的措施</td><td>工厂制定高耗能落后设备的淘汰计划，并有效执行。不使用《高耗能落后机电设备（产品）淘汰目录》《部分工业行业淘汰落后生产工艺装备和产品指导目录（2010 年本）》等文件中明令淘汰的设备</td><td>10</td></tr>
<tr><td>工厂通过设备能效检测报告等材料证明其使用的电动机、风机、水泵等主要动力设备能效达到 GB 18613—2020、GB 19761—2020、GB 19762—2007 规定的 2 级及以上能效等级；变压器等达到 GB 20052—2020 规定的 2 级及以上能效等级</td><td>10</td></tr>
</table>

续表

一级指标	二级指标	序号	评价要求		评分准则	分值
基础设施	设备设施	9	通用设备	选用效率高、能耗低、水耗低、物耗低的设备	工厂采用主管部门等发布的节能技术文件中推荐的设备	5
					物料使用国五及以上重型载货车辆或采用其他更为清洁的运输方式；厂内转运用特种车辆使用国Ⅲ以上燃油车辆或电动车辆	5
		10	计量设备	*工厂依据GB 17167、GB 24789、GB/T 24851等要求配备、使用和管理能源及资源的计量器具与装置，并进行分类计量	工厂对电力、天然气、热力或其他载能工质进行分类计量，并按GB/T 24851的要求对主要用能设备加装能源计量器具	5
					工厂对公共供水及自建设施供水分别进行计量，对生活用水及生产用水分别进行计量，对于单台（套）用水设备（系统）用水量大于等于1m^3/h的主要用水设备（系统）进行单独计量	5
				*工厂具有环境排放测量设施，采用信息化手段对能源、资源的消耗以及环境排放进行动态监测	工厂按生态环境主管部门要求配备颗粒物、NO_x、SO_2浓度在线监测设备，并有效稳定运行	5
		11	环保设备设施	*依据GB/T 50559等要求配备环保设备。工厂投入废气、废水、噪声、固体废物等污染物处理设备设施，其处理能力满足工厂正常生产时达标排放要求	工厂按要求设置除尘设施、烟气和废气净化设施、废水和污水处理设施、消声降噪及减振措施等。各类设施的维护应保存有相应记录	5
				工厂采用先进环保技术，以满足更严格的排放标准	采用清洁燃烧技术，脱硫、脱硝和除尘一体化等先进除尘技术，脱硫技术，催化还原等高效烟气治理装置，控制污染物排放	5
				工厂配备环保备用设施，减少非正常排放	工厂配备有适宜的备用污染物处理设施	5
				工厂采用HJ 2305中污染防治可行技术	工厂采用了下述污染物防治技术： (1) 减少芒硝、硝酸盐的加入量，降低熔化工序烟气的SO_2和NO_x初始排放浓度； (2) 鼓励采购粉状原料，减少原料破碎过程产生的颗粒物； (3) 选用低氯化物和氟化物含量的在线镀膜原材料，并通过优化氯化物和氟化物的配比，减少在线镀膜尾气中氯化氢和氟化物的产生； (4) 电加热辅助玻璃熔化减少熔窑的燃料消耗	5

续表

一级指标	二级指标	序号	评价要求	评分准则	分值
管理体系	质量管理	12	*工厂建立、实施并保持质量管理体系，工厂的质量管理体系满足 GB/T 19001 的要求	工厂应通过管理体系文件、内部评审报告、管理评审报告等材料证明其建立起完整的质量管理体系	50
			工厂的质量管理体系通过第三方认证	工厂通过了有资质的第三方机构实施的质量管理体系认证，并保持有效	50
	职业健康安全管理	13	*工厂建立、实施并保持职业健康安全管理体系，工厂的职业健康安全管理体系满足 GB/T 45001 的要求	工厂应通过管理体系文件、内部评审报告、管理评审报告等材料证明其建立起完整的职业健康安全管理体系	50
			工厂的职业健康管理体系通过第三方认证	工厂通过了有资质的第三方机构实施的职业健康安全管理体系认证，并保持有效	25
			工厂依据 GB/T 33000 等相关标准开展安全生产标准化评价	工厂按 GB/T 33000、《平板玻璃企业安全生产标准化评定标准》开展安全生产标准化评价	25
	环境管理	14	*工厂建立、实施并保持环境管理体系，工厂的环境管理体系满足 GB/T 24001 的要求	应通过管理体系文件、内部评审报告、管理评审报告等材料证明其建立起完整的环境管理体系	50
			工厂的环境管理体系通过第三方认证	工厂通过了有资质的第三方机构实施的环境管理体系认证，并保持有效	50
	能源管理	15	*工厂建立、实施并保持能源管理体系，工厂的能源管理体系满足 GB/T 23331 以及 RB/T 111 的要求	工厂应通过管理体系文件、内部评审报告、管理评审报告等材料证明其建立起完整的能源管理体系	60
			工厂的能源管理体系通过第三方认证	工厂通过了有资质的第三方机构实施的能源管理体系认证，并保持有效	40
	社会责任报告	16	工厂依据 GB/T 36000、GB/T 36001 定期编制并发布社会责任报告，报告内容包括但不限于企业在环境保护、节能及能源结构优化、资源综合利用、温室气体排放、产品绿色设计等方面的社会责任业绩	工厂定期向公众披露其社会责任报告	40
				工厂的社会责任报告中体现环境保护、节能及能源结构优化、资源综合利用、温室气体排放、产品绿色设计等方面的社会责任业绩	60
	信息化和工业化融合管理	17	工厂宜建立并有效实施信息化和工业化融合管理体系	工厂应通过管理体系文件、内部评审报告、管理评审报告等材料证明其建立起完整的信息化和工业化融合管理体系	50
				工厂通过了有资质的第三方机构实施的信息化和工业化融合管理体系评定，并保持有效	50

续表

一级指标	二级指标	序号	评价要求	评分准则	分值
能源与资源投入	能源投入	18	* 工厂依据相关政策法规及标准开展节能管理，提高能源利用效率	纳入国家或地方重点用能单位管理的工厂依据 GB/T 38294 开展能源审计并根据审计结果制订节能计划，形成文件化的节能技改方案与措施，建立节能目标并对结果进行评估	20
			* 工厂符合 GB 21340—2019 能源消耗限额标准的 3 级要求	工厂所生产产品满足能源消耗限额标准的 3 级要求	20
			* 工厂建立能源管理系统，实现或部分实现能源消耗在线监控、统计与分析等功能	工厂通过功能调试记录、系统运行维护记录、数据维护记录等材料证实其采用了信息化技术对能源系统的生产、输配和消耗环节实施监控，符合 GB/T 38692 的要求	15
			建立能源管理中心	工厂通过项目建设合同、开发路线、设备采购与运行记录、示范项目证书公告等材料证明其建设有完整的能源管理中心系统	15
			不断优化用能结构，利用天然气等清洁能源、可再生能源代替传统化石能源，提高燃料替代率，提高清洁、可再生能源使用率	利用厂房屋顶实施太阳能光伏发电	10
				充分利用余热进行原燃料的烘干、发电、生产和生活供暖	10
			采用先进控制技术，实现原料配制和窑炉控制等的全系统智能优化控制	原料配制和窑炉控制等的全系统实现智能化控制	10
	资源投入	19	* 工厂采取相应措施，减少矿产等不可再生资源的使用，并限制有害物质的使用	工厂合理利用碎玻璃，减少矿产资源的单位产品消耗量，并限制有害物质的使用	10
			* 工厂取水定额符合国家标准、行业标准和地方标准的有关规定	工厂通过管理文件、用水记录等材料证明其建立了节水管理制度并有效实施水计量、节水技术；取水定额符合国家标准、行业标准和地方标准的要求	10
			* 采用先进的节水技术，提高用水效率，并按照 GB/T 7119 的要求开展节水评价工作	工厂按 GB/T 7119 的要求定期自行开展或委托第三方开展节水评价工作	15
			* 工厂按照 GB/T 29115 的要求对其节约原材料进行评价	工厂按照 GB/T 29115 的要求对其原材料使用量进行评价，并形成评价报告	15

续表

一级指标	二级指标	序号	评价要求	评分准则	分值
能源与资源投入	资源投入	19	开展水平衡测试，采用节水工艺、技术和装备，提高用水效率，不断降低单位产品新鲜水取用量	工厂通过水平衡测试报告等材料证明其定期开展水平衡测试	10
				工厂采用了《国家鼓励的工业节水工艺、技术和装备目录》等政策文件鼓励的技术，或通过国家或地方认定的节水型企业评估	10
				循环水采用闭式冷却系统	15
			生产过程采用环保型辅助材料，降低有毒有害辅助材料的使用	玻璃窑炉选用无铬耐火材料	15
	采购	20	*工厂制定并实施包括环保要求的选择、评价和重新评价供方的准则	工厂提供采购文件证实其制定并实施了包括环保要求的选择、评价和重新评价供方的准则	15
				工厂建立原辅材料质量文件，建立合格供应商采购名录，确保采购的原燃材料符合相关国家标准、行业标准和地方标准要求	15
			*对采购的原材料、设备及其配件实施检验或其他必要的活动，确保采购的产品满足规定的采购要求	工厂对采购的原材料进行入厂检验，并留存记录。对设备等及时进行维护、校准	20
			向供方提供的采购信息包括环保、可回收材料使用、能效等要求	工厂原材料、设备等采购控制文件、采购协议中明确规定了对于所采购物资的环保特性、能效、水效等的要求	20
			工厂推进供应链、相关方的绿色管理	工厂所采购物资通过绿色产品等相关认证或供应商符合绿色工厂评价要求	20
				工厂开展绿色供应链评价	10
产品	产品特性	21	*产品质量、性能符合相应标准及使用设计要求	工厂生产的产品符合国家和行业标准规定的产品质量与设计使用要求	100
	生态设计	22	工厂按照 GB/T 24044 等适用的标准对生产的产品进行生命周期评价	工厂开展生命周期评价，形成评价报告，并不断降低产品生命周期过程中的环境影响	30
				获得第三方机构出具的Ⅲ型环境产品声明（EPD）	20

续表

一级指标	二级指标	序号	评价要求	评分准则	分值
产品	生态设计	22	工厂按照 GB/T 24256 等国家和行业标准对生产的产品进行生态设计，并按照 GB/T 32161 等国家和行业标准对产品进行生态设计评价	工厂对所生产的产品进行生态设计，形成生态设计报告	15
				开展生态设计评价，并形成评价报告	15
				根据生态设计评价结果，制定资源、能源、环境、品质等属性的改进方案，并有效实施	20
	有害物质使用	23	*工厂制定相应制度以限制和减少有害物质的使用，降低产品中有害物质含量，避免因有害物质的泄漏而造成污染	工厂制定限制和减少有害物质使用的制度，降低产品中有害物质含量，避免有害物质的泄漏污染	50
			工厂逐年减少有害物质使用量	工厂逐年减少有害物质的使用量或实现有害物质替代	50
	减碳	24	工厂采用适宜的标准或规范对生产的主要产品进行碳足迹核算或核查，核查结果宜对外公布，并利用核查结果对其产品的碳足迹进行改善	工厂对生产的主要产品开展碳足迹核算或核查	20
				碳足迹结果对外公布	20
				工厂根据碳足迹核查结果，制定改善方案，并有效实施	20
			工厂生产的主要产品满足低碳产品相关要求，通过第三方认证	工厂所生产的产品通过有资质的第三方机构实施的低碳产品认证，或通过技术文件、检测报告等材料证明其生产的主要产品满足低碳产品评价要求	40
环境排放	大气污染物	25	*工厂按 HJ 988 开展自行监测	工厂根据污染源、污染物指标及潜在环境影响制定监测方案，设置并维护监测设施，记录和保存监测数据，并及时向社会公开监测结果	10
				工厂配备颗粒物、NO_x、SO_2 浓度在线监测设备，并保证系统正常稳定运行	10
			*工厂的大气污染物排放符合 GB 26453、HJ 856 及环境影响评价批复要求	工厂应按 HJ 856 相关要求取得排污许可证，并按地方环境保护主管部门要求定期上报执行报告	10
				工厂通过在线监测记录、环境检测报告等材料证实其大气污染物排放浓度符合 GB 26453、地方排放标准及地方环境保护主管部门要求，排放量符合排污许可证要求	10

续表

一级指标	二级指标	序号	评价要求	评分准则	分值
环境排放	大气污染物	25	*非正常排放时间满足相关要求	余热锅炉检修、除尘、脱硫、脱硝设施故障或环保备用设施切换等非正常排放时间满足环保部门要求	20
			工厂大气污染物的排放满足更严格的排放标准	大气污染物经处理后的颗粒物排放浓度全年小时平均值不高于15mg/m^3	10
				大气污染物经处理后的SO_2排放浓度全年小时平均值不高于50mg/m^3	10
				大气污染物经处理后的NO_x排放浓度全年小时平均值不高于200mg/m^3	10
				氨逃逸不高于8mg/m^3	10
	水体污染物	26	*工厂生产过程中产生的废水进行处理并有效利用，工厂水体污染物排放符合GB 8978、HJ 856、地方标准及环境影响评价批复要求	工厂生产废水、含油废水、含酚废水、含氨废水、脱硫废水等无外排	50
				工厂生产废水经处理回用后满足相应水质标准要求：车间冲洗废水采用沉淀处理；软化水制备系统排污水采用混凝、沉淀、过滤处理；含氨废水采用酸碱中和处理；含油废水采用隔油、混凝、气浮法处理；脱硫废水采用酸碱中和、絮凝、沉淀处理；研磨、清洗废水采用沉淀、酸碱中和处理等	50
	固体废弃物	27	*工厂对其生产过程产生的固体废物设置处置场所，并依据相关标准及要求管理和处置一般工业固体废物与危险废物	工厂应记录一般工业固体废物和危险废物的产生量、综合利用量、处置量、储存量。平板玻璃生产企业产生的一般工业固体废物主要包括除尘器收集的颗粒物、脱硫副产物、废耐火材料、废水生化处理污泥、锡渣、碎玻璃和煤气发生炉产生的炉渣等	30
				工厂产生的碎玻璃制定回用计划	20
			*工厂无法自行处理的一般工业固体废物和危险废物转交给具备相应能力和资质的处理厂进行处理，并建立处置和转移的追溯机制	工厂按照《国家危险废物名录》或国家规定的危险废物鉴别标准和鉴别方法识别生产过程以及原料和辅助工序中产生的危险废物，处置和转移程序满足GB 18597和《危险废物转移联单管理办法》等文件的要求，将危险废物转交给具备相应能力和资质的处理厂进行处理	50

续表

一级指标	二级指标	序号	评价要求	评分准则	分值
环境排放	噪声	28	*工厂的厂界噪声符合 GB 12348 及环境影响评价批复等其他相关要求	工厂通过噪声检测报告等材料证明其厂界噪声满足 GB 12348、环境影响评价批复确定的排放标准。至少每季度开展一次昼夜监测，周边有敏感点时，增加监测频次	30
			*工厂的噪声污染防治依据 GB/T 50559 等相关标准进行设计	噪声污染防治依据 GB/T 50559 等相关标准进行设计	20
			工厂采取适当的降噪措施	对设备加装减振垫、隔声罩等减少振动、摩擦和撞击等引起的机械噪声，车间内采取吸声和隔声等措施，安装消声器减少空气动力性噪声	50
	温室气体	29	*工厂依据 GB/T 32150、GB/T 32151.7 或其他相关要求对其厂界范围内的温室气体排放进行核算和报告，并进行核查	由满足资质要求的第三方机构对工厂的温室气体排放进行核查，并取得核查报告	50
			温室气体排放核查结果对外公布	工厂的温室气体核查结果公众可查询	20
			工厂利用核算或核查结果对温室气体的排放进行改善，采用先进低碳技术和管理措施减少二氧化碳排放	工厂利用核算或核查结果对温室气体排放进行分析，并制定改善方案，有效实施	15
				工厂采用先进低碳技术和管理措施减少二氧化碳排放	15
综合绩效	用地集约化	30	*工厂容积率不低于《工业项目建设用地控制指标》的要求	容积率≥70%	15
			工厂容积率达到《工业项目建设用地控制指标》要求的2倍以上为满分	容积率≥140%	15
			*工厂的建筑密度不低于《工业项目建设用地控制指标》的要求	建筑密度≥30%	15
			工厂的建筑密度达到《工业项目建设用地控制指标》要求的1.5倍以上为满分	建筑密度≥45%	15
			*工厂的单位用地面积产能优于行业平均水平	单位用地面积产能≥30 重量箱/m^2	20
			工厂的单位用地面积产能指标优于行业前5%为满分	单位用地面积产能≥65 重量箱/m^2	20

续表

一级指标	二级指标	序号	评价要求	评分准则	分值
综合绩效	原料无害化	31	*主要产品的绿色物料使用率优于行业平均水平	碎玻璃使用率≥10%	50
			主要产品的绿色物料使用率达到行业前5%为满分	碎玻璃使用率≥20%	50
	生产洁净化	32	*单位产品主要污染物产生量不高于行业平均水平	工厂经末端治理后的单位产品颗粒物、SO_2、NO_x的产生量分别≤0.004kg/重量箱、0.02kg/重量箱、0.06kg/重量箱	40
			单位产品主要污染物产生量优于行业前5%为满分	工厂经末端治理后的单位产品颗粒物、SO_2、NO_x的产生量分别≤0.003kg/重量箱、0.01kg/重量箱、0.04kg/重量箱	40
			*单位产品废气产生量不高于行业平均水平	≤200m^3/重量箱	10
			单位产品废气产生量优于行业前5%为满分	≤100m^3/重量箱	10
	废物资源化	33	*工厂碎玻璃回收利用率优于行业平均水平	碎玻璃回收利用率≥90%	20
			工厂碎玻璃回收利用率优于行业前5%为满分	碎玻璃回收利用率≥100%	30
			*工厂废水处理回用率优于行业平均水平	废水处理回用率≥90%	20
			工厂废水处理回用率优于行业前5%为满分	废水处理回用率≥100%	30
	能源低碳化	34	*单位产品的综合能耗达到GB 21340规定的行业准入值要求	工厂单位产品综合能耗达到GB 21340—2019的3级要求	20
			单位产品的综合能耗达到行业前5%能耗水平为满分	工厂单位产品综合能耗达到GB 21340—2019的1级要求	30
			*单位产品碳排放量优于行业平均水平	依据碳排放限额标准或气候变化主管部门相关文件要求计算的单位产品碳排放量不高于400t CO_2/万重箱	20
			单位产品碳排放量优于行业前5%为满分	依据碳排放限额标准或气候变化主管部门相关文件要求计算的单位产品碳排放量不高于300t CO_2/万重箱	30

注：标注“*”的评价要求为必选要求。

（1）基本要求

1）基础合规性要求

① 基本政策合规。主要用于判定企业的合规性与信用情况，可以通过国家企业信用信息公示系统与地方环保网站等渠道对申请企业进行调查，或由工厂提供地方主管部门开具的近三年（含成立不足三年）无较大及以上安全、环保、质量等事故证明。除此之外，应查阅企业的营业执照，环保批复、备案文件、能评、环评等文件，以及《环保承诺书》。

② 绿色工厂合规。主要考察企业生产线是否满足相关行业标准。

2）基础管理职责

基础管理职责包括最高管理者职责和工厂管理职责，要求如下：最高管理者应证实其在绿色工厂方面的领导作用和承诺，应确保在工厂内部分配并沟通与绿色工厂相关角色的职责和权限；工厂应设置具体的绿色工厂管理机构，负责有关绿色工厂的制度建设、实施、考核及奖励工作，建立目标责任制；工厂应制定可量化的绿色工厂创建中长期规划及年度目标、指标，并形成文件化的实施方案；工厂应定期为员工提供绿色制造相关知识的教育、培训，并对结果进行考评。

管理职责主要是对绿色工厂管理机构提出的要求，保证绿色工厂建设工作能顺利、有序开展，依靠绿色工厂管理机构推动绿色工厂创建步伐。

（2）基础设施

基础设施包括建筑、照明和设备设施三部分。

1）建筑

在建筑指标方面，建筑设计应满足 GB 50435 等标准的要求，可以查阅企业固定资产投资项目节能报告、生产线规划设计报告、环评批复、环保验收报告、安全设施验收报告等文件，重点考察原燃材料贮存、运输等设施及生产车间是否采取适宜的封闭、通风、降噪、除尘等措施，以及危险废物贮存场所的建设是否满足《危险废物贮存污染控制标准》（GB 18597—2023）相关规定。

2）照明

通过核查照明灯具清单和功率密度统计表，考察工厂厂区及各房间或场所的照明、采光是否符合 GB 50033、GB 50034 和 GB 50435 的有关规定。通过现场走访，核实是否采用自然采光。通过查阅灯具采购合同等考察节能灯具使用情况。

3）设备设施

主要从专用设备、通用设备、计量设备和环保设备设施四个方面进行评价。查阅设备清单表，核实工厂采用的专用设备和通用设备是否采用国家或地方淘汰限制类生产工艺及装备，以及是否采用节能、节水等先进工艺装备。查阅计量器具台账和计量管理制度等，核实计量器具是否满足 GB 17167、GB/T 24789、GB/T 24851 等相关标准。在环保设备设施方面，应核实工厂是否按要求设置废气、废水、噪声、固体废物等污染物处理设备设施。

（3）管理体系

管理体系包括质量管理、职业健康安全管理、环境管理、能源管理、社会责任报告以及信息化和工业化融合管理六大部分。

1）质量管理

应重点查阅企业质量管理体系文件，查看企业是否取得质量管理体系认证证书，核实企业是否按照标准建立和实施管理体系。

2）职业健康安全管理

应重点查阅企业职业健康安全管理体系文件，查看企业是否取得职业健康安全管理体系认证证书，核实企业是否按照标准建立和实施管理体系。还应核实企业是否满足工厂生产安全满足 JC/T 2278 等的规定。

3）环境管理

应重点查阅环境管理体系文件，查看企业是否取得环境管理体系认证证书，核实企业是否按照标准建立和实施管理体系。应查阅自行监测设施运维记录和监测数据台账，核实是否满足 HJ 988 相关要求。

4）能源管理

应重点查阅能源管理体系文件，查看企业是否取得能源管理体系认证证书，核实企业是否按照标准建立和实施管理体系。

5）社会责任报告

应重点查阅企业的社会责任报告，了解社会责任报告的内容，以及社会责任报告是否定期向公众披露。

6）信息化和工业化融合管理

应重点查阅信息化和工业化融合管理体系文件，查看企业是否进行公示和认证，核实企业是否定期实施内部评审和管理评审。

（4）能源与资源投入

能源与资源投入指标包括能源投入、资源投入、采购三项二级指标，主要是评价工厂能源、资源利用情况的合理、合规性，并从源头采取有效措施进行控制。

1）能源投入

应查阅工厂能源消耗统计数据，核算工厂能源消费结构和能源消费强度，核实是否满足 GB 21340 等能耗限额标准的准入要求，查看工厂近三年是否有节能改造，以降低单位产品能源消耗。

2）资源投入

对于工厂的资源投入，应重点关注矿产等不可再生资源用量，核实是否采取相应措施减少矿产等不可再生资源的使用。查阅企业用水量，核实企业取水定额是否满足国家标准、行业标准和地方标准相关规定，并且是否按照 GB/T 7119 的要求开展节水工作。核查企业是否按照 GB/T 29115 的要求对原材料使用量进行评价并形成评价报告。

3）采购

应查阅工厂采购有关管理制度，尤其是供应商有关管理制度和供应商考核管理办法；查阅工厂对原辅材料的有关管理制度，尤其是质量规范、检验规范和检测报告等。

（5）产品

1）产品特性

玻璃产品制造除符合 GB 11614、JC/T 2128 等国家和行业标准规定的产品质量和设计使用要求外，还应满足绿色评价相关要求，其中安全玻璃产品通过 3C 认证。

2）生态设计

玻璃产品宜依照 GB/T 24256、GB/T 32161 的总体要求，基于生命周期的思维，从原材料获取、生产制造、包装运输、使用维护和回收处理等各个环节开展绿色（生态）设计，力求产品在全生命周期中最大限度降低资源消耗，尽可能少用或不用含有有害物质的原材料，减少污染物产生和排放，从而实现环境保护。

3）有害物质使用

制定相应制度以限制和减少有害物质的使用，降低产品中有害物质含量，控制彩釉玻璃含铅量。

4）减碳

工厂依据GB/T 32150—2015对生产的玻璃产品进行碳足迹核算或核查，核查结果宜对外公布，并利用核算或核查结果对其产品的碳足迹进行改善。玻璃产品宜满足相关低碳产品要求，通过第三方认证。

（6）环境排放

环境排放主要包括工业三废及噪声，可分为大气污染排放、水体污染排放、固体废弃物、噪声。除此之外，还涉及温室气体排放。

1）大气污染物

工厂的大气污染物排放符合GB 26453及环境影响评价批复要求，按HJ 856相关要求取得排污许可证，鼓励满足更严格的排放标准，其中包括颗粒物、SO_2、NO_x排放浓度稳定控制在15mg/m^3、50mg/m^3、200mg/m^{3}以内。

2）水体污染物

工厂排放的废水主要涉及含油废水、含酚废水、含氨废水和脱硫废水等，应建立满足排放要求的治理设施，污染物排放应符合GB 8978、地方标准及环境影响评价批复要求，按HJ 856相关要求取得排污许可证。

3）固体废弃物

固体废弃物包括一般工业固体废物和危险废物，危险废物贮存场所需满足《危险废物贮存污染控制标准》（GB 18597—2023）相关规定。

4）噪声

工厂的厂界噪声符合GB 12348及环境影响评价批复相关要求，依据GB/T 50559采取降噪措施。由振动、摩擦和撞击等引起的机械噪声，对设备加装减振垫、隔声罩等；车间内采取吸声和隔声等措施；对于空气动力性噪声，安装消声器。

5）温室气体排放

工厂依据GB/T 32150、GB/T 32151.7或其他相关要求对其厂界范围内的温室气体排放进行核算和报告，并进行第三方核查，根据核查结果，采用先进低碳技术和管理措施减少二氧化碳排放。

（7）综合绩效

工厂应从用地集约化、原料无害化、生产洁净化、废物资源化、能源低碳化五个方面，对绩效指标进行计算和评估。绩效分为绩效准则值（必选）与绩效先进值（可选），准则值为绿色工厂应达到的基本性要求，而先进值为期望企业达到的提高性要求。

1）用地集约化

评价过程中，应重点查阅企业的土地证、建筑面积统计、厂房平面设计图等相关材料，核实企业工厂容积率是否满足《工业项目建设用地控制指标》的要求。重点查阅企业的工业产销总值统计表、政府部门公布的数据等相关材料，将企业单位用地面积产值与地方平均单位用地面积产值进行比较。

2）原料无害化

评价过程中，识别工厂使用的绿色物料情况，对照省级以上政府相关部门发布的资源综合利用产品目录、有毒有害原料（产品）替代目录等，或利用再生资源及产业废物等作为原料的均为绿色物料，计算工厂的绿色物料使用情况。

3）生产洁净化

评价过程中，应重点查阅企业的环境统计报表、环境监测报告、污染源排放测试报告单、污染物排放年报表、污染物处理设施运行记录、产品产量统计表、生产月报表、清洁生产审核报告等相关材料，将企业单位产品主要污染物产生量、单位产品废气产生量、单位产品废水产生量与行业平均水平、行业前5%水平进行比较。

4）废物资源化

评价过程中，应重点查阅企业的原辅材料消耗表、购销存记录表、产品产量统计表、环境统计报表、固体废物处理统计台账、废水处理及回用统计表等相关材料，将企业单位产品主要原材料消耗量、工业固体废物综合利用率、废水处理回用率与行业水平进行比较。

5）能源低碳化

评价过程中，应重点查阅企业的产品产量统计表、生产月报表、购销存统计表、能源消耗汇总表等相关材料，将企业单位产品综合能耗、单位产品碳排放量与行业平均水平、行业前5%水平进行比较。

9.4.6 日用玻璃行业绿色工厂创建情况、存在的问题及重点关注内容

9.4.6.1 创建情况

截至2023年3月，工业和信息化部前七批已发布的绿色制造名单中涉及玻璃行业的绿色工厂见表9-5。玻璃行业共有21家企业入选国家级绿色工厂名单，其中平板玻璃企业16家，电子玻璃企业4家，玻璃纤维企业1家，暂无日用玻璃企业被评为国家级绿色工厂。

表9-5 玻璃行业已获批国家级绿色工厂企业数量

年份	省份	数量	企业名称	产品类别
2022年	河南	1	河南省中联玻璃有限责任公司	平板玻璃
	深圳	1	艾杰旭新型电子显示玻璃（深圳）有限公司	电子玻璃
2021年	河北	1	秦皇岛耀华玻璃技术开发有限公司	平板玻璃
	福建	1	新福兴玻璃工业集团有限公司	平板玻璃
	湖北	1	宜昌南玻光电玻璃有限公司	电子玻璃
2020年	山西	1	山西利虎玻璃（集团）有限公司	平板玻璃
	辽宁	2	福耀集团（沈阳）汽车玻璃有限公司 本溪福耀浮法玻璃有限公司	平板玻璃

续表

年份	省份	数量	企业名称	产品类别
2020 年	湖北	2	咸宁南玻光电玻璃有限公司 咸宁南玻节能玻璃有限公司	电子玻璃、 平板玻璃
	陕西	1	台玻咸阳玻璃有限公司	平板玻璃
	深圳	2	信义汽车玻璃（深圳）有限公司 艾杰旭显示玻璃（深圳）有限公司	平板玻璃、 电子玻璃
2019 年	天津	1	天津南玻节能玻璃有限公司	平板玻璃
	福建	1	福耀玻璃工业集团股份有限公司	平板玻璃
	湖北	1	咸宁南玻玻璃有限公司	平板玻璃
2018 年	江苏	1	吴江南玻玻璃有限公司	平板玻璃
	山东	1	泰山玻璃纤维邹城有限公司	玻璃纤维
2017 年（第 2 批）	江苏	1	东台中玻特种玻璃有限公司	平板玻璃
	广东	1	广州福耀玻璃有限公司	平板玻璃
2017 年（第 1 批）	重庆	1	重庆万盛福耀玻璃有限公司	平板玻璃

9.4.6.2 存在的问题

（1）管理意识不强，重视程度不够

在习近平总书记提出绿水青山就是金山银山的“两山”理论之后，环境保护、绿色发展已经明确摆在了首要的位置。这是我国从高速发展向高质量发展的重要转变，绿色发展是高质量发展的必要条件。从七批绿色制造项目评价结果来看，日用玻璃企业创建国家级绿色工厂的积极性不高。日用玻璃企业需紧跟形势，更新观念，要认识到绿色发展的必要性和紧迫性，在绿色低碳的高质量发展道路上，需进一步增强管理意识，提高重视程度。

（2）绿色制造水平有待进一步提升

在绿色工厂评价过程中要求企业引入生命周期思想，选用绿色原料、工艺、技术和设备，满足基础设施、管理体系、能源与资源投入、产品、环境排放、绩效的综合评价要求，并进行持续改进，日用玻璃企业在基础设施建设、管理能力建设等方面仍有较大提升空间。

9.4.6.3 重点关注内容

以某玻璃器皿生产企业为例，重点说明日用玻璃企业开展绿色工厂创建时应关注的主要内容。

（1）设计原则

设计和生产的玻璃器皿在生命周期过程中应对人体无害，对环境无影响或影响很小。如铅晶质玻璃具有折射率高、密度大、白度和亮度好，所以透明晶莹，相互碰击时有清脆的金属声，从性能上看，K_2O-PbO-SiO_2系统是最好的晶质玻璃成分。在一般器皿玻璃中加入 PbO 也有利于提高折射率、亮度和白度，改进料性。但含 PbO 器皿玻璃作为食品和饮料容器，有铅溶出，同时生产过程中还有大量 PbO 的粉尘和挥发物。虽然玻璃中 Pb 溶出量在规定有害物溶出最大限度以下，生产中经防护处理，Pb 的浓度在国家规定允许值范围以内，但从绿色生产原则考虑，不宜采用高铅和中铅玻璃成分，而应选择无铅玻璃。欧洲一直对无铅晶质玻璃进行系统研究，为了达到要求的折射率，在其组成中引入 TiO_2、ZrO_2等高折射率氧化物，这样不仅玻璃产品对人体无害，而且在熔制和加工过程中 TiO_2、ZrO_2不易挥发，不会对工人造成损害和对环境造成污染。

在设计和生产器皿玻璃时，还要考虑到资源消耗少，且不影响使用寿命，即通常采用的轻量化技术。通过采用计算机设计合理的玻璃制品外形，并选用一定的增强工艺措施，适当减轻制品重量而保持强度要求，保证达到应有的使用性能和寿命。

(2) 原料和燃料

选择原料时，应采用无毒或毒性小的原料，尽可能利用再生资源和废弃物，如以 CeO_2取代有毒的 As_2O_3为澄清剂。着色剂可选用有色玻璃等再生资源和含着色金属元素的矿渣、尾砂等废弃物，如器皿玻璃着成紫红色，可采用回收的含钕的碎玻璃或含钕的稀土矿渣和尾矿。使用稀土矿渣和尾矿时要考虑其中是否存在其他杂质离子，不能因此影响总的着色效果。

在生产工艺中应尽量降低能源消耗，如 TiO_2、ZrO_2等比较难熔的原料，加入过多会导致熔化温度升高，因此必须合理控制用量及各成分之间的配比，形成低温共熔物，尽可能降低熔化温度，从而减少能源消耗和延长炉窑寿命。

在能源利用上除了选用电和天然气等清洁能源外，还应利用太阳能、风能等可持续能源，虽然不能作炉窑的主要能源，但可以作干燥、热力、空调方面的辅助能源。

(3) 生产工艺

在器皿玻璃加工和装饰方面，传统的机械刻花生产效率低、噪声大、废料消耗多，有大量废弃物排放；采用激光刻花，生产效率高、噪声小、污染少。用氢氟酸或蒙砂粉进行玻璃表面蒙砂，大量氟化物挥发和废酸排放，危害人体健康，严重污染环境，改用无氟蒙砂或用蒙砂釉代替氟化物蒙砂，即可解决此问题。器皿玻璃的表面施色釉装饰，应将传统的高铅釉或中铅釉改为无铅釉，再配合其他工艺施釉，使玻璃表面色釉无铅、镉析出或控制其析出量在允许范围以下。

在碎玻璃利用方面，不仅可达到节能降耗的效果，而且可作为废物回收利用的一项绿色设计和生产原则来实施，一方面要减少废物的排放，另一方面要尽量利用废物。延长玻璃制品的使用寿命，自然废弃的玻璃制品数量就减少，同样降低生产中的废品率，碎玻璃的排放也就会降低。对不能循环使用的碎玻璃，可用来制造泡沫玻璃或破碎后加入混凝土中用作建筑材料。

9.5　绿色供应链评价要求

9.5.1　定义及目的

2017 年，国家标准化管理委员会正式发布了国家标准《绿色制造 制造企业绿色供应

链管理 导则》（GB/T 33635—2017），这是我国首次制定并发布绿色供应链相关标准。标准对绿色供应链进行了定义，指将环境保护和资源节约的理念贯穿于企业从产品设计到原材料采购、运输、贮存、销售、使用和报废处理的全过程，使企业的经济活动与环境保护相协调的上下游供应关系。除此之外，标准规定了制造企业绿色供应链管理范围和总体要求，明确了制造企业全生命周期过程及企业有关产品/物料的绿色性管理要求。

绿色供应链管理范围：按照产品生命周期要求，对设计、采购、生产、物流、回收等业务流程进行管理，其中涉及供应商、制造企业、物流商、销售商、最终用户以及回收、拆解等企业的协作。

企业绿色供应链管理关键环节包括以下 5 个方面。

（1）确立可持续的绿色供应链管理战略

企业应将绿色供应链管理理念纳入发展战略规划中，明确绿色供应链管理目标，设置管理部门，推进本企业绿色供应链管理工作。要用整体系统的观点将绿色供应链融入产品研发、设计、采购、制造、回收处理等业务流程，识别能源资源、环境风险和机遇，带动上下游企业深度协作，发挥绿色供应链管理优势，不断降低环境风险，提高能源资源利用效率，扩大绿色产品市场份额。

（2）实施绿色供应商管理

企业要树立绿色采购理念，不断改进和完善采购标准、制度，将绿色采购贯穿于原材料、产品和服务的全过程。要从物料环保、污染预防、节能减排等方面对供应商进行绿色伙伴认证、选择和管理，推动供应商持续提高绿色发展水平，共同构建绿色供应链。要早期介入、主动参与供应商的研发制造过程，引导供应商减少各种原辅材料和包装材料用量、用更环保的材料替代，避免或减少环境污染。定期对供应商进行培训和技术支持，传递客户和其他利益相关者的环境要求，帮助供应商将要求融入业务之中并逐级传递。

（3）强化绿色生产

企业要建立基于产品全生命周期的绿色设计理念，整合环境数据资源，建立基础过程和产品数据库，构建评价模型，在研发设计阶段开展全生命周期（LCA）评价。不断提升绿色技术创新能力，采用先进适用的工艺技术与设备，减少或者避免生产过程中污染物的产生和排放。积极参与国际相关技术规范标准的制定，促进业界绿色生产水平提升，引领行业变革。

（4）建设绿色回收体系

企业要建立生产者责任延伸制度，主动承担产品废弃后的回收和资源化利用责任。采用产品回收电子标签、物联网、大数据和云计算等技术手段建立可核查、可溯源的绿色回收体系。生产企业可直接主导或与专业从事废旧产品回收利用的企业或机构合作开展回收、处理与再利用，搭建拆解、回收信息发布平台，实现废旧产品在生产企业、消费者、回收企业、拆解企业间的有效流通。

（5）搭建绿色信息收集监测披露平台

企业要建立能源消耗在线监测体系和减排监测数据库，定期发布企业社会责任报告，披露企业节能减排目标完成情况、污染物排放、违规情况等信息。要建立绿色供应链信息平台，收集绿色设计、绿色采购、绿色生产、绿色回收等过程的数据，建立供应链上下游企业之间的信息交流机制，实现生产企业、供应商、回收商以及政府部门、消费者之间的信息共享，见图 9-5。要加强对供应链上下游重点供应商的管理评级，定期向社会披露重点供应商的环境信息，公布企业绿色采购的实施成效。

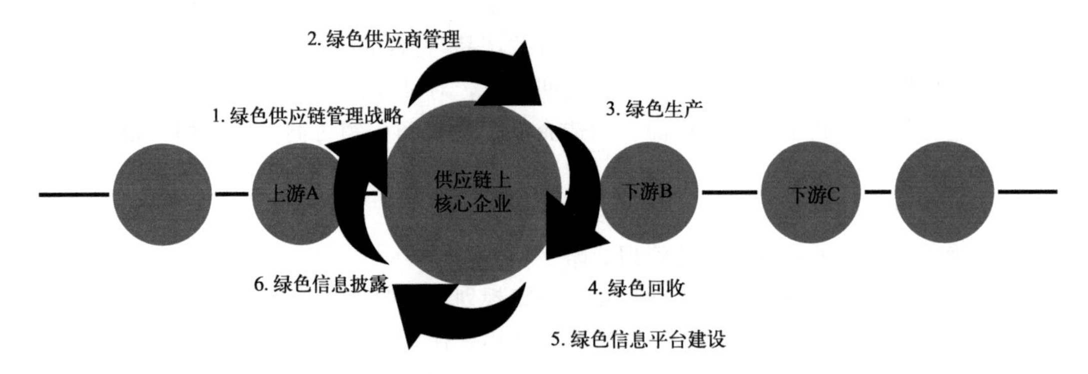

图 9-5　绿色供应链管理标准化内容

推行绿色供应链管理旨在发挥供应链上核心企业的主体作用，一方面做好自身的节能减排和环境保护工作，不断扩大对社会的有效供给；另一方面引领带动供应链上下游企业持续提高资源能源利用效率，改善环境绩效，实现绿色发展。

9.5.2 评价要求

2016 年 9 月，工业和信息化部办公厅发布了《关于开展绿色制造体系建设的通知》，其中附件 3《绿色供应链管理评价要求》是现阶段实施绿色供应链评价的主要参照依据和准则，规定了制造企业绿色供应链管理范围和关键环节，提出了绿色供应链管理评价指标体系，涵盖绿色供应链管理战略指标、绿色供应商管理指标、绿色生产指标、绿色回收指标、绿色信息平台建设指标、绿色信息披露指标 6 个方面，具体评价指标见表 9-6。玻璃企业在开展绿色供应链创建过程中可参考此指标体系。

表 9-6　企业绿色供应链管理评价指标体系

一级指标	序号	二级指标	单位	最高分值	指标类型
绿色供应链管理战略 X1	1	纳入公司发展规划 X11	—	8	定性
	2	制定绿色供应链管理目标 X12	—	6	定性
	3	设置专门管理机构 X13	—	6	定性
绿色供应商管理 X2	4	绿色采购标准制度完善 X21	—	4	定性
	5	供应商认证体系完善 X22	—	3	定性
	6	对供应商定期审核 X23	—	3	定性
	7	供应商绩效评估制度健全 X24	—	3	定性
	8	定期对供应商进行培训 X25	—	3	定性
	9	低风险供应商占比 X26	%	4	定量

续表

一级指标	序号	二级指标	单位	最高分值	指标类型
绿色生产 X3	10	节能减排环保合规 X31	—	10	定性
	11	符合有害物质限制使用管理办法 X32	—	10	定性
绿色回收 X4	12	产品回收率 X41	%	5	定量
	13	包装回收率 X42	%	5	定量
	14	回收体系完善（含自建、与第三方联合回收）X43	—	5	定性
	15	指导下游企业回收拆解 X44	—	5	定性
绿色信息平台建设 X5	16	绿色供应链管理信息平台完善 X51	—	10	定性
绿色信息披露 X6	17	披露企业节能减排减碳信息 X61	—	2.5	定性
	18	披露高、中风险供应商审核率及低风险供应商占比 X62	—	2.5	定性
	19	披露供应商节能减排信息 X63	—	2.5	定性
	20	发布企业社会责任报告（含绿色采购信息）X64	—	2.5	定性

9.6　日用玻璃行业绿色发展建议

（1）优化产业布局，推动高质量发展

鼓励企业开展绿色制造承诺机制，倡导供应商生产绿色产品，创建绿色工厂，打造绿色制造工艺，推行绿色包装，开展绿色运输，做好废弃产品回收处理，形成绿色供应链。推动绿色产业链与绿色供应链协同发展，鼓励构建数据支撑、网络共享、智能协作的绿色供应链管理体系，提升资源利用效率及供应链绿色化水平。支持和鼓励重点“龙头”企业发挥自身优势，跨地区跨行业兼并重组，建立企业间战略合作联盟，促进企业规模化、集团化发展，加快转型升级，提高产业集中度。

（2）以绿色技术驱动污染源头削减

通过不断改进玻璃炉窑的设计、优化窑炉运行参数、选用低硫优质燃料、把控配合料质量、采用最佳清洁生产适用技术，降低玻璃熔制过程的能耗，减少炉窑吨玻璃液烟气量，有效地降低炉窑吨玻璃液污染物的产生量。

（3）提高能效，加强节能低碳改造

日用玻璃企业应着力提高能源利用效率，构建清洁高效低碳的工业用能结构，持续降低碳排放指标。具体措施包括但不限于以下几个方面。

① 提高清洁能源消费比重。优化燃料结构，鼓励选用高热值、低硫、低灰分的优质清洁能源。鼓励工厂、园区开展工业绿色低碳微电网建设，发展屋顶光伏、分散式风电、多元储能、高效热泵等，推进多能高效互补利用。

② 提高能源利用效率。推动玻璃炉窑、锅炉、电机、泵、风机、压缩机等重点用能设备系统的节能改造。加强余热的回收利用，对重点工艺流程、用能设备实施信息化数字化改造升级。鼓励企业、园区建设能源综合管理系统，实现能效优化调控。

③ 完善能源管理和服务机制。强化环保、能耗、水耗等要素约束，依法依规推动落后产能退出。建立完善能源管理体系文件，制定能源方针、目标及绩效指标，定期开展清洁生产审核、节能诊断等工作。

（4）深度治理，实现污染物达标排放

有组织排放方面，应加强玻璃熔窑烟气深度治理，确保颗粒物、二氧化硫、氮氧化物稳定达标排放，加强氨逃逸管理。从源头和过程削减玻璃喷漆环节挥发性有机物的产生量，推广节能高效治理技术；实现环保设施运行自动化、精细化管理。无组织排放方面，应从原料贮存、输送、配料等环节加强颗粒物、挥发性有机物无组织排放管控。

（5）强化管理，构建绿色发展机制

政府、企业、第三方机构形成合力，加强能力建设，共同构建日用玻璃行业绿色发展机制（图 9-6）。

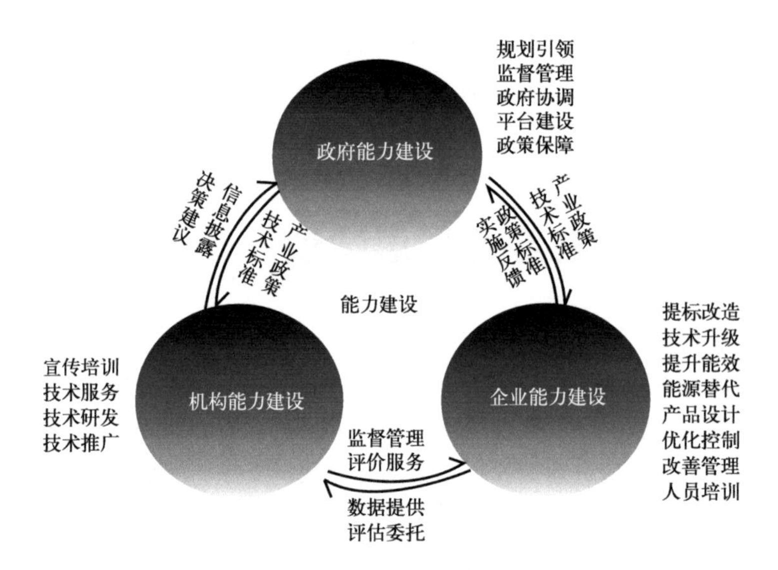

图 9-6 绿色制造能力建设导图

第10章 日用玻璃产业集群环境管理

10.1 “十四五”产业集群环境保护要求

产业集群是推动区域经济高质量发展的重要载体，对推动产业基础高级化与产业链现代化，建设制造强国、质量强国具有重要意义。《中华人民共和国国民经济和社会发展第十四个五年规划和2035年远景目标纲要》提出：深入推进国家战略性新兴产业集群发展工程，健全产业集群组织管理和专业化推进机制。面向“十四五”，日用玻璃产业集群在行业发展过程中的战略性支柱地位将进一步凸显。

为推动产业集群绿色发展，国家相关文件提出明确要求，如表10-1所列。

表10-1 产业集群绿色发展相关要求

序号	文件名称	相关要求（节选）
1	“十四五”全国清洁生产推行方案	鼓励有条件的地区开展行业、园区和产业集群整体审核试点
2	生态环境监测规划纲要（2020—2035年）	到2025年，环境要素常规监测总体覆盖重点工业园区和产业集群，针对突出环境问题或重点区域的污染溯源解析、热点监控网络加速形成；覆盖全行业全指标的污染源监测体系建立健全，污染源监测数据规范应用
3	关于做好“十四五”园区循环化改造工作有关事项的通知	（1）优化产业空间布局。优化园区企业、产业和基础设施空间布局，体现产业集聚和循环链接效应，推广集中供气、供热、供水。 （2）促进产业循环链接。建设和引进关键项目，合理延伸产业链，推动产业循环式组合、企业循环式生产。 （3）推动节能降碳。开展节能降碳改造，推动产品结构、生产工艺、技术装备优化升级，推进能源梯级利用和余热余压利用。 （4）推进资源高效利用、综合利用。园区重点企业全面推行清洁生产，促进原材料和废弃物源头减量。 （5）加强污染集中治理。加强废水、废气、废渣等集中治理设施建设及升级改造，实行污染治理专业化、集中化和产业化

续表

序号	文件名称	相关要求（节选）
4	“十四五”工业绿色发展规划	（1）鼓励园区开展绿色低碳微电网建设，发展屋顶光伏、分散式风电、多元储能、高效热泵等，推进多能高效互补利用。 （2）强化企业、园区、产业集群之间循环链接，提高资源利用水平。 （3）鼓励有条件的园区和企业加强资源耦合与循环利用，创建“无废园区”和“无废企业”。 （4）推进企业、园区用水系统集成优化，实现串联用水、分质用水、一水多用和梯级利用。 （5）打造重点行业碳达峰碳中和公共服务平台，提供低碳规划和低碳方案设计、低碳技术验证和碳排放、碳足迹核算等服务。 （6）鼓励企业、园区开展能源资源信息化管控、污染物排放在线监测等系统建设，实现动态监测、精准控制和优化管理
5	国家高新区绿色发展专项行动实施方案	（1）降低园区污染物产生量。绿色技术驱动源头降低污染物产生量。引导传统行业绿色技术进步和产业结构优化，加大清洁能源使用力度，能源梯级利用；削减化学需氧量、氨氮、二氧化硫、氮氧化物、挥发性有机物、细颗粒物等主要污染物和温室气体等的产生量与排放量。 （2）降低园区化石能源消耗。鼓励推行资源能源环境数字化管理，实现智能化管控，加强生产制造过程精细化管控。建立统一能源管理平台，做好园区二氧化碳排放量核算。 （3）构建绿色发展新模式。推动园区绿色、低碳、循环、智慧化改造。鼓励园区编制绿色发展规划，开展国家生态工业示范园区、绿色园区等示范试点创建

10.2 日用玻璃产业集群概况

截止到目前，由中国轻工业联合会批准的中国日用玻璃特色区域和产业集群共 7 个，中国酒类包装之都共 1 个。除此之外，其他地区也有已建成的日用玻璃产业集群和新建产业集群。部分产业集群基本情况如表 10-2 所列。

表 10-2 部分产业集群基本情况

序号	地区	产业集群名称	排污许可证	
			核发企业数量	登记企业数量
1	安徽省凤阳县	中国日用玻璃产业基地	13	25
2	浙江省浦江县	中国水晶玻璃之都	1	372
3	山西省祁县	中国玻璃器皿之都	38	52
4	山东省淄博市博山区	中国琉璃之乡	9	125
5	重庆市合川区清平镇	中国日用玻璃产业基地	22	19
6	山东省菏泽市郓城县	中国酒类包装之都	23	105

续表

序号	地区	产业集群名称	排污许可证	
			核发企业数量	登记企业数量
7	河北省河间市	中国耐热玻璃生产基地	66	283
8	江苏省沙家浜	中国玻璃模具之都	3	50
合计			175	1031

注：数据来源于“全国排污许可证管理信息平台”，涉及玻璃仪器制造企业（C3053）、日用玻璃制品制造企业（C3054）、玻璃包装容器制造企业（C3055）、玻璃保温容器制造企业（C3056）、其他玻璃制品制造企业（C3059）、模具制造企业（C3525）。

10.3　环境保护发展建议

10.3.1　加强规划引导

河间市：为打造国际工艺玻璃生产基地，河间市制定了《河间市工艺玻璃产业发展规划（2016—2025）》，编制了《河间市日用玻璃及工艺玻璃产业“十四五”发展规划》、制定了《日用工艺玻璃团体标准》等内容，同时，成立了河间市工艺玻璃行业协会和河间市日用玻璃行业协会规范行业发展。为推动工艺玻璃产业转型升级，下一步河间市将加大科技研发力度，积极采用新材料、新技术、新工艺，促进节能降耗，增加科技含量，提升核心竞争力，推动玻璃产品与文化、设计深度融合，不断丰富产品类型，提升附加值，加快玻璃产业创新发展、绿色发展、高质量发展。

郓城县“十四五”规划提出：发挥“中国酒类包装之都”品牌影响力，推动玻璃、彩印包装技术升级改造，构建完整的高端包装产品产业链条，打造 200 亿级全国领先的现代包装产业集群。推动玻璃产业提档升级，增加晶白超白等高端玻璃制品产能，鼓励发展高档医用玻璃、日用玻璃、异型玻璃、工艺美术玻璃，重点发展高档轻量化化妆品玻璃制品和高端玻璃餐具，推动行业再生资源利用水平，加大轻量化、功能化和特种玻璃关键技术研发力度，推动玻璃行业技术革新。郓城日用玻璃企业生产现场见图 10-1。

(a)

(b)

图 10-1　郓城日用玻璃企业生产现场

凤阳县“十四五”规划提出：聚焦石英砂精深加工及资源综合利用、新型玻璃、高档日用玻璃、玻纤和有机硅五大产业板块，不断延伸硅基材料产业链，重点发展“矿石开采—硅砂加工—硼硅玻璃—玻璃器皿”日用玻璃产业链条；加快玻璃城项目建设，推动将凤阳经济开发区打造成为高档日用玻璃器示范区。《凤阳县科技创新发展“十四五”规划》将高端玻璃、硅基材料、光伏等列为六大产业链条科技创新重点领域。凤阳县日用玻璃企业生产现场见图 10-2。

(a)

(b)

图 10-2 凤阳县日用玻璃企业生产现场

合川区“十四五”规划提出：发挥高硼硅玻璃优势特色，壮大日用玻璃产业集群；鼓励企业多元化开发产品，开发高品质餐用、厨房、茶具器皿和艺术摆件等高端玻璃产品，打造百亿级玻璃产业集群。合川区清平镇日用玻璃企业生产现场见图 10-3。

(a)

(b)

图 10-3 合川区清平镇日用玻璃企业生产现场

10.3.2 强化环境监管

重庆市合川区于 2018 年启动日用玻璃生产企业污染整治工作，对原料运输、物料堆存、窑炉生产等环节中 11 个方面的污染防治工作提出明确要求，通过召开整治启动会、现场指导污染整治、开展监督性监测等措施，督促企业落实环保主体责任，按时完成整治任务。

凤阳县强化产业布局升级，源头推进绿色发展。凤阳县对标节能减排要求和碳达峰碳中和目标，坚决遏制高耗能高排放项目盲目发展，提高新建项目节能环保准入标准，加大落后和过剩产能压减力度。依法淘汰落后产能，建立“散乱污”企业动态管理机制，坚决杜绝“散乱污”企业异地转移。全面落实“1515”三道防线和“禁新建、减存量、关污源、进园区、建新绿、纳统管、强机制”七项举措，推动实施玻璃等企业的污染防治。

郓城县在全县玻璃行业压减燃煤、治污减排、清洁降尘的基础上，强势推出“超低减排”的最严举措，倒逼企业利用技术改造实施品质品牌战略。通过大力开展环保治理，郓城县规模庞大的日用玻璃集群主动向设备改造方向转轨，向新旧动能转换转型，利用新技术、新模式有效应对“超低排放”对企业的影响，积极把产销思路向国际市场发力。

祁县人民政府办公室于 2019 年印发《玻璃器皿行业深度治理实施方案》，要求按颗粒物浓度 $30mg/m^3$、二氧化硫浓度 $200mg/m^3$、氮氧化物浓度 $400mg/m^3$ 的标准进行深度治理。近年来，祁县玻璃器皿行业正在实现由要素驱动向要素创新双驱动转变，由粗放制造向绿色制造转变，由低端制造向品质制造转变。燃料方面，实现从烧煤到天然气、电熔炉的清洁生产；原料由普白料升级为高白料、晶白料，产品品质不断提升；产业转型方面，实现了从单一产品到玻璃器皿设备研发、销售及工贸游一体发展。祁县日用玻璃企业生产现场见图 10-4。

(a)

(b)

图 10-4 祁县日用玻璃企业生产现场

10.3.3 加强基础设施建设

基础设施建设的完善是产业集群环境管理手段得到落实的有效保证。产业集群在进行规划和建设时，应注重基础设施的建设规划，如污水处理设施的集中、污水管网的布设、排污口的设置、周边污水管网的建设及污水处理厂的建设、产业集群集中供热、固体废物（含危险废物）的集中处置等。在规划建设时，应充分考虑企业整体布局、总体排污水平等。

10.3.4 引入经济手段进行环境管理

由于行政手段受人为因素影响较大，经济手段近年来逐渐成为环境管理的一种有效方式。具体在产业集群环境管理中除运用环境税制度外，还可引入保证金制度，即企业在入驻产业集群前缴纳一定的保证金，在保证达到产业集群环境管理要求的前提下，保证金可退回；若未能达到园区环境管理要求，保证金予以没收。

在未来五年到十年的城镇化和工业化发展中，产业集群作为重要的增长点，污染排放量增大的趋势不可避免，为保证产业集群作为国民经济的重要增长点又快又好地发展，必须采取有效的环境管理手段，取得经济发展和环境保护的平衡。

第11章 日用玻璃行业碳中和

11.1 背景情况

应对气候变化是人类社会面临的共同挑战，作为一个负责任的发展中大国，我国也在积极主动地履行控制温室气体排放的义务。2020年9月22日，习近平总书记在第七十五届联合国大会一般性辩论上宣布，中国将提高国家自主贡献力度，采取更加有力的政策和措施，二氧化碳排放力争于2030年前达到峰值，努力争取2060年前实现碳中和。《中华人民共和国国民经济和社会发展第十四个五年规划和2035年远景目标纲要》提出，要支持有条件的地方和重点行业、重点企业率先达到碳排放峰值。此外，随着我国双碳“1+*N*”政策体系的发布实施，各行业已陆续、有序地开展碳达峰、碳中和路径的研究工作。

玻璃是我国能源消耗重点行业，生产时会产生和排放大量的温室气体。根据中国建筑材料联合会统计，2020年我国建筑技术玻璃工业碳排放量为2740万吨，统计范围包括《国民经济行业分类》中的平板玻璃制造、特种玻璃制造、其他玻璃制造和技术玻璃制品制造等四大类。日用玻璃行业虽未被列入我国碳排放重点管控行业，但在“碳达峰、碳中和”背景下，各行业均需加快低碳转型，降低碳排放量，确保国家“双碳”目标的如期实现。日用玻璃行业作为我国国民经济的传统优势产业、重要民生产业，是满足人民美好生活、促进绿色消费的重要支撑，肩负着推动轻工业和消费领域降碳、绿色低碳生产和生活方式形成的重要使命。

11.2 政策要求

2023年6月，中国轻工业联合会发布了《轻工业重点领域碳达峰实施方案》(以下简称《方案》)。《方案》提出主要目标：到2025年，轻工业绿色转型成效显著，规模以上工业单位增加值能耗较2020年下降13.5%，单位国内生产总值二氧化碳排放比2020年下降18%。日用玻璃等重点领域用能结构明显优化，重点产品单位能耗、碳排放强度进一步降低。到2030年，产业绿色低碳发展总体布局更加完善，工业能耗强度、二氧化碳排放强度持续下降，绿色低碳产品产业链、供应链稳定顺畅，基本建成绿色低碳、循环发展的轻工产业体系。

《方案》以重点领域、主要问题为突破，选取能源消费较高、资源消耗较大、支撑消费端节能降碳的照明、家电、电池、造纸、塑料、陶瓷、日用玻璃、皮革、食品9个重点领域，提出“9项重点行业达峰行动”，分类施策，精准规划，带动全行业能效和碳减排水平提升。其中日用玻璃行业碳达峰重点任务如下。

① 优化燃料结构，优先使用清洁能源。采用热煤气，通过管道直接送至玻璃熔窑燃烧工艺的，推动选用优质煤（硫分范围＜0.5%、灰分范围＜10%）进行气化；有条件的地区有序推进煤炭替代。在电力资源优势地区，鼓励玻璃窑炉采取天然气＋电助熔的能源结构形式；产量规模较小、附加值较高的产品鼓励采用全电熔技术或天然气＋全氧的燃烧技术。鼓励选用高热值、低硫、低灰分的优质清洁能源，关注氢能发展，重点研究氢气或掺氢燃烧技术在日用玻璃行业的前景和实践应用。

② 强化技术进步，创新引领绿色发展。开展重点绿色制造技术专项研究。优化原料结构，改进低碳配方；开展玻璃熔制机理、工艺技术的研究；推进计算机模拟仿真窑炉热工制度的软件开发；提高产品品质、改善性能、易熔制、节能环保的玻璃料方的研究开发力度；推动节能环保型玻璃窑炉的设计研发和技术应用（含全电熔、电助熔、全氧燃烧技术、NO_x产生浓度≤1000mg/m^{3}的低氮燃烧技术）；使用玻璃熔窑DCS节能自动控制技术；使用轻量化玻璃瓶罐（轻量化度≤1.0）制造工艺技术；推进中性5.0药用硼硅玻璃生产制造技术的开发应用；推进微晶玻璃制品生产制造技术的开发应用。

③ 加大重点装备研发，助推行业节能降碳。加快全电熔、电助熔、全氧燃烧技术等节能环保型玻璃窑炉的研发和应用，推动轻量化玻璃瓶罐（轻量化度≤1.0）关键装备的开发应用；研发整机性能可靠、运行稳定、控制精度高、高机速多工位的玻璃成型设备；研发应用产品后加工、深加工（多色丝网印刷、喷涂、激光爆口、钢化等）设备；研发应用于环境治理、减少污染物排放、废（碎）玻璃综合利用的设备。开发烟气治理设施智慧管理软件，实现实时监测、排放浓度检测、参数报警、智能分析等功能，保障绿色生产稳定运行。

④ 调整产业结构，推动行业高质量发展。优化产品性能，推动传统产业向中高端迈进，逐步化解过剩产能，加快淘汰落后生产方式，促进大企业与中小企业协调发展，进一步优化日用玻璃产业布局，提升产品质量，提高有效供给水平。提高轻量化玻璃瓶（轻量化度≤1.0）占玻璃包装容器的比重，到2030年，其产量达到玻璃瓶罐总产量的50%以上；进一步发展中性硼硅药用玻璃、高硼硅玻璃器具、高档玻璃器皿、高档玻璃餐饮具、水晶玻璃饰品、玻璃工艺品艺术品、微晶玻璃制品等高附加值产品；限制新建玻璃保温瓶胆生产线、3×10^4 t/a及以下玻璃瓶罐生产线。

11.3　日用玻璃行业碳排放情况

11.3.1　碳排放来源

参考《温室气体排放核算与报告要求　第7部分：平板玻璃生产企业》（GB/T 32151.7—

2015）和《中国平板玻璃生产企业温室气体排放核算方法与报告指南（试行）》等文件核算方法，确定日用玻璃企业碳排放边界包括厂区内直接生产系统、辅助生产系统以及直接为生产服务的附属生产系统的温室气体排放（温室气体为 CO_2，不涉及其他温室气体），其中辅助生产系统包括动力、供电、供水、检验、机修、库房、运输等，附属生产系统包括生产指挥系统（厂部）和厂区内为生产服务的部门与单位（如职工食堂、车间浴室、保健站等）。

日用玻璃在生产过程中消耗了大量的能源和资源，是碳排放的主要来源。生产过程主要包括原料配合料的制备、玻璃液熔制，以及玻璃制品的成型、退火、表面处理和检验包装等环节，其碳排放来源包括化石燃料燃烧排放、原料碳酸盐分解排放、购入的电力及热力产生的排放三个方面。汇总各排放源排放情况如表 11-1 所列。

表 11-1 日用玻璃行业碳排放源分类

排放源名称	具体排放源	主要设备或设施
化石燃料燃烧排放	玻璃液熔制、退火炉退火等过程中使用煤、重油或天然气等燃料燃烧产生的排放，厂内搬运和运输的叉车、铲车、吊车等机动车辆燃烧汽油、柴油等产生的排放，食堂使用液化石油气产生的排放	煤气发生炉、玻璃熔窑、锅炉、退火炉、厂内机动车辆等
原料碳酸盐分解排放	生产所使用的原料中含有的碳酸盐如石灰石、白云石、纯碱等在高温状态下分解产生的排放	玻璃熔窑
购入的电力及热力产生的排放	企业生产过程中购入的电力及热力所对应的排放	原料制备、运输、退火炉、空压机、电机等生产设备运行

11.3.2 单位产品碳排放情况

产品结构、燃料类型，以及生产工艺条件水平等因素，都会影响日用玻璃生产过程中的碳排放。以某典型玻璃制品原料消耗水平为基准（见表 11-2），计算以煤制气、天然气和重油为燃料的日用玻璃企业单位产品碳排放水平，如表 11-3 所列。

表 11-2 典型日用玻璃企业原料配方

原料种类	石英砂	长石	纯碱	石灰石	芒硝	白云石	碎玻璃
主要成分	SiO_2 98.5%、$Al_2O_3$0.2%、Fe_2O_3 0.08%	K_2O 16%、Al_2O_3 18%、SiO_2 64%	Na_2CO_3 99.2%	$CaCO_3$	Na_2SO_4 99%	$CaMg(CO_3)_2$	—
含量/(kg/t)	310	82	85	84	2	2	600

表 11-3 不同燃料类型日用玻璃企业单位产品碳排放量

燃料类型	e_{fu}/(t CO_2/t)	e_{pro}/(t CO_2/t)	$e_{e\&h}$/(t CO_2/t)	e/(t CO_2/t)
煤制气	0.6122	0.0732	0.2613	0.9467

续表

燃料类型	e_{fu}/(t CO_2/t)	e_{pro}/(t CO_2/t)	$e_{e\&h}$/(t CO_2/t)	e/(t CO_2/t)
重油	0.4502	0.0732	0.2613	0.7847
天然气	0.3164	0.0732	0.2613	0.6509

注：e_{fu}为单位产品化石燃料燃烧产生的排放量；e_{pro}为单位产品原料碳酸盐分解产生的排放；$e_{e\&h}$为单位产品企业购入的电力及热力产生的排放量；e为前三项之和。

不同燃料类型的日用玻璃企业碳排放水平相差较大，其中以煤制气作为燃料的日用玻璃企业单位产品碳排放量最大，是采用重油为燃料企业的1.2倍，天然气的1.45倍，行业平均碳排放水平约为0.8618t CO_2/t玻璃产品。

近年来我国日用玻璃行业生产技术水平不断提高，全氧燃烧技术、玻璃轻量化技术、节能环保熔窑设计等先进技术在行业内逐步得到推广应用，日用玻璃生产能耗水平不断降低，单位产品碳排放量不断下降。但与世界先进水平相比，我国日用玻璃行业单位产品碳排放量仍存在一定下降空间。相关研究结果显示，在以天然气为主的熔窑燃料类型下，美国玻璃瓶罐单位产品碳排放量为0.5045t CO_2/t，欧盟玻璃瓶罐单位产品碳排放量为0.32～0.68t CO_2/t，平均单位产品碳排放量为0.51t CO_2/t，明显低于以煤制气为主的我国日用玻璃行业单位产品的碳排放量。

从排放源类型来看，化石燃料燃烧为我国日用玻璃行业碳排放的主要来源，占比为48.61%～64.67%；其次为外购电力产生的碳排放，占比为27.6～40.14%；原料碳酸盐分解产生的碳排放最低，占比为7.73%～11.25%。日用玻璃产品在生产过程中加入了较高比例（通常为30%～70%）的碎玻璃，减少了原料分解产生的碳排放。

11.3.3　行业碳排放情况

经核算，我国日用玻璃行业2015～2021年的碳排放量见表11-4。

表11-4　我国日用玻璃行业碳排放量

排放源	碳排放量/10^4t						
	2015年	2016年	2017年	2018年	2019年	2020年	2021年
化石燃料燃烧排放	1589.44	1613.38	1547.82	1162.16	1413.77	1315.56	1474.25
原料碳酸盐分解排放	211.46	216.44	209.40	158.57	194.56	182.62	204.65
购入的电力及热力产生的排放	816.14	814.01	769.84	570.21	694.40	651.77	730.39
合计	2617.04	2643.83	2527.06	1890.94	2302.73	2149.95	2409.29

日用玻璃行业的碳排放量与产品产量密切相关，近年来我国日用玻璃行业随着产量于2016年达峰后开始下降，碳排放量也呈现出波动下降趋势。除产量变化影响之外，燃料结构也是造成日用玻璃行业碳排放量降低的主要因素之一。随着国家开始大力推行清洁能源，天然气熔窑、电熔窑等低碳排放的熔窑使用比例不断增高，进一步降低了行业碳排放

量，与 2015 年相比，2021 年单位产品碳排放量降低了 5%左右。加大天然气等清洁能源的推广使用，将是日用玻璃行业减少碳排放的重要措施。

11.4 碳中和路径

为减少日用玻璃生产过程中产生的 CO_2 带来的环境问题，参考有关资料，研究提出了玻璃熔窑、工艺、电气自动化、新能源替代、智能化工厂、碳资产管理等玻璃行业节能降碳技术路径。

（1）玻璃熔窑

玻璃熔窑能耗占玻璃工厂总能耗的 90%左右，熔窑的能量消耗主要有玻璃液生成热、熔窑表面散热、烟气带走热量三部分。随着窑炉结构优化、规模提高，要降低熔窑能耗，需要在以下 4 个方面进行优化。

1）整体提高传热效率

技术路径：

① 采用先进技术手段对窑炉整体结构、材料进行优化，综合技术措施效率最大化。

② 采用富氧或全氧燃烧技术。通过富氧代替部分或全部空气助燃风，提高火焰燃烧温度，增加火焰辐射效率，加强配合料的预熔，减少烟气生成量，减少烟气带走热量。

③ 采用电助熔技术，利用高效率的电能代替部分火焰加热，同时可减少烟气生成量，减少烟气带走热量。

④ 采用多级池底台阶结构，配合卡脖水包控制进入成型和回流的玻璃液量，减少玻璃重复加热。

⑤ 采用单排或多排鼓泡，加强玻璃液的强制对流，提高玻璃液吸热效率。

2）加强配合料系统研究，减少玻璃液生成热

技术路径：

① 控制原料颗粒度及化学成分。原料颗粒大时会导致熔化困难，而过细的颗粒容易造成配合料飞扬、结块，导致配合料混合不均匀，原料化学成分稳定及严格控制杂质含量有利于配合料熔化。

② 采用配合料块化、粒化和预热技术，调整配合料配方，控制配合料的气体率，调整玻璃体氧化物组成，开发低熔化温度的料方，减少玻璃原料中碳酸盐组成，降低熔化温度，减少燃料的用量，降低二氧化碳排放。

③ 配方优化。在不影响玻璃性能的前提下，减少燃料用量。

④ 适度增加碎玻璃比例。每增加 1%碎玻璃，可减少熔窑的能耗约 5kcal/kg 玻璃液（1kcal≈4185.85J）。

3）减少玻璃窑炉表面散热量

技术路径：

① 加强全窑保温及密封。采用新型梯度保温材料对熔化部、小炉、蓄热室进行保温。加强烟道保温和密封，减少散热和漏风。增加熔化部池底保温厚度，优化设计池壁保温，减少池壁暴露面。

② 加强冷却部保温。改变传统冷却部不保温的方式，通过调整卡脖水包尺寸，增加冷却部池壁、胸墙、大碹等部位的保温，减少冷却部表面散热。

③ 通过在熔化部大碹及胸墙等部位内表面喷涂高温红外辐射涂料的方式，增加窑内辐射效率，减少碹顶散热。

④ 投料口采用挡焰砖代替传统的水包，减少用水量及水带走的热量。

⑤ 投料口设置密封罩，对投料口进行全密封设计，减少投料口处散热。

4）提高余热回收效率

技术路径：

① 通过提高格子体高度、减小格孔孔径、优化蓄热室分隔方式等途径增加格子体换热面积，提高助燃空气温度，降低出蓄热室烟气温度。

② 增加生产线余热资源的计量设施，蒸汽量单独计量。

③ 鼓励蒸汽优先直接用于生产线设施，直接用于厂区生活、办公区采暖或制冷。

④ 加强烟道保温、防水、防漏措施。

（2）工艺

优化熔窑、退火炉及公用工程的工艺控制，提高全厂工艺用能效率。

技术路径：

① 熔窑燃烧系统采用精确控制、小炉燃料量智能化分配、助燃风-燃料量交叉限幅优化控制，实现自动比例调节；设置在线氧量仪，优化燃料消耗，降低能耗。

② 采用先进的喷枪系统，提高火焰燃烧效率。

③ 窑炉控制系统能保持窑炉温度、压力、液面、泡界线等稳定在最优工况。

④ 风机、水泵类负载采用变频控制，并采取节能自动控制措施。

⑤ 增加燃料热值分析装置，监控燃料的品质，提高熔窑燃烧控制的准确性。

⑥ 退火炉冷却风进行余热利用，可引至熔窑作助燃风提高燃烧效率或用于生产蒸汽及厂区内采暖。

（3）电气自动化

技术路径：

① 淘汰高耗能机电设备，空压机、风机、水泵选型符合有关节能规定；电动机、变压器等电气设备采用高能效产品；接触器、继电器、电磁阀等元器件采用低功耗产品。

② 提高熔窑自动化水平，窑温、窑压、液面等重要工艺参数自动控制，全面监测窑内玻璃液和耐材温度，对燃烧状况做大数据分析，进行优化控制。

③ 优化熔窑换向过程，协调控制助燃风吹扫、烟道调节闸板动作，缩短换向时间，换向过程中使工艺参数扰动最小。

④ 退火炉控制系统应能提供准确、稳定和易于调节的退火温度曲线控制手段；在保证产品质量的前提下，宜采用加热量少的退火温度作业制度和节能控制措施。

⑤ 车间照明采用高效 LED 灯，厂区可采用太阳能蓄电池路灯；照明宜分区分组控制；照明功率密度应符合相关规范规定。

⑥ 采取措施减少无功损耗，功率因数不低于 0.95；宜采用高压补偿与低压补偿相结合、集中补偿与就地补偿相结合的无功补偿方式；宜采用滤波方式抑制高次谐波，谐波限制符合电力部门有关规定。

⑦ 能源计量满足全厂和各子系统单独计量考核要求。

(4) 新能源替代

技术路径：充分利用风电技术、光电技术、风光储技术，吸收工业领域新能源技术探索经验，通过绿色能源技术途径减少日用玻璃生产过程中的电力消耗，结合余热利用、分布式发电等，提升企业能源“自给”能力，减少对化石能源及外部电力的依赖，促进日用玻璃生产的绿色能源低碳转型。

(5) 智能化工厂

智能玻璃工厂是充分利用互联网、云计算、大数据、物联网等技术和设备监控技术现实工厂信息管理与服务，实时掌握产销流程、提高生产过程可控性、消除信息孤岛，实时精准采集生产线各项数据，实现玻璃工厂降本增效、节能减排，为企业提供生产计划管理、生产调度管理、库存管理、质量管理等管理平台，实现资金流、物流、信息流的统一管理。推广自动化配料、熔窑、退火窑三大热工智能化控制，熔化成型数字仿真，冷端优化控制、在线缺陷检测、自动堆垛、智能仓储等数字化、智能化技术，推动玻璃生产全流程智能化升级。

1) 生产管理与智能优化

技术路径：融入指标、绩效、成本管理等先进管理理念，通过生产日志、台账、报表等方式将人、机、料、法、环有效融合，通过 DCS、PLC 生产线数据采集，将生产管理全过程的数据进行汇总、分析，实时反馈生产订单的产量、完成率、班组绩效。有效提升玻璃生产数字化、智能化水平，提高企业整体管控水平。对生产数据进行大数据分析，对生产过程进行智能优化控制。在中央控制室对各子车间生产进行智能化集中监控和统一管理，在原料、水泵房、空压站、油站等分车间实行就地无人化操控。

2) 设备管理

技术路径：以统一的资产编码为纽带，建立完善的设备台账，实行精确的设备分级分层管理、备品备件管理，建立标准化设备故障停机考核体系，提升设备综合效率，降低对产能及品质的影响。

3) 安环管理

技术路径：安全管理模块提供隐患排查与治理体系，推动安全隐患治理，降低企业安全事故发生率；环保管理模块可实现对排放数据、环保控制设施运行数据的耦合关系建模和参数调控，降低企业环保管理成本。

4) 能源管理

技术路径：采用能效管理系统是对燃料、电、水、蒸汽、压缩空气等能源的实时能耗数据采集、监视，通过大数据分析，找出企业管理、设备、工艺操作中的能源浪费问题；核算企业节能效果，明确企业节能方向，降低单位能耗成本，提高企业综合竞争力。

5) 碳资产管理

技术路径：

① 建立健全企业碳资产管理体系。建立碳资产管理制度，建设能源管理与计量体系，运用信息化、数字化和智能化手段，做好能源调控与监督。

② 参与碳交易市场建设。关注并准确把握国内碳市场的政策变化，根据国家政策，认真开展温室气体识别、预测和审计等工作。

③ 积极开展碳金融业务创新。逐步建立中国碳交易的运营标准和市场规范，加强碳资本项目研发与碳资本优化管理，提供碳金融服务，抓住中国碳交易的市场机遇。

④ 加强碳资产的监督管理队伍培训。积极组织相关人员参加专业培训，建立专门的碳资产管理团队，培训专职碳资产管理人员，切实提升从业人员的业务素质和管理能力，为碳交易提供人员保证。

11.5 欧盟玻璃联盟脱碳方略

欧洲玻璃联盟是欧盟范围内的玻璃工业联盟，它由 13 个国家玻璃协会和代表 5 种玻璃（瓶罐玻璃、平板玻璃、特种玻璃、日用玻璃和连续玻璃纤维）的行业协会组成。

2019 年 12 月，欧盟委员会发布《欧洲绿色新政》，提出到 2050 年实现气候中和目标，旨在通过新的循环增长模式，将欧盟转变为一个公平、繁荣的社会和富有竞争力的资源节约型现代化经济体。为此，欧洲玻璃联盟于 2021 年 5 月发布了一份文件，表述了欧盟玻璃工业的脱碳潜势和技术路径，其主要内容介绍如下，以供我国玻璃行业企业参考。

（1）增加废玻璃的回收利用

几乎所有的瓶罐玻璃和平板玻璃制造商都可能使用更多碎玻璃（回收玻璃），前提是其质量合适。除了减少能耗之外，加大碎玻璃用量还能减少颗粒物排放。据报道，每增加 10%碎玻璃用量，每吨玻璃能减少 9kg CO_2排放。这种减少排放的途径符合行业的可持续性努力和欧盟循环经济的愿望，但其潜力受限于欧盟每年可获得废玻璃的理论最大数量(瓶罐玻璃的回收量已高达 74%，未回收的废建筑玻璃的数量也有限)。

（2）利用废热预热原料（标准配合料或粒状配合料）

废热回收已广泛应用于玻璃行业，用来在高于 1000℃的温度下预热进入熔窑的助燃空气。一些残余废热还可进一步用于预热进入熔窑的原料或用于区域供暖等其他用途。使用烟气对配合料和碎玻璃的混合物进行预热是提高能效、减少 CO_2排放量的最佳可行技术之一。据报道，预热配合料和碎玻璃之后，每吨玻璃可减排 45kg CO_2。

（3）低碳燃烧/能源转换

革新的熔窑加热/燃烧技术包括以下多种不同的选择。

1）纯氧燃烧＋热回收技术

纯氧燃烧最初是为所有类型的大型玻璃熔窑研发的，其目的之一是减少燃烧产生的氮氧化物排放（最高可减排 70%～90%）。在纯氧燃烧熔中配上 TCR（热催化转化）的热回收系统，在提高燃料效率的同时，还能减少 CO_2的排放。2014 年 9 月在一个产量为 50t/d 的瓶罐玻璃熔窑中示范应用了热催化转化系统，之后一直稳定运行。此项技术将纯氧燃烧烟气中的废热储存在蓄热床内，利用此种热能将天然气和循环烟气的混合物转化为热合成气，与氧气一起燃烧。这种技术除节能之外，据报道每吨玻璃能够减排 44kg CO_2。

2）电熔窑

电熔是玻璃生产中富有前景的脱碳路径。欧洲玻璃联盟列出的脱碳潜力中包括实行 0～80%电熔或者全电熔。使用绿色电力进行全电熔能够消除化石燃料燃烧产生的 CO_2排放。然而，无论这项技术多么有前途，它的实施在今天仍然受到窑炉大小、玻璃组成和配合料中所含碎玻璃数量的限制。

虽然小型熔窑（<200t/d）已可使用电熔，但在平板玻璃或瓶罐玻璃生产中运行大型电熔（200～1000t/d）仍在探索和验证中。

电力成本、熔化质量（尤其是碎玻璃含量高的情况下）和最终玻璃产品的质量要求是采用全电熔与进一步创新的主要障碍。为配合电熔，还需开发绿色电力。此外，电网的稳定性和供电的安全性也是熔制玻璃要考虑的基本因素，因为玻璃窑炉需要永久和稳定的能源供给，不能随着绿色电力的可供性波动而间歇性地操作。

3）使用生物燃料

生物燃料包括生物气体、固体生物质及其气化产物。这些燃料目前还没有实现工业规模的应用，仅局限于示范项目。

相关试验表明，用生物气体部分替代天然气不会严重影响燃烧行为和产品质量。尽管天然气和生物气体在总热值等方面存在差异，但最高可实现30%的能量替代，而不会对燃烧行为和产品质量产生负面影响。现今主要的限制因素是玻璃行业对生物气体的所需量和可获量以及生物气体高于天然气的价格，所以生物气体尚不具备经济可行性。

4）使用氢燃料

用氢替代天然气大有前景。玻璃行业正在探索氢燃料熔窑。在电解过程中将水分解成氢气和氧气后，可直接使用氢气，或者将之加工为液体能源。这两种燃料都可用于玻璃行业等高温加热过程。据称这些燃料是未来实行脱碳的强有力技术。假设完全使用氢气，CO_2减排量最高可达75%～85%。

然而，任何替代燃料（尤其是氢气）都必须进行改进，因为氢气火焰的亮度远低于天然气火焰，这使得向玻璃熔体的传热效率大大降低。这尚需一些协调研究。另外，有人认为，还需要数年时间才能达到足够的氢气生产能力和运输能力，使氢燃料熔窑具有竞争力。

（4）碳捕集

为了解决在玻璃制造中的过程排放（目前估计在总排放量的15%～25%），碳捕集是供考虑的有效手段，因为过程排放是无法通过能源转换来避免的。然而，碳捕集与封存（CCS）、碳捕集与利用（CCU）需要克服多种障碍才能作为一种选择。如今，它仅是一种理论脱碳潜力。欲使它到2050年成为大规模的解决方案，需要建立广泛的基础设施。考虑到玻璃行业多为小而分散企业的特点，CCS/CCU的实施受到限制，首先是技术限制（空间限制、酸性化合物的存在、低CO_2浓度），其次是市场对碳的需求有限。

玻璃制造业减排技术潜力的总结见表11-5。

表11-5 玻璃制造业减排技术潜力总结

潜力	技术		技术就绪指数	CO_2减排量
CCS/CCU	碳捕集		4	最高90%
转用碳中性能源	碳中性燃气		8	75%～85%
	电熔窑	小窑	9	75%～85%
		大窑和特种玻璃窑	5	
		玻璃纤维窑	3	

续表

<table>
<tr><th>潜力</th><th colspan="2">技术</th><th>技术就绪指数</th><th>CO_2减排量</th></tr>
<tr><td rowspan="3">转用碳中性能源</td><td colspan="2">生物燃料</td><td>8</td><td>75%～85%</td></tr>
<tr><td colspan="2">燃气管道中含20%氢</td><td>7</td><td>15%～17%</td></tr>
<tr><td colspan="2">100%氢</td><td>5</td><td>75%～85%</td></tr>
<tr><td rowspan="2">循环经济</td><td rowspan="2">增加回收玻璃用量</td><td>瓶罐玻璃</td><td>9</td><td>最高20%</td></tr>
<tr><td>平板玻璃</td><td>9</td><td>最高5%</td></tr>
<tr><td rowspan="4">工艺改进</td><td colspan="2">配合料造粒</td><td>6～8</td><td>最高5%</td></tr>
<tr><td colspan="2">原料预热</td><td>8</td><td>最高15%</td></tr>
<tr><td colspan="2">配合料调整配方</td><td>4</td><td>最高20%</td></tr>
<tr><td colspan="2">余热回收</td><td>9</td><td>最高15%</td></tr>
</table>

第12章 日用玻璃行业职业卫生防护管理

根据《建设项目职业病危害风险分类管理目录（2021年版）》，玻璃制品业的职业病危害风险分类为严重，主要原因为其生产过程中粉尘危害严重。日用玻璃制造过程中最主要的职业病危害因素是粉尘和噪声，而且使用的主要原辅材料石英砂的游离 SiO_2 含量高达98%，因此提高粉尘危害严重企业的职业卫生条件及管理水平对日用玻璃行业职业病防治有着重要意义。

12.1 职业病危害因素识别

（1）配料系统

日用玻璃生产主要原料为石英砂，占配料的60%～70%，其余为纯碱、白云石、石灰石以及其他少量的辅助原料。投料时会接触到白云石粉尘、石灰石粉尘、硅尘、纯碱等危害；在称量、混料、皮带输送、提升机等作业点均会接触噪声、粉尘危害。

粉尘按其直径可分为降尘（颗粒粒径$>10\mu m$）和飘尘（颗粒粒径$<10\mu m$）。飘尘会通过呼吸作用进入鼻孔和支气管，一部分进入肺泡中沉积下来，引起肺部疾病（肺尘埃沉着病，简称尘肺），其中危害较大的为硅肺（硅沉着病），粉尘中游离 SiO_2 含量大于70%时就会产生硅肺。

玻璃生产中用量最大的就是硅质原料（砂岩、硅砂、石英砂、长石、白云石等），占玻璃配合料的70%以上，其中砂岩、硅砂、石英砂中含有大量游离 SiO_2。玻璃生产中还常使用金属及其化合物（如铅、镉、氧化铅、氧化镉、氧化铬、氧化锌、氧化铜、氧化铁、氧化锰、锰矿粉、铬矿粉及纯碱）和非金属化合物（如氟化物、氧化砷、氧化锑、氧化铈、硒粉、碳粉、石棉等），由于这些物质颗粒较细，在称量、混合及加料过程中均易产生粉尘。粉尘进入人体后，会对身体健康产生严重影响。

玻璃生产过程中的有毒有害原料及对人体健康产生的影响见表12-1。

表 12-1 有害物对人类产生中毒的剂量及中毒症状

有害物	中毒剂量	致死剂量	摄入人体途径	慢性中毒症状
铅	1mg	1g	呼吸道吸入蒸气、气溶胶、粉尘，污染食物经消化道进入	头晕、头疼、疲劳、乏力、忧郁、失眠、多梦等神经衰弱症状，还可能伴有关节酸痛，眼睑、手指有轻度震颤，口内有金属味，食欲减退，消化不良，并可能有轻度腹痛、便秘等
镉	3～300mg	1.5～9g	呼吸道吸入蒸气、粉尘，污染食物经消化道进入	头晕、乏力、睡眠障碍等神经衰弱症，体重减轻，并有胃肠道障碍及呼吸器官的病症，牙齿损坏，中毒后检查牙齿有黄色环
锌	140～600mg	6g	粉尘、烟雾由呼吸道进入，污染食物由消化道进入	头疼、全身酸痛、食欲不振、疲乏、嗜睡
钡	200mg	n. a	粉尘、蒸气由呼吸道吸入，消化道吸收少，并可由破损的皮肤、黏膜受接触而损伤	呼吸困难、流涎、结膜炎、胃肠炎，心律不齐、心率加快，血压升高，排尿障碍
镍	50mg	n. a	粉尘由呼吸道进入，污染食物由消化道进入，皮肤、黏膜受接触而损伤	过敏性皮炎、湿疹、瘙痒，也可引起上呼吸道损害，黏膜不同程度溃疡和坏死性病变，口中有苦涩味
铬	200mg	6g	粉尘由呼吸道进入，污染食物由消化道进入，皮肤、黏膜受接触而损伤	鼻黏膜溃疡及鼻中隔穿孔，口腔底部有多发性溃疡，咽炎、扁桃体炎、皮炎、皮肤褶皱处溃疡、头痛、头晕、消化障碍、便秘
钒	0.25mg	2～4g	粉尘、烟雾由呼吸道进入，污染食物由消化道进入	支气管炎、支气管肺炎、恶心、呕吐、舌呈暗绿色、腹痛、腹泻、心悸、血压升高、视神经炎、皮肤湿疹以及肾脏受损
砷	5～10mg	50～340mg	粉尘、烟雾、蒸气由呼吸道进入，污染食物由消化道进入，皮肤、黏膜接触吸收	恶心、呕吐、腹泻，大便水样或混有白液、黏液，可出现肝脏肿大及肝功能异常，周围神经炎，四肢感觉障碍，严重时四肢瘫痪，并可出现肌肉萎缩。皮肤上出现皮疹、湿疹，对黏膜有刺激后引起鼻衄、鼻炎、喉炎、气管炎、结膜炎、角膜浑浊等，长期接触尘埃，皮肤有青铜色色素沉着
氟	20mg（F^-）	2g（F^-）	粉尘、烟雾、蒸气由呼吸道进入，污染食物由消化道进入，皮肤、黏膜接触吸收	上呼吸道引起黏膜肿痛，流涕出血、溃疡以致穿孔，干咳、声音嘶哑，尘肺、结膜炎，牙齿釉质无光泽、发黄、斑齿，皮肤上能引起皮炎、皲裂、溃疡，指甲变薄，皮肤瘙痒、烧灼感。全身无力，头晕、头痛，四肢腰背酸痛，食欲减退

注：表中“n. a”表示不适用。

《工作场所有害因素职业接触限值 第1部分：化学有害因素》（GBZ 2.1—2019）（含第1号修改单）中对生产条件下车间有害物允许的浓度作了严格规定，见表12-2和

表 12-3。

表 12-2　玻璃生产操作车间粉尘职业接触限值

有害物		8h 平均允许接触浓度/(mg/m^3)	
		总尘	呼尘
白云石粉尘		8	4
煤尘		4	2.5
石灰石粉尘		8	4
硅尘	10%≤游离 SiO_2 含量≤50%	1	0.7
	50%<游离 SiO_2 含量≤80%	0.7	0.3
	游离 SiO_2 含量>80%	0.5	0.2
其他粉尘		8	—

表 12-3　玻璃生产生物监测指标和职业接触生物限值

有害物	生物监测指标	职业接触生物限值	采样时间
氟及其无机化合物	尿中氟	42mmol/mol Cr（7mg/g Cr）	工作班后
		24mmol/mol Cr（4mg/g Cr）	工作班前
镉及其无机化合物	尿中镉	5μmol/mol Cr（5μg/g Cr）	不作严格规定
	血中镉	45nmol/L（5μg/L）	不作严格规定
铅及其化合物	血中铅	2.0μmol/L（400μg/L）	接触三周后的任意时间
锑及其化合物	尿中锑	85μg/L	工作班末
甲苯	尿中马尿酸	1mol/mol Cr（1.5g/g Cr）	工作班末（停止接触后）
		11mmol/L（2.0g/L）	
	终末呼出气甲苯	20mg/m^3	工作班末 （停止接触后 15～30min）
		5mg/m^3	工作班前

（2）熔窑工段

熔窑窑头料仓投料机向熔炉投料时产生粉尘；熔窑利用天然气等燃料燃烧火焰和热能对混合料进行熔化过程中产生高温；燃料燃烧不充分时会产生一氧化碳；若使用天然气作为燃料，天然气主要成分为甲烷，当设备管道、阀门、法兰等密封不严时会泄漏至工作场所中；各种风机运转时产生噪声。熔窑工段产生的主要职业病危害因素有其他粉尘、高温、一氧化碳、甲烷、噪声。

（3）成型退火工段

成型机运行产生高温，设备运作时产生噪声；退火窑运行产生高温，风机运转时产生噪声。成型、退火工段产生的主要职业病危害因素为高温、噪声。

（4）冷端工段

切割、掰边、输送装置以及玻璃裁装过程会产生噪声。冷端工段产生的主要职业病危害因素为噪声。

（5）辅助设施

液氨区涉及的主要职业病危害因素为液氨所经设备、管路的阀门、法兰密封不严处可能逸散的氨气。空压站涉及的主要职业病危害因素为空压机等设备运行产生的噪声。

高温烟气通过管道输送至余热锅炉，烟气中可能存在一氧化碳、二氧化硫、氮氧化物等有害气体；水蒸气在管道内输送可能产生高温；各风机泵运转产生噪声。余热锅炉产生的主要职业病危害因素有一氧化碳、二氧化硫、氮氧化物、高温、噪声。

脱硫脱硝烟气管道可能逸散一氧化碳、氧化硫、氮氧化物等有害气体；各风机、泵运转产生噪声。脱硫脱硝系统产生的主要职业病危害因素有一氧化碳、二氧化硫、氮氧化物、氨、噪声。

日用玻璃生产主要工艺环节职业病危害因素见表12-4。

表12-4 日用玻璃生产主要工艺环节职业病危害因素

主要生产工艺环节		可能存在的主要职业病危害因素
原料预加工	破碎和粉碎	噪声、振动、毒物（含钡、硫等的原料、添加剂等）、粉尘（石英砂、砂岩、白云石、长石、石灰石等）
	脱水和干燥	
	过筛	
	除铁	
配合料制备	称量	粉尘（石英砂、砂岩、白云石、长石、石灰石等）
	混合	
	输送	
熔制	送料	粉尘（石英砂、砂岩、白云石、长石、石灰石等）、高温、毒物（含钡、硫等的原料、添加剂等）、噪声、热辐射
	配合料熔化	
	玻璃液冷却	
成型	吹制法	高温、噪声
	压制法	
退火	加热	高温、噪声
	保温	
	慢冷	
	快冷	
后加工	冷加工	中毒（含氟、硫、氨、金属化合物、甲苯等的原料）、高温、热辐射、粉尘
	热加工	
	喷涂	
	化学处理	

12.2 职业病危害防治

12.2.1 防护设施

日用玻璃企业防尘、防毒、防噪声、防高温、事故应急处置等职业病危害防治技术措施应满足《玻璃生产企业职业病危害防治技术规范》（WS/T 740—2015）中的相关要求。结合行业实际，提出企业应设置的职业病防护设施如下。

（1）防尘毒设施

为减少粉尘，首先从源头上加以控制，对各种矿物原料严格规定超细粉含量，尽量用天然石英砂代替硅粉，用重碱（容重 0.94～1.0t/m^3，粒度 0.1～1.0mm）代替轻质纯碱（容重 0.55～0.65t/m^3，粒度 0.075mm）等，减少粉尘产生。

采用集散控制系统（DCS）自动化控制尘毒，减少工人现场接触危害的机会；采用喷雾等措施，减少物料在装卸、运输、混合及清扫等过程中粉尘的产生和扩散，特别是对人体危害较大的石英砂，采用湿式运输；玻璃原料在破碎、筛分、贮存、称量、混合及配合料输送直至窑头料仓的下料过程中，应在工艺设备的产尘点（如入料口和出料口等处）设置密闭抽风除尘设施；主要原料配制时采用密闭自动称量，密闭混料，辅料投料口保持负压，防止粉尘外逸；原料输送皮带应设置在密闭廊道内；熔制车间建造时考虑工艺特点，利用风压、热压差，合理组织气流，车间四面均应设置无动力风机，充分利用自然通风改善作业环境。脱硝用氨水储罐宜露天布置。

加强粉尘检测、个人防护以及管理工作。按工艺流程经统计确定若干粉尘检测点，定期检测粉尘浓度，根据检测结果及时采取降尘措施。工人在操作时应有全套防尘和劳保用品。防尘工作按“革、水、密、风、护、管、教、查”八字环节要求，进行经常的严格管理，将粉尘浓度控制在规定范围或以下。

（2）防噪声设施

玻璃生产线设置隔声控制室，采用隔声门窗；噪声高的风机等设备设置减振基础或者隔声罩、消声器；动力设备进出口采用软接头相连及弹性支架以降低噪声；建筑物外墙门窗均采用密闭性能好的中空玻璃窗以减少噪声的传播；轻质内隔墙采用隔声性能好的轻钢龙骨石膏板、岩棉金属壁板以减少房间之间的影响；将噪声高的空压机等设备集中布置在空压站。

（3）防高温设施

熔制车间利用热压合理组织自然通风，并由生产线冷端吹向热端；窑炉外部采用多层隔热以减少热辐射；熔窑及高温管道设置隔热保温层；投料口、熔窑两侧池壁应设置冷却风系统；熔窑工段及成型工段厂房屋顶应设置避风排热天窗；在成型机、钢化炉、退火炉拣选台等场所设移动风扇，夏季辅以冰块以降低工作环境温度。

12.2.2 个人防护用品

针对各岗位存在的职业病危害因素，企业应为作业人员配备符合国家标准或者行业标准的个人防护用品。针对职业病危害因素的种类及其浓（强）度，个人防护用品配备情况见表 12-5。

表 12-5 个人防护用品配备

危害因素	分类	要求
粉尘	石灰石粉尘、白云石粉尘、其他粉尘	过滤效率至少满足《呼吸防护 自吸过滤式防颗粒物呼吸器》（GB 2626—2019）规定的 KN90 级别的防颗粒物呼吸器
	硅尘	过滤效率至少满足 GB 2626—2019 规定的 KN95 级别的防颗粒物呼吸器
化学物	一氧化碳、二氧化硫、氮氧化物、氨	面罩类型：工作场所毒物浓度超标≤10 倍，使用送风或自吸过滤半面罩；工作场所毒物浓度超标≤100 倍，使用送风或自吸过滤全面罩；工作场所毒物浓度超标＞100 倍，使用隔绝式或送风过滤式全面罩
噪声	劳动者暴露于工作场所 80dB≤$L_{EX,8h}$＜85dB	根据劳动者需求为其配备适用的护听器
	劳动者暴露于工作场所 $L_{EX,8h}$≥85dB	为劳动者配备适用的护听器，并指导劳动者正确佩戴和使用。劳动者暴露于工作场所 $L_{EX,8h}$为 85～95dB 的应选用护听器 SNR（信噪比）为 17～34dB 的耳塞或耳罩；劳动者暴露于工作场所 $L_{EX,8h}$≥95dB 的应选用护听器 SNR≥34dB 的耳塞、耳罩或者同时佩戴耳塞和耳罩，耳塞和耳罩组合使用时的声衰减值，可按二者中较高的声衰减值增加 5dB 估算
高温	WBGT 指数（湿球黑球温度）≥25℃	隔热服、隔热阻燃鞋等

12.2.3 应急救援设施

日用玻璃生产企业可能产生急性职业病危害事故，产生场所主要为烟气脱硝氨水储罐区。为了有效预防并正确应对职业病危害事故的发生，企业应按照表 12-6 配备应急救援设施。

表 12-6 应急救援设施配备

场所	职业病危害事故	应设置的应急救援设施	
		类型	名称
烟气脱硝氨水储罐区	氨气泄漏	报警设施	固定式氨报警器、便携式氨报警器、连锁事故风机
		冲洗设施	安全喷淋洗眼器
		防护装备	正压式空气呼吸器、防毒面具、防化服、防护眼镜等
		泄险设施	围堰

液氨为液化状态的氨气，是一种无色液体，有强烈的刺激性气味，具有腐蚀性、毒

性，而且容易挥发。氨的作业场所最高允许浓度为30mg/m^3，与空气的混合物的爆炸极限是15.7%～27.4%。根据《石油化工企业设计防火规范》(GB 50160—2008)，氨属于乙A类可燃气体。若氨区液氨储量>10t，按照《危险化学品重大危险源辨识》(GB 18218—2018) 规定，已构成重大危险源。

结合相关标准规范及文件要求，从消防安全布置及消防系统设计方面梳理出液氨区消防设计的设计要点如下。

(1) 总图运输

根据《石油化工企业设计防火标准》(GB 50160—2008) 及《火力发电厂烟气脱硝系统设计规程》(DL/T 5480—2022) 中的相关要求，液氨区的布置应满足全厂统一规划的要求，宜集中布置，分期实施。氨区应单独布置在通风条件良好的厂区边缘地带，避开人员集中活动的场所和主要的人流出入口，并宜位于厂区全年最小风频的上风侧。氨区周围应设环形消防车道，设置环形消防车道有困难时，可沿长边设宽度不小于6m的尽头式消防车道，并应设回车道或回车场。氨区应设置两个及以上对角或对向布置的安全出口。安全出口门应向外开，氨区高处还需设逃生风向标，以便危险情况下人员能够安全疏散。

(2) 围墙

根据《电力设备典型消防规程》(DL 5027—2015) 及《火力发电厂烟气脱硝系统设计规程》(DL/T 5480—2022) 的相关要求，围墙设置的要求如下：位于厂区外独立布置的液氨区，其生产区四周应设置高度不低于2.5m的不燃烧体实体围墙；位于厂区内的液气区，其生产区四周应设置高度不低于2.2m的不燃烧体实体围墙；当液氨区利用厂区围墙时，应采用高度不低于2.5m的不燃烧体实体围墙。

(3) 防火堤

根据《火力发电厂烟气脱硝系统设计规程》(DL/T 5480—2022) 相关规定：液氨储罐四周应设高度为1.0m的不燃烧体实体防火堤（以堤内设计地坪标高为准）。此外，根据《电力设备典型消防规程》(DL 5027—2015) 的要求，防火堤内的有效容积不应小于储罐组内一个最大储罐的容量。防火堤必须是闭合的，不应渗漏。每一储罐的防火堤不应少于2处越堤人行踏步或坡道，并应设置在不同方位上。防火堤的设置应符合现行消防规范及《储罐区防火堤设计规范》(GB 50351—2014) 的要求。

(4) 火灾报警系统

根据《石油化工企业设计防火标准》(GB 50160—2008) 以及《火灾自动报警系统设计规范》(GB 50116—2013) 相关要求，氨区作为乙类装置区应划分为火灾报警区域，其可燃气体探测器、氨区的氨气泄漏报警的信号应接入火灾自动报警系统。氨区罐组周围道路边应设置手动火灾报警器，其间距不宜大于100m。火灾自动报警系统按照《火灾自动报警系统设计规范》(GB 50116—2013) 及《石油化工可燃气体和有毒气体检测报警设计标准》(GB/T 50493—2019) 中的有关规定设计。

(5) 事故排水

《石油化工企业设计防火标准》(GB 50160—2008) 中5.2.27条规定："火灾事故状态下，受污染的消防水应有效收集和排放。"一旦发生液氨泄漏甚至火灾，消防水系统启动，将会有大量含有氨的废水产生，这些水对土壤、空气和水源都会造成非常严重的危害，不能直接排放，需要收集处理后达标外排。无论是排入设计废水池还是排入厂区排水管网，都应在设计建造时作出合理安排。

某玻璃企业液氨储罐区现场照片如图12-1所示。

(a)

(b)

图12-1　某玻璃企业液氨储罐区现场照片

12.2.4　职业卫生管理

企业应设置或者指定职业卫生管理机构或组织，配备专职职业卫生管理人员。应按照《工作场所职业卫生监督管理规定》(国家安全生产监督管理总局令〔2012〕第47号）的要求制定职业卫生管理制度和操作规程，并落实相关内容：设置公告栏，公示职业卫生管理制度和操作规程、职业病危害因素监测结果、应急救援措施；在产生职业病危害因素的作业场所设置警示标识；定期组织职业卫生知识培训；委托具有相应资质的职业卫生技术服务机构，定期进行职业病危害因素检测和评价；组织接触职业危害的作业人员进行上岗前、在岗期间、离岗时职业健康检查；建立职业卫生档案和职业健康监护档案。

玻璃生产企业应建立的职业卫生管理制度主要包括岗位责任制、定期职业卫生检查监护制度、个人防护用品发放使用制度、职业危害防护设施的维修保养和定期检测检验制度、毒性物质存取制度等。

职业卫生管理部门主要工作职责如下。

① 职业病防治领导机构由企业法定代表人、管理者代表、相关职能部门以及工会代表组成，其主要职责是审议职业卫生工作计划和方案，布置、督查和推动职业病防治工作。

② 企业应明确工会、人事及劳动工资、企业管理、财务、生产调度、工程技术、职业卫生管理等相关部门在职业卫生管理方面的职责和要求。

③ 企业应当配备专职职业卫生管理人员，对职业卫生工作提供技术指导和管理。公司按职工总数的0.2%～0.5%配备职业卫生专职人员。要有职业卫生专（兼）职人员书面聘用文件、个人资质（职业卫生专业知识背景、工作经历和执业医师资格）文件和专业

档案。

④ 组织对接触职业危害因素职工定期进行职业卫生培训，经考核合格后方可上岗。培训的内容包括：职业卫生法律、法规、规章、操作规程，所在岗位的职业病危害及其防护设施，个人防护用品的使用和维护，铅作业劳动者个人生活中的保健方法，紧急情况下的急救常识和避免意外伤害的紧急应对方法，劳动者所享有的职业卫生权利等。应做好培训记录并存档。

⑤ 识别和告知职业危害，以书面形式告知工作人员（包括防护服清洗人员等）暴露在铅工作环境中的潜在健康影响。

⑥ 制定职业病防治方案，编制岗位安全卫生操作规程。

⑦ 对职业健康监护和职业病人进行管理。

⑧ 组织开展职工职业病危害因素检测评价，按照《职业健康监护技术规范》（GBZ 188—2014）规定告知职工职业健康检查结果，并保护劳动者的隐私。

⑨ 按照国家有关法律法规和标准规定，为职工提供合格的、足量的个人防护用品，包括防尘或防酸工作服、防尘口罩、防毒（酸）口罩、护耳器、防护鞋和手套等。

12.3　职业危害事故的应急救援

12.3.1　建立、健全职业病危害事故应急救援预案

企业应建立、健全职业病危害事故应急救援预案并形成书面文件予以公布。职业病危害事故应急救援预案应明确责任人、组织机构、事故发生后的疏通线路、紧急集合点、技术方案、救援设施的维护和启动、医疗救护方案等内容。

12.3.2　定期演练职业病危害事故应急救援预案

企业应对职业病危害事故应急救援预案的演练做出相关规定，对演练的周期、内容、项目、时间、地点、目标、效果评价、组织实施以及负责人等予以明确。应急救援演练的周期应按照相关标准和作业场所职业病危害的严重程度分别管理，制定最低演练周期、演练要求及监督部门的监督职责。企业应如实记录实际演练的全程并存档。

12.3.3　配备应急救援设施并保持完好

企业应进行经常性的维护、检修，定期检测其性能和效果，以及在发生事故使用应急救援设施后，也应及时维修，并检测其性能和效果，确保其处于正常状态。同时应建立相应的管理制度，责任到位，有人负责，定期维护、检修，保证应急救援设施能正常运转。

12.3.4　职业危害事故的应急和报告

企业一旦发生职业病危害事故，应当及时向所在地安全生产监督管理部门和有关部门报告，并采取有效措施，减少或者消除职业病危害因素，防止事故扩大。对遭受或者可能遭受急性职业病危害的劳动者，企业应当及时组织救治、进行健康检查和医学观察，并承

担所需费用。企业不得故意破坏事故现场、毁灭有关证据，不得迟报、漏报、谎报或者瞒报职业病危害事故。

12.4 案例分析

对某玻璃制品企业职业病危害现状进行调查、检测与评价，其结果如下。

（1）调查对象

某玻璃制造企业，1985 年成立，主要生产啤酒瓶、调味瓶、酱料瓶等玻璃制品，年产 20×10^4t。现有职工总数 650 人，其中一线生产工人 500 人。主要上班时间为 3 班制，每周上班 5d，每天 8h。

（2）主要生产工艺流程

该企业使用的主要原辅材料有碎玻璃、石英砂、碳酸钠、方解石和长石等。除碳酸钠为人工拆袋投料外，其余均是铲车铲运投料。碎玻璃为外购玻璃和生产中产生的次品玻璃，经玻璃清洗线使用清水清洗后配料；投料后经自动配料设备按比例配料后经皮带输送机送至熔炉。原料熔化后形成玻璃液，进入成型机，加工制成各种规格的玻璃瓶。玻璃成型后进行退火、冷却，然后包装入库。

（3）职业病危害因素识别

通过现场职业卫生学调查、资料收集，结合职业病危害因素分类目录等标准综合分析，该企业生产过程中存在的主要职业病危害因素为：碎玻璃清洗存在噪声；配料、投料、配料皮带输送巡检存在碳酸钠、硅尘和噪声；熔炉熔化存在硅尘、高温和噪声；成型存在高温和噪声。

（4）职业病危害因素检测

对投料区、配料区的游离 SiO_2 含量进行检测，检测结果分别为 43.49%、18.18%。对碳酸钠投料工接触的碳酸钠浓度进行个体采样，采集 6 个样品均合格；对投料铲车司机、自动配料巡检工、司炉工接触的硅尘（总尘、呼尘）浓度进行个体采样，共采集 30 个样品，其中 22 个超标，总超标率 73.3%，见表 12-7。对碎玻璃清洗工、投料铲车司机、自动配料巡检工、司炉工和成型工接触的噪声强度进行个体检测，共检测 15 个作业工，其中 14 个存在超标，总超标率 93.3%，见表 12-8。对司炉工和成型工接触的湿球黑球温度（WBGT 指数）进行检测，检测结果均合格，见表 12-9。

表 12-7 某玻璃制造企业化学毒物浓度检测结果

职业病危害因素	检测工种	检测样品数/个	C_{TWA}范围/(mg/m³)	C_{TWA}平均值/(mg/m³)	PC_{TWA}/(mg/m³)	最大超标倍数	超标样品数/个	超标率/%
碳酸钠	碳酸钠投料工	6	0.1175～0.3804	0.2191	3	—	0	0
硅尘（总尘）	投料铲车司机	6	1.19～8.83	4.07	1	7.83	6	100
	自动配料巡检工	3	3.84～4.06	4.30	1	3.06	3	100
	司炉工	6	0.38～3.90	1.60	1	2.90	3	50

续表

职业病危害因素	检测工种	检测样品数/个	C_{TWA}范围/(mg/m³)	C_{TWA}平均值/(mg/m³)	PC_{TWA}/(mg/m³)	最大超标倍数	超标样品数/个	超标率/%
硅尘（呼尘）	投料铲车司机	6	0.69～1.92	1.43	0.7	1.74	5	83.3
	自动配料巡检工	3	0.86～1.58	1.22	0.7	1.26	3	100
	司炉工	6	0.05～1.27	0.53	0.7	0.81	2	33.3

注：C_{TWA}为 8h 时间加权平均浓度；PC_{TWA}为 8h 时间加权评价容许接触浓度。

表 12-8　某玻璃制造企业噪声强度检测结果

检测工种	检测人数	检测结果范围/dB（A）	平均值/dB（A）	职业卫生接触限值/dB（A）	超标人数/人	超标率/%
碎玻璃清洗工	4	92.1～96.9	94.1	85	4	100
投料铲车司机	2	82.5～90.0	86.3		1	50
自动配料巡检工	3	88.2～91.2	89.9		3	100
司炉工	2	85.1～86.2	85.7		2	100
成型工	4	100.5～105.8	103.5		4	100

表 12-9　某玻璃制造企业 WBGT 检测结果

检测工种	日接触时间	接触时间率	体力劳动强度	WBGT 指数范围/℃	职业接触限值/℃	超标率/%
司炉工	2h	25%	1	31.2～31.5	34	0
成型工	8h	100%	1	29.2～30.5	31	0

（5）职业卫生学调查

1）防护设施的设置

该企业已为铲车设置密闭防尘驾驶室，但在作业期间，部分铲车司机未关闭好门窗，可使粉尘逸散至驾驶室内。配料车间无通风设施，投料口无局部抽排风设施，粉尘量较大导致超标。配料输送皮带、斗提升机设置金属外壳密闭，但部分转载点密闭不全，有落料，引起粉尘逸散。熔炉设置环保通风除尘净化装置，巡检位设置移动式鼓风机，另设独立的远程监控室。成型机上设有鼓风机进行降温。

2）个体防护用品的配发、佩戴

该企业已为全部作业工人配发安全帽、劳保鞋和工作服，为接触噪声作业工配发 3M 牌 1110 型带线耳塞（SNR 为 31），最高防护为 103.6dB（A），其中成型工增配 3M 牌 1426 经济型耳罩。企业为接触粉尘作业的工人配发朝美牌新 2002 型防尘口罩。现场调查发现，部分工人在作业时未能正确佩戴个体防护用品。

3）职业健康检查

该企业 2015 年委托某职业健康检查医院仅对其 60 名接触职业病危害因素的劳动者进行体检，体检的危害因素有粉尘、噪声和高温。体检发现有 21 名劳动者纯音电测听异常，单耳或双耳听阈提高，需要加强防护，未发现有职业禁忌证和疑似职业病人。未建立劳动者个人职业健康监护管理档案。

（6）职业病危害防治建议

该企业应积极依据职业病防治法的要求落实职业病防治工作，加强对粉尘、噪声的控制。优化工艺流程，提高自动化程度，提高生产设备的密闭化，尽可能减少劳动者接触粉尘和噪声的频率。加强对超标岗位的整改，增加必要的通风除尘设施和隔声降噪设施，以降低粉尘产生浓度和噪声强度，使其达到标准的要求。定期组织劳动者进行教育培训，提高其防护意识，指导其正确佩戴个体防护用品。完善监督机构，督促劳动者在正常作业期间正确佩戴个体防护用品。加强职业健康监护，按照要求的体检周期组织接触职业病危害因素的全部劳动者进行职业健康检查，并建立劳动者个人职业健康监护档案，检查有异常或发现有职业禁忌证、疑似职业病患者，应按法规要求进行复查、调岗、治疗和提请职业病诊断。

第13章
清洁生产审核制度

13.1 基本概念

13.1.1 清洁生产的起源

清洁生产（cleaner production）是一种为节约资源和保护环境而采取的综合预防战略，是在回顾和总结工业化实践的基础上提出的，是社会经济发展和环境保护对策演变到一定阶段的必然结果。清洁生产是人们思想和观念的一种转变，是环境保护战略由被动反应向主动行动的一种转变。它综合考虑了生产、服务、消费过程的环境风险、资源和环境容量、成本和经济效益。与以往不同的是，清洁生产突破了过去以末端治理为主的环境保护对策的局限，将污染预防纳入产品设计、生产过程和所提供的服务之中，是实现经济与环境协调发展的重要手段。

自工业化以来，在传统的资源—生产/消费—污染排放的单向线性发展模式下，“高增长、高消耗、高污染”的生产方式实现了国内生产总值的迅速提高，为人类提供了大量的物质消费品。同时，大量投入的资源和能源并未得以高效利用，部分转化为废物排入自然环境中，继而造成污染。地球自然资源的耗竭和生态环境的污染与破坏，互相关联、交互作用，其影响范围已从局部地区扩展到整体区域，乃至形成全球性的环境问题。人们开始思考调整发展模式、源头上减少排放等办法来解决环境污染问题。

1989年5月联合国环境署工业与环境规划活动中心（UNEPIE/PAC）根据联合国环境规划署（UNEP）理事会会议的决议，制定了《清洁生产计划》，在全球范围内推进清洁生产。该计划的主要内容之一为组建两类工作组：一类为制革、造纸、纺织、金属表面加工等行业清洁生产工作组；另一类是组建清洁生产政策及战略、数据网络、教育等业务工作组。该计划还强调要面向政界、工业界、学术界人士，提高清洁生产意识，教育公众，推进清洁生产的行动。1992年6月，巴西里约热内卢的“联合国环境与发展大会”上，通过了《21世纪议程》，号召工业提高能效，更新替代对环境有害的产品和原料，推动实现工业可持续发展。

自1990年以来，联合国环境规划署已先后在坎特伯雷、巴黎、华沙、牛津、汉城、蒙特利尔举办了六次国际清洁生产高级研讨会。1998年10月，在汉城第五次国际清洁生产高级研讨会上，出台了《国际清洁生产宣言》，包括13个国家的部长及其他高级代表和9位公司领导人在内的64位签署者共同签署《国际清洁生产宣言》。该宣言的主要目的是提高公共部门和私有部门中关键决策者对清洁生产战略的理解，它也将激励对清洁生产咨询服务更广泛的需求，是对清洁生产作为一种环境管理战略的公开承诺。当前，全球面临着环境风险不断增长、气候变化异常、生态环境质量恶化以及资源能源制约等多重挑战，清洁生产理念已经从工业生产向社会服务、农业及社会生活等方面渗透。生态设计、产品全生命周期控制、废物资源化利用等将成为今后清洁生产的发展方向，并将影响人们日常生活的各个方面。

13.1.2 什么是清洁生产

清洁生产是人们思想和观念的一种转变，即环境保护战略由被动反应向主动行动的一种转型。联合国环境规划署对世界各国开展的污染预防活动进行分析提升后，提出了清洁生产的定义：清洁生产是一种新的创造性的思想，该思想将整体预防的环境战略持续应用于生产过程、产品和服务中，以增加生态效率，减少对人类及环境的风险。

——对生产过程，节约原材料和能源，淘汰有毒原材料，减少废物的数量和毒性；

——对产品，减少从原材料提炼到产品最终处置的全生命周期的不利影响；

——对服务，将环境因素纳入设计和所提供的服务中。

《中华人民共和国清洁生产促进法》对清洁生产的定义为：清洁生产是指不断采取改进设计、使用清洁的能源和原料、采取先进的工艺技术与设备、改善管理、综合利用等措施，从源头削减污染，提高资源利用效率，减少或者避免生产、服务和产品使用过程中污染物的产生与排放，以减轻或者消除对人类健康和环境的危害。

清洁生产是一种全新的环境保护战略，是从单纯依靠末端治理逐步转向过程控制的一种转变。清洁生产从生态、经济两大系统的整体优化出发，借助各种相关理论和技术，在产品的整个生命周期的各个环节采取战略性、综合性、预防性措施，将生产技术、生产过程、经营管理及产品等与物流、能量、信息等要素有机结合起来，并优化其运行方式，从而实现最小的环境影响、最少的资源能源使用、最佳的管理模式以及最优化的经济增长水平，最终实现经济的可持续发展。

传统的经济发展模式不注重资源的合理利用和循环回收，大量、快速消耗资源，对人类健康和环境造成危害。与传统经济不同，清洁生产注重将综合预防的环境战略持续地应用到生产过程、产品和服务中，以减少对人类和环境的风险。

具体来说，清洁生产主要包括3个方面的含义：

① 指自然资源的合理利用，即要求投入最少的原材料和能源，生产出尽可能多的产品，提供尽可能多的服务，包括最大限度节约能源和原材料、利用可再生能源或清洁能源、利用无毒无害原材料、减少使用稀有原材料、循环利用物料等措施；

② 指经济效益最大化，即通过节约能源、降低损耗、提高生产效益和产品质量，达到降低生产成本、提升企业竞争力的目的；

③ 指对人类健康和环境的危害最小化，即通过最大限度减少有毒有害物料的使用、采用无废或者少废技术和工艺、减少生产过程中的各种危险因素、废物的回收和循环利用、采用可降解材料生产产品和包装、合理包装以及改善产品功能等措施，实现对人类健

康和环境的危害最小化。

清洁生产含义见图 13-1。

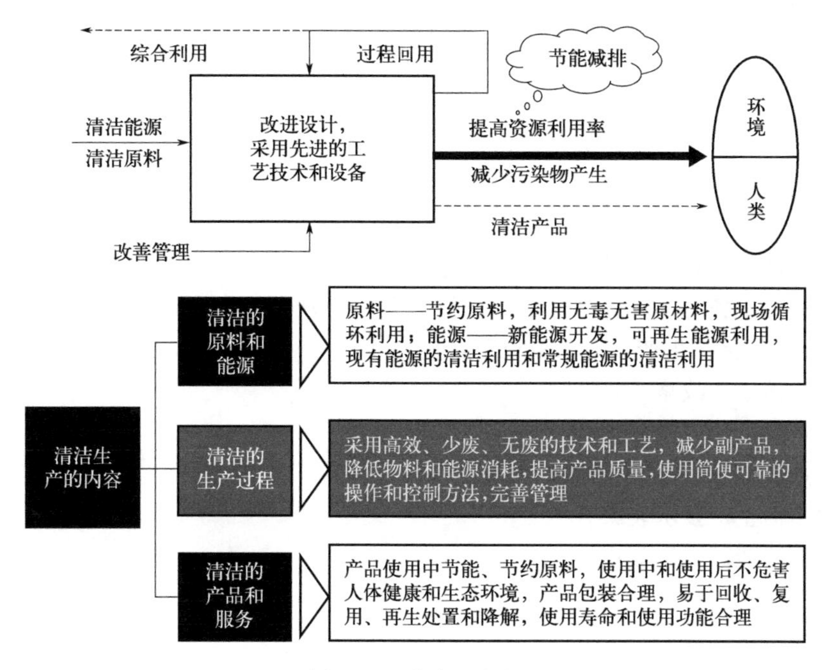

图 13-1　清洁生产含义

13.1.3 为什么要推行清洁生产

① 清洁生产能通过节能降耗和降低生产成本，改善生产质量，提高企业的经济效益，增强企业的市场竞争力。另外，也大大降低末端治理的污染负荷，节省大量环保投入，有利于提高企业防治污染的积极性和自觉性。

② 清洁生产可以最大限度地利用资源和能源，通过循环或重复利用，使原材料利用率达到最高，尽可能在生产过程中消灭污染。通过改进设备或改变燃烧方式，进一步提高能源利用率。既减少污染物的产生和排放，也节约了资源和能源。

③ 清洁生产采用大量从源头削减污染的措施，减少了含有毒成分原料的使用量，提高了原材料的转化率。因此，减少了多次污染的机会，避免了末端治理不完全而导致出现环境严重污染的情况。

④ 由于清洁生产替代了有毒产品、原材料和能源，替代排污量大的工艺和设备，改进操作技术和管理方式，改善了工人的劳动条件和工作环境，有利于提高工人的劳动积极性和工作效率。

⑤ 清洁生产改善企业和环境管理部门之间的关系，解决环境与经济之间的矛盾。

推行清洁生产可以有效缓解资源短缺，尤其是对我国这种资源相对短缺，却又需要高速发展的国家。改变高投入、高消耗、低产出、低收益、重污染的经济发展模式，提高资源利用效率，走新型工业化道路，是我国工业转型的方向。通过推行清洁生产，改进生产工艺和设备，把各种原材料和能源尽可能地转化为合格的产品，减少资源的投入，缓解资源短缺矛盾。

13.1.4 如何实施清洁生产

政府层面推行清洁生产，应采取以下措施：

① 完善法律法规，制定经济激励政策以鼓励企业推行清洁生产；

② 制定标准规范，指导企业推行清洁生产；

③ 开展宣传培训，提高全社会清洁生产意识；

④ 优化产业结构；

⑤ 支持清洁生产技术研发，建立清洁生产示范项目；

⑥ 壮大环保服务产业，提高清洁生产技术服务能力等。

企业层面推行清洁生产，应采取以下措施：

① 制订清洁生产战略计划；

② 加强员工清洁生产培训；

③ 开展产品生态设计；

④ 应用清洁生产技术装备；

⑤ 提高资源能源利用效率；

⑥ 开展清洁生产审核等。

13.2 政策要求

推行清洁生产是加强日用玻璃行业污染防治工作的关键，而实施清洁生产审核是推行清洁生产工作的重要手段。目前，我国多项文件通知要求或鼓励日用玻璃企业实施清洁生产审核。

① 环境保护部《关于深入推进重点企业清洁生产的通知》（环发〔2010〕54 号）提出：玻璃及玻璃制品制造企业，每五年开展一轮清洁生产审核。

② 生态环境部《关于深入推进重点行业清洁生产审核工作的通知》（环办科财〔2020〕27 号）提出：以工业涂装、包装印刷等行业作为当前实施清洁生产审核的重点，全面落实强制性清洁生产审核要求。

③《日用玻璃行业规范条件（2017 年本）》（工业和信息化部 2017 年第 54 号）提出：日用玻璃生产企业应通过采用先进的工艺技术与设备、改善管理、综合利用等措施，从源头削减污染，提高资源利用效率。新建或改扩建项目应达到《日用玻璃行业清洁生产评价指标体系》中清洁生产先进企业水平。

鼓励通过不断改进玻璃熔窑设计、选用低硫优质燃料、控制配合料质量、增加碎玻璃使用比例、优化炉窑运行控制、采用最佳清洁生产适用技术（如降低空燃比、分段燃烧、降低助燃空气温度、使用低氮氧化物燃烧器等），降低玻璃熔化能耗，减少熔窑吨玻璃液烟气量，有效地降低熔窑吨玻璃液污染物的产生量。

生产高附加值的高档日用玻璃产品和特殊品种玻璃产品，鼓励采用氮氧化物产生量较小的全电熔窑或全氧燃烧玻璃熔窑。

13.3 审核方法

13.3.1 清洁生产审核概述

13.3.1.1 清洁生产审核的概念

《清洁生产审核办法》(中华人民共和国国家发展和改革委员会　中华人民共和国环境保护部令 第 38 号) 指出：清洁生产审核，是指按照一定程序，对生产和服务过程进行调查与诊断，找出能耗高、物耗高、污染重的原因，提出降低能耗、物耗、废物产生，减少有毒有害物料的使用、产生以及废物资源化利用的方案，进而选定并实施技术经济及环境可行的清洁生产方案的过程。

清洁生产审核是对审核主体现在的和计划进行的生产与服务实行预防污染的分析及评估，是企事业单位实行清洁生产的重要前提。

在实行预防污染分析和评估的过程中，制定并实施减少能源、水和原辅材料使用，消除或减少生产（服务）过程中有毒物质的使用，减少各种废物排放及其毒性的方案。

通过清洁生产审核达到以下目的。

① 节约电能、燃煤、燃油、沼气等能源，降低单位产品耗水量、耗电量、耗煤量或者综合能耗。

② 最大限度减少污染物排放，包括量和浓度的降低两层概念，减轻末端处理负荷，使企业减少污染治理、设备运行等方面的环保投资以及排污费支出等。

③ 降低产品成本和各类污染物的处理费用，提高企业的经济效益。

④ 不发生或者少发生可能产生的超标排放甚至环境污染事件。

⑤ 提高企业的环境管理能力水平，加强企业职工的环境保护意识，有助于实现产品的“绿色化”，在同类行业产品中更有“卖点”和竞争力，从而增加销量和产值，同时还可以使企业的综合管理水平上一个新台阶。

13.3.1.2 清洁生产审核原理

清洁生产审核就是从原辅材料和能源、技术工艺、设备、过程控制及废物等方面进行分析，找出能耗高、污染大的环节，并针对性地提出清洁生产方案，以取得较好的经济效益和环境效益。

和传统的末端污染治理进行比较，清洁生产有以下几点更加丰富的含义。

① 原辅材料和能源方面：用没有污染、污染较小、可循环利用的原辅材料和能源代替毒性大、污染较大、不可循环利用的。

② 工艺和设备方面：用先进的、清洁的、能耗低、效率高的生产工艺及装备设备代替限制的、淘汰的、污染的、高消耗的。

③ 环境管理方面：尽可能降低能耗、物耗损失，减少“跑、冒、滴、漏”。

④ 污染治理和排放方面：用技术成熟的、去除率高的处理工艺和设备代替技术不成熟、不能稳定达标排放的。

清洁生产审核原理和思路见图 13-2。

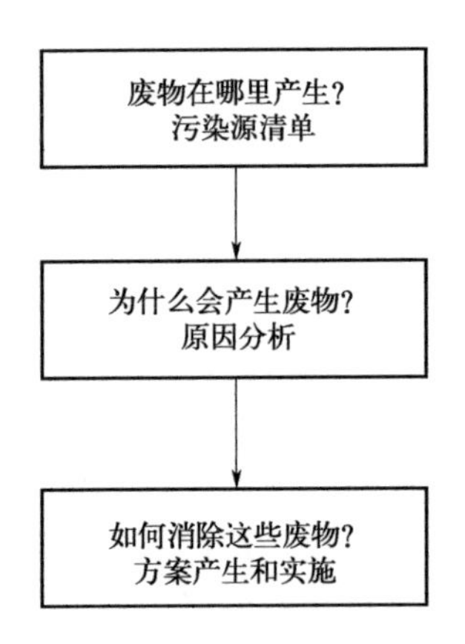

图 13-2　清洁生产审核原理和思路

13.3.1.3　清洁生产审核程序

清洁生产审核程序应包括审核准备、预审核、审核、方案的产生和筛选、方案的确定、方案的实施和持续清洁生产。

审核准备阶段应宣传清洁生产理念，成立清洁生产审核小组，制订审核工作计划。

预审核阶段应通过现场调查、数据分析等工作，评估日用玻璃制造企业清洁生产水平和潜力，确定审核重点，设置清洁生产审核目标，同时应实施无/低费清洁生产方案。

审核阶段应通过物料平衡、水平衡、能量平衡等测试工作，系统分析能耗、物耗、废物产生原因，提出并实施无/低费方案。

方案的产生和筛选阶段应筛选确定清洁生产方案，核定与汇总已实施无/低费方案的实施效果。

方案的确定阶段以市场调查、技术评估、环境评估、经济评估的顺序对方案进行初步论证，确定最佳可行的推荐方案。

方案的实施阶段应通过方案实施达到预期清洁生产目标。

持续清洁生产阶段应通过完善清洁生产管理机构和制度，在日用玻璃制造企业建立持续清洁生产机制，达到持续改进的目的。

审核各阶段工作内容如表 13-1 所列。

表 13-1　审核各阶段工作内容

序号	阶段	工作内容
1	审核准备	(1) 取得领导支持； (2) 组建审核小组； (3) 制订审核工作计划； (4) 开展宣传教育
2	预审核	(1) 准确评估日用玻璃制造企业技术装备水平、产排污现状、资源能源消耗状况和管理水平、绿色消费宣传模式等； (2) 发现存在的主要问题及清洁生产潜力和机会，确定审核重点； (3) 设置清洁生产审核目标； (4) 实施无/低费清洁生产方案

续表

序号	阶段	工作内容
3	审核	（1）收集汇总审核重点的资料； （2）水平衡测试、能量测试； （3）能耗、物耗、废物产生分析； （4）提出并实施无/低费方案
4	方案的产生和筛选	（1）筛选确定清洁生产方案，筛选供下一阶段进行可行性分析的中/高费方案； （2）核定与汇总已实施无/低费方案的实施效果
5	方案的确定	（1）对会造成生产规模变化的清洁生产方案，要进行必要的市场调查，以确定合适的技术途径和生产规模； （2）按技术评估→环境评估→经济评估的顺序对方案进行分析，技术评估不可行的方案不必进行环境评估，环境评估不可行的方案，方案不可行，不必进行经济评估； （3）技术评估应侧重于方案的先进性和适用性； （4）环境评估应侧重于方案实施后可能对环境造成的不利影响（如污染物排放量增加、能源和资源消耗量增加等）； （5）经济评估应侧重于清洁生产经济效益的统计，包括直接效益和间接效益
6	方案的实施	（1）清洁生产方案的实施程序与一般项目的实施程序相同，参照国家、地方或部门的有关规定执行； （2）总结方案实施效果时，应比较实施前与实施后，预期和实际取得的效果； （3）总结方案实施对日用玻璃制造企业的影响时，应比较实施前后各种有关单耗指标和排放指标的变化
7	持续清洁生产	（1）建立和完善清洁生产组织； （2）建立和完善清洁生产管理制度； （3）制订持续清洁生产计划； （4）编制清洁生产审核报告

13.3.2　审核准备阶段技术要求

审核准备阶段需要成立清洁生产审核小组，制订审核工作计划；宣传清洁生产理念，消除思想障碍，调动全体员工参与清洁生产审核的积极性。

该阶段主要工作内容包括以下几点。

① 取得领导支持。利用内部和外部的影响力，及时向企业领导宣传和汇报，宣讲清洁生产审核可能给企业带来的经济效益、环境效益、社会效益、无形资产的提高和推动技术进步等诸方面的好处，讲解国家和地方清洁生产相关政策法规，介绍国内外其他日用玻璃制造企业推行清洁生产工作的成功实例，以取得企业领导的支持。

② 组建审核小组。日用玻璃企业根据规模大小，成立清洁生产审核领导小组和工作小组。组长：应由厂长直接担任，或由其任命主管能源环保或工程、生产的副厂长担任。成员：要求具备清洁生产审核知识，熟悉企业生产、用能、管理等情况，主要由生产和能源部门以及作为审核重点的部门的相关人员组成。

③ 制订审核工作计划。计划包括工作内容、进度、参与部门、负责人、产出等。

④ 开展宣传教育。利用企业现有宣传渠道，采取专家讲解、电视录像、知识竞赛、参观学习等方式，对全体员工或分批次进行宣传教育。宣传教育内容应包括但不限于：清洁生产概念、来源，我国清洁生产政策法规，日用玻璃行业政策和环境保护法规标准，国家和地方节能减排鼓励政策，清洁生产审核程序及方法，典型清洁生产方案，能源环境管理制度建设及执行方式等。

13.3.3 预审核阶段技术要求

13.3.3.1 目的与要求

预审核阶段主要目的如下。

① 准确评估日用玻璃制造企业技术装备水平、产排污现状、资源能源消耗状况和管理水平、绿色宣传模式等。

② 发现存在的主要问题及清洁生产潜力和机会，确定审核重点。

③ 设置清洁生产审核目标。

④ 实施无/低费清洁生产方案。

13.3.3.2 工作内容

进行资料收集，并通过现场调研、访谈等方法进行核实与修正，比较实际生产和原始设计的差异，发现生产中出现的问题。同时，在全厂范围内寻找明显的无/低费清洁生产方案。主要工作方法包括资料调查、现场考察、技术研讨、对标分析等。

13.3.3.3 现状分析

（1）调研企业概况

包括企业发展史、规模、产品、产量、产值、生产周期、组织结构、人员状况、生产所在地的地理位置及环境敏感目标、厂区布置。厂区布置调研需重点关注废气、废水排放口，危险化学品、危险废物贮存场所，废气、废水治理设施等环境保护重点区域位置。

（2）生产经营情况

① 调研企业现场管理情况，如是否有“跑、冒、滴、漏”现象。

② 调研生产工艺情况，包括生产工艺流程及产污环节与污染物类型，生产单元及辅助单元构成，掌握各工序工作原理、作用及主要参数等。

③ 调研设备设施情况，包括主要生产及辅助生产设备设施情况、各类设备设施运行与维护情况、水和能源计量仪器仪表配置情况，分析设备的先进性、完好性、匹配性等。

④ 调研企业经营情况，包括产值、利润等。

⑤ 调研产品情况，包括产品结构、各类产品实际生产能力和产量、产品合格率、产品有毒有害物质含量等。

（3）原辅料消耗情况

调研原辅材料情况，包括原辅材料类别、成分、数量、贮存及使用情况；对消耗量大、产生污染重的原辅材料，应逐月分析审核考察期内单位产品原辅材料消耗及波动情况。

（4）水资源消耗情况

调研水资源使用情况，包括取水来源、用水量及用水环节或部位、现有节水措施情况，水耗定额等约束性指标完成情况，水平衡测试开展情况，逐月分析审核考察期内单位产品水资源消耗及波动情况。

（5）能源消耗情况

调研能源使用状况，包括能源种类、消耗情况，逐月分析审核考察期内单位产品各种能源消耗、综合能耗及波动情况，调研能耗限额等约束性指标完成情况、能源审计开展情况。

（6）环境保护状况调研

环境管理状况调研包括排污许可制度执行、环境影响评价和“三同时”制度执行、环境信息公开、环境守法、环境管理制度与突发环境事件应急预案落实情况、环境信用评价的现状与执行情况等，并依据相关法律法规的要求对以上事项的合规性进行分析。对于仅需开展排污许可登记的企业，需调研环境影响评价和“三同时”制度执行情况。

① 调研排污许可制度执行情况。对需申领排污许可证的企业，应调研排污许可证申请、变更和延续情况，排污许可证执行报告情况，核实排污许可内容与实际情况的一致性。

② 调研环境影响评价和“三同时”制度执行情况。对于尚未申领排污许可证的企业，应调研自建厂以来新、改、扩建建设项目的环境影响评价及建设项目“三同时”制度执行情况，环境影响评价要求的防治污染措施的执行情况，调研是否存在新、改、扩建建设项目未批先建、未验先投的情况，若存在，调研其整改情况；对于已申领排污许可证的企业，应调研取得排污许可证之后的上述情况。

③ 调研企业环境信息公开情况，包括排污许可信息公开、强制性清洁生产审核信息公开等依法需进行信息公开的情况。

④ 调研企业环境守法情况，包括环境税缴纳、环保限期整改、环保处罚、突发环境事件，以及各违法行为具体情况、整改情况等。

⑤ 调研环境管理制度与突发环境事件应急预案备案情况。

⑥ 调研企业环境信用评价的现状与执行情况，行业内环保领跑者及其他环境管理情况。

（7）废水及其污染物

① 水污染物产生、收集、排放情况。调研企业废水的产生环节、产生量、回用途径、排放去向，按照物料溯源方式明确主要污染物种类，调研污染物浓度和废水产生量、回用量、排放量。

对于有中水回用的企业应调研中水回用水质、去向和水量；对涉及重金属企业还应调研含重金属废水的产生环节、收集及排放情况，研究并提出含重金属废水减排（鼓励“零排放”）的改进措施。

② 水污染物控制措施情况。企业建有污水处理设施的，应调研污水处理工艺流程，污水处理设施的投运时间、设计处理能力、实际处理能力、处理效率，关键设备设施/各单元的技术参数（规格、对主要污染物的去除效率等）、运行维护情况（维护保养的频次、内容）和运行台账等。

对于污水直接排向环境水体的企业、废水“双超”企业、含第一类污染物废水企业、含重金属废水企业和含难降解有机物废水企业等重点排污企业，还应调研在当前污染负荷条件下，不同处理工段废水中主要污染物的去除效率，分析存在问题及减排潜力。

对于废水“双超”企业，还应开展包括污染物排放超过排放标准或超过总量控制指标的原因分析，分析审核考察期排放浓度或总量变化趋势、应采取的污染物治理或减排措施、限期整改或治理方案落实情况等。

③ 水污染物监测及排污口规范化情况。调研企业水污染物自行监测方案和监测执行情况（包括监测点位、监测指标、监测频次等），在线监测设备的安装使用、维护和校准情况（包括监测指标、数据联网等），废水排放口情况（包括排放口编号、位置和标识牌等），分析废水排放口设置符合性；明确废水排放执行标准，并结合审核考察期内所有在线监测数据及第三方监测报告数据，对标排放标准，分析废水中污染物达标排放情况，分析是否满足基准排水量限值要求，并对污水处理设施进、出水中主要污染物的水质稳定性进行分析。

（8）废气及其污染物

① 大气污染物产生、收集、排放情况。按照溯源方式考察企业各类废气的产生环节、产生量、排放去向，明确废气中的特征污染物并核算特征污染物实际排放量。调研废气的收集方式，分析废气收集效率。

考察挥发性有机物无组织排放情况，分析法兰、阀门、物料及废气贮罐等无组织排放的环节和点位，并采用物料衡算等方法对无组织排放量进行核算，研究并提出提升有组织排放、降低无组织排放的改进措施。

② 大气污染物控制措施情况。调研各类废气处理工艺流程，废气治理设施的投运时间、设计处理能力、实际处理能力、处理效率，关键设备设施的技术参数（风量、温度、压力、废气收集效率、对主要污染物的去除效率等）、运行维护保养情况（频次、内容）和运行台账等。

废气“双超”企业，产生挥发性有机物、含重金属废气等特征污染物的重点排污企业，还应调研在当前污染负荷条件下，不同处理单元中废气主要污染物的去除效率，分析存在问题及减排潜力。

废气“双超”企业还应开展“双超”原因分析，分析审核考察期污染物排放浓度或总量变化趋势、应采取的污染物治理或减排措施、限期整改或治理方案落实情况等。

③ 大气污染物自行监测及排污口规范化情况。调研企业大气污染物自行监测方案和监测执行情况（包括有组织和无组织废气监测点位、监测指标、监测频次等），在线监测设备的安装使用、维护和校准情况（包括监测指标、数据联网情况等），废气排放口情况（包括排放口编号、位置和标识牌，采样平台，排气筒数目、高度等），分析废气排放口设置的符合性。

明确废气排放执行标准，并结合审核考察期内有效在线监测数据及第三方监测报告数据，对标 GB 26453、GB 37822 及地方排放标准，分析废气中污染物达标排放情况（包括分析是否满足基准排气量限值）。

（9）固体废物

① 固体废物产生、收集情况。调研企业一般固体废物的产生来源、产生量；结合企业原辅材料及有毒有害物质使用情况，调研危险废物的产生环节、产生类别、产生量，并对照《国家危险废物名录》，分析危险废物类别识别的准确性和完整性。

② 固体废物贮存情况。调研企业固体废物（含一般固体废物和危险废物）的贮存方

式、贮存量，调研企业贮存固体废物过程中采取的防止污染环境的措施；依据 GB 18597 分析危险废物贮存场所规范化设置情况。

③ 固体废物处置利用情况。

Ⅰ. 调研企业固体废物（含一般固体废物和危险废物）的综合利用方式、综合利用量和综合利用率、处置方式和处置量；调研企业自利用、处置固体废物过程中采取的防止污染环境的措施；对于危险废物需转移处置的企业，调研危险废物处置情况和转移联单运行的合规性。

Ⅱ. 调研企业固体废物管理台账情况。

Ⅲ. 调研企业危险废物管理计划备案情况。

对列入重点排污单位名录的产生危险废物的企业应研究并提出危险废物减量化、资源化、无害化的改进措施。

（10）噪声

考察企业环境噪声污染来源、噪声污染防治控制措施。结合审核考察期内第三方监测报告数据，对标 GB 12348 及相关标准，分析企业厂界噪声达标情况；对于厂界存在环境敏感目标的企业，应研究并提出降低噪声产生和排放的改进措施。

（11）污染物总量核算

对于产生并排放化学需氧量、氨氮、二氧化硫、氮氧化物、烟粉尘、挥发性有机物、重金属等重点污染物且属于排污许可重点管理的企业，可采用在线监测等实测法（优先采用）、物料衡算法、类比法、产污系数法等对污染物的产生量和排放量进行核算，明确数据来源和计算依据。

对于已取得排污许可证的企业，应将排污许可证执行报告作为污染物总量核算的主要参考依据。

（12）法规政策符合性分析

① 对照企业适用的生态环境保护政策、法律法规、标准规范等文件，逐条分析企业生态环境管理相关条款的落实情况，对于不符合项应明确其整改方案、责任人和实施计划。

② 评估企业在用的生产工艺技术、设备设施和产品等与国家及本市相关产业政策、行业准入政策等的符合性。

③ 对照国家及地方下达的各项节能减排指标、水耗定额、能耗限额，评估企业相关指标的符合性。

（13）清洁生产水平评估

① 对照国家或地方推荐的清洁生产技术，评估企业的应用执行情况。

② 对照企业所在行业现行的清洁生产评价指标体系或清洁生产标准，评估企业清洁生产水平，对差距进行原因分析；若无行业现行清洁生产评价指标体系或清洁生产标准，可与国内外同种工艺、同等装备、同类产品的先进水平、企业历史最高水平进行对比评估。

2009 年国家发展改革委发布《日用玻璃行业清洁生产评价指标体系（试行）》，规定了日用玻璃行业中的日用玻璃制品及玻璃包装容器制造企业、玻璃保温容器制造企业、玻璃仪器制造企业的清洁生产评价指标体系，但是于 2015 年停止实施。本标准体系虽已废止，但对于指导日用玻璃行业开展清洁生产审核工作仍具有一定的指导意义，玻璃企业可参考该指标体系进行清洁生产水平评估。

13.3.3.4　确定审核重点

① 一般原则：污染重的环节；原辅材料和资源能源消耗高的环节；使用/产生有毒有害物质的环节；清洁生产潜力大的环节；采取措施易产生显著经济效益、环境效益的环节；清洁生产管理部门要求的环节等。

② 审核重点可包括超标、超总量、污染重、超水耗定额、超能耗限额、使用/排放有毒有害物质的生产环节或过程等。

③ 确定审核重点可视具体情况选用简单对比法、权重总和计分排序法。

13.3.3.5　设置清洁生产目标

（1）设置原则

清洁生产目标应具有时效性，可根据企业情况设置清洁生产近期、中期和远期目标，近期一般是指到本轮审核基本结束并完成审核报告时为止，中期原则上不超过审核结束两年，远期原则上不超过审核结束四年；对于超标、超总量和限期整改的企业，清洁生产目标的完成时限应不晚于本轮审核完成时间和政府对其整改时间的要求，两者取严。

（2）设置依据

国家和地方节能减排分解指标、企业环保现状以及生态环境管理要求，如达标排放、区域总量控制、限期减排、限期治理、有毒有害物质限制使用/排放等；行业清洁生产评价指标体系或清洁生产标准；行业先进水平、企业历史最高水平、企业资金与技术实力等。

（3）目标设置

清洁生产目标宜分为企业整体目标和审核重点目标两级，应含有与审核重点存在问题相对应的指标；清洁生产目标包括绝对量和相对量指标，应有改进措施作支撑，并且具有可操作性、激励性。

13.3.4　审核阶段技术要求

13.3.4.1　目的及要求

主要目的是根据审核重点的实际情况，进行必要的测试，找出水耗、能耗高以及废物产生的原因，为清洁生产方案的产生提供依据。本阶段的重要工作是开展测试工作，根据企业实际情况建立物料平衡、水平衡、能量平衡，开展必要的物料、水量、能量测试，分析原辅料、水耗、能耗、废物产生原因，提出解决这些问题的办法。

13.3.4.2　工作内容

（1）资料收集

收集审核重点的资料，明确水、电、燃气等资源、能源的使用情况，明确所有的单元操作，能流、物流的流动情况及总的输入和输出情况。平衡测试以实测为主，能源计量器具配备应符合《用能单位能源计量器具配备和管理通则》（GB 17167）的相关规定。

（2）平衡测试

核实计量检测，调研审核重点计量器具的详细分布、配置，计量器具使用、维护、统计与管理等情况。计量器具应至少满足平衡测试要求，对计量器具配备和管理不符合 GB 17167 与 GB/T 24789 相关要求的，企业应进行完善。

制订实测计划：明确实测项目、实测点位、实测工具或方法；确定实测时间和周期，确定实测人员。

实测包括物料平衡、水平衡、能源平衡、特征污染因子平衡及其他必要平衡，企业可根据管理部门要求及自身实际情况开展相关实测，并建立平衡。

（3）分析能耗、水耗、物耗、废物产生的原因

从原辅材料和能源、技术工艺、设备、过程控制、产品、废物、管理、员工这八个方面分析物料损失及污染物产生原因。

13.3.5　方案的产生和筛选阶段技术要求

13.3.5.1　目的与要求

方案的产生和筛选阶段主要目的如下：通过筛选确定清洁生产方案，筛选供下一阶段进行可行性分析的中/高费方案。核定与汇总已实施无/低费方案的实施效果。

13.3.5.2　工作内容

该阶段需要产生方案，对方案进行汇总、筛选、研制，以及对现有方案进行效果分析。

产生方案这一工作贯穿于整个清洁生产审核，因为清洁生产方案的数量、质量和可实施性直接关系到清洁生产审核的成效，是审核过程的一个关键环节。

产生方案的途径主要包括但不限于以下几种。

① 预审核阶段和审核阶段提出的备选方案。

② 限期整改或治理方案。

③ 超能耗限额构成高耗能的治理方案。

④ 根据获得的相关平衡关系和分析结果，提出的改进措施。

⑤ 组织专家进行技术咨询获得的改进措施建议。

⑥ 发动全体员工提出的清洁生产方案建议。

⑦ 参照国内外同行业在原辅材料与能源、工艺技术、设备、过程控制、产品、废物、管理和员工操作等方面可以借鉴的实践结果。

13.3.6　方案的确定阶段技术要求

13.3.6.1　目的与要求

方案的确定阶段需要按技术评估→环境评估→经济评估的顺序对方案进行分析。技术评估不可行的方案不必进行环境评估；环境评估不可行的方案，方案不可行，不必进行经济评估。技术评估应侧重于方案的先进性和适用性。环境评估应侧重于方案实施后可能对环境造成的不利影响（如污染物排放量增加、能源资源消耗量增加等）。经济评估应侧重于清洁生产经济效益的统计，包括直接效益和间接效益。

13.3.6.2　工作内容

市场调查需要进行市场需求调查和预测，确定备选方案和技术途径。

① 技术评估要求分析：工艺路线、技术设备的先进性和适用性；工艺技术与国家、行业相关政策的符合性；技术的成熟性、安全性和可靠性。

② 环境评估需要分析：能源结构和消耗量的变化；水资源消耗量的变化；原辅材料有毒有害物质含量变化；废物产生量、排放量和毒性的变化，废物资源化利用变化情况；一次性消耗品减量化情况；操作环境是否对人体健康造成影响。

经济评估需要采用现金流量分析和财务动态获利性分析方法，评价指标应包括但不限于以下内容：投资偿还期；净现值；净现值率；内部收益率。

汇总比较各投资方案的技术评估、环境评估、经济评估结果，确定最佳可行的推荐方案。

13.3.7 方案的实施阶段技术要求

13.3.7.1 目的及要求

清洁生产方案的实施程序与一般项目的实施程序相同，参照国家、地方或部门的有关规定执行。总结方案实施效果时，应比较实施前与实施后，预期和实际取得的效果。总结方案实施对日用玻璃企业的影响时，应比较实施前后各种有关单耗指标和排放指标的变化。

13.3.7.2 工作内容

方案实施的工作内容包括以下几方面。

① 组织方案实施。

② 汇总已实施的无/低费方案的成果。

③ 通过技术评价、环境评价、经济评价和综合评价，评估已实施的中/高费方案的成果。

④ 通过汇总环境效益和经济效益，对比各项清洁生产目标的完成情况，评价清洁生产成果，分析总结已实施方案对企业的整体影响。

13.3.8 持续清洁生产阶段技术要求

13.3.8.1 目的及要求

持续清洁生产阶段的主要目的是在企业内完善清洁生产管理体系，及时将审核成果纳入有关管理规章、技术规范和其他日常管理制度，巩固成效，持续推进。

13.3.8.2 工作内容

（1）建立、完善清洁生产组织和管理制度

建立和完善清洁生产组织，明确职责、落实任务，并确定专人负责。建立和完善清洁生产管理制度，应当把审核方法纳入日常管理。建立和完善清洁生产激励机制。建立合理化建议机制，保证稳定的清洁生产资金来源，从企业内部、金融机构、政府财政等方面获取资金。

（2）制订持续清洁生产计划

制订持续清洁生产计划，包括下一轮清洁生产审核工作计划、清洁生产方案的实施计划、清洁生产新技术的研究与开发计划、清洁生产培训计划。

（3）持续开展清洁生产宣传、培训

采取有效宣传、培训手段，在企业全厂推广普及清洁生产知识和方法，提高清洁生产意识。

（4）编制清洁生产审核报告

编制清洁生产审核报告，目的在于总结本轮清洁生产审核成果，汇总分析各项调查、实测结果，寻找废物产生和资源能源消耗原因及清洁生产机会，实施并评估清洁生产方案，建立和完善持续推行清洁生产机制。报告时间在本轮审核全部完成之时进行。

13.4　案例分析

13.4.1　企业概况

某日用玻璃有限公司主要产品为啤酒瓶，企业共有多条制瓶生产线及 6 座窑炉。制瓶采用吹-吹生产工艺，主要有碎玻璃清洗、配料、熔化、成型、退火 5 个工序。主要原辅材料有砂岩、纯碱、白云石、石灰石、回收的碎玻璃等，能源主要为煤气发生炉制得的煤气和电能。水资源消耗量较小，主要为设备循环冷却水和碎玻璃清洗水。企业排污特征以废气污染为主。大气污染物排放主要来源于熔窑玻璃熔化过程和煤气燃烧产生的烟尘、二氧化硫，以及纯碱、石灰石、白云石上料过程产生的粉尘。本轮清洁生产期间，大气污染源中 6 座窑炉只有 $1^{\#}$～$3^{\#}$ 窑炉安装了除尘脱硫脱硝设施，未安装脱硫设施的 $5^{\#}$ 窑二氧化硫排放浓度超标，二氧化硫排放总量为 780.41t，烟尘排放总量为 148.1t。

13.4.2　清洁生产审核报告主要内容

13.4.2.1　清洁生产指标对标结果

对照国家发展和改革委员会《日用玻璃行业清洁生产指标体系》（试行）给出的能源消耗、资源消耗、生产工艺与产品特征、能源资源综合利用率、污染物产生量等定量指标，以及产业政策符合性、环境与安全管理体系、环境保护法律法规执行情况等定性指标，评定该企业清洁生产水平。根据综合评价指数计算结果，该企业不能评定为清洁生产企业。主要原因为：贯彻执行环境保护法规符合性存在问题，限期治理项目完成不到位，有 3 座窑炉脱硫除尘设施不能正常运行，废气污染物存在超标排放现象。

13.4.2.2　清洁生产审核重点和目标确定

根据对该企业产污原因的研判，得出的结果见表 13-2。

表 13-2　废物产生原因分析表

废物产生部位		玻璃熔窑	原料及碎玻璃系统	成型	水系统
废物名称		废气	固废	废品	废水
影响因素	原辅材料及能源	燃煤中硫分、灰分含量偏高	原料中含有超细粉料	原料成分不稳定，碎玻璃中含杂质	—

续表

废物产生部位		玻璃熔窑	原料及碎玻璃系统	成型	水系统
影响因素	技术工艺	3座炉窑无脱硫除尘设施	人工倒料粉尘较大	—	清洗废水未处理直接回用
	设备	熔窑煤气换向制约	配料系统密闭性不好，存在“跑、冒、滴、漏”现象，除尘器运行不稳定	—	厂区水气系统存在“跑、冒、滴、漏”现象
	过程控制	燃烧不稳定	运输过程有物料撒落	窑炉温度控制不稳定，经常换品种	循环冷却水系统控制不到位
	废物特性	SO_2烟尘	粉尘、固废	回头料	COD、SS
	管理	管理力度不够	管理力度不够	管理需加强	管理力度不够
	员工	操作人员水平不高	操作人员水平不高	责任心不强	节水意识不强

经综合分析，该公司存在以下几个主要环境问题。

① 有1座熔窑的废气没有全部回收热量。

② 有3座熔窑未进行有效脱硫除尘，5#窑SO_2超标排放。

③ 玻璃瓶车间的产品合格率只有80%，有待进一步提高。

④ 洗玻璃废水长时间循环使用，有异味。

⑤ 煤和燃料运输过程有撒落现象，煤场防尘措施不到位。

根据相关政策要求，确定本轮清洁生产审核的重点是废气中SO_2超标的5#窑制瓶生产线。确定的清洁生产审核目标见表13-3。

表13-3　清洁生产审核目标

项目	现状	近期目标		远期目标	
		绝对量	相对量/%	绝对量	相对量/%
单位产品电耗/(kW·h/t)	223	213	−4.48	200	11.31
单位产品煤耗/(kg/t)	267	249	−6.38	240	11.11
成品率/%	80	82.5	3.13	85	6.25
SO_2排放浓度/(mg/m^3)	324	200	−38.3	150	−53.7

13.4.3　方案的产生和筛选

清洁生产审核期间，审核小组的全体人员始终非常重视宣传、动员工作，使广大干部职工克服了思想和认识上的障碍，全厂职工的清洁生产积极性非常高。通过组织和发动全厂干部职工的积极参与，从设备的改造和运行调试等各个方面，针对生产中存在的问题，企业清洁生产审核小组同专家组一起从管理、技术、工艺流程、设备维护与检修、水、电、气及废物利用等方面进行攻关，提出了清洁生产方案。重点方案如表 13-4 所列。

表 13-4　可行的无/低费和中/高费方案

筛选结果	方案编号	方案名称	投资/万元	经济效益/(万元/年)	环境效益
无/低费方案	F1	回收碱袋	1	85.38	回收包装袋 84 万条，节约纯碱 8.4t
	F4	托盘和纸箱打包带改为粘式	0.6	2.08	减少卡扣使用 3200kg
	F5	架设临时管道，用 5#、6# 煤气站的煤气炉为 4# 窑供煤气	13.5	65	—
	F6	自行车棚照明改为节能灯	0.2	0.48	年节电 8760kW·h
	F9	6# 窑改为生产葡萄酒瓶	0	14.02	增加玻璃瓶产量 2t
	F10	化验室废气排烟道管道改造	0.2	3.6	—
	F11	6# 纸箱包装方法改进	0	6.48	—
	F12	改变碎玻璃加工吹风机角度	0	1.1	节水 3650t
	F13	煤气站产气优化控制	0	98.55	节煤 822t，减少 SO_2 排放量 6.57t/a
	F14	石灰石直接进配料仓	0.6	4.66	节约石灰石 18.25t
	F15	制瓶车间换产时将不用的设备停掉，将退火炉的温度降低	0	5.28	节电 9.6×10^8kW·h
	F16	碎玻璃加工间用斜皮带代替装载机	9.5	3.67	节约柴油 1.08t
	F17	煤场更换防尘网	9	4.38	减少煤粉损失 36.5t
	F18	煤场更换喷淋装置	3.5	2.70	减少煤粉损失 22.5t
	F19	煤加工区域加装挡风板	8	4.38	减少煤粉损失 36.5t
	F20	建材配料车间换混料机	1	7.09	减少煤粉损失 52.5t
	F21	4# 煤气炉检修	8	13.1	节煤 110t，减少 SO_2 排放量 0.876t/a
	F22	散落的碎玻璃回收	0	1.46	回收废玻璃球 36.5t
	F23	制球车间棉丝定量使用	0	3.32	减少废丝产生 1.07t
	F24	皮托盘修复再利用	3.6	44.4	年修复废旧托盘 1.2 万元
	F25	垃圾分类	0	0.72	年回收废玻璃 18t
	F26	废旧包装物回收利用	0	1.81	减少废塑料套 2400 个、平纸板 7200 个

续表

筛选结果	方案编号	方案名称	投资/万元	经济效益/(万元/年)	环境效益
中/高费方案	F2	1#窑余热回收系统改造	40	120	节煤 1000t，减少 SO_2 排放量 8t/a
	F3	纤维车间安装热水型溴化锂空调机系统	145	22.8	节电 41470kW·h
	F7	建材白云石和石灰石上料改为斗提上料	17	8.87	减少原料损失 25.55t/a
	F8	碎玻璃清洗废水处理	80	49.87	减少碎玻璃产生量 332.5t，提高成品合格率 0.5%
	F27	二期 4#～6#窑烟气脱硫设置改造	170	—	减少 SO_2 排放

13.4.4 审核目标完成情况

通过采取上述清洁生产方案，本轮审核设定的清洁生产近期目标全部实现，其完成情况见表 13-5。

表 13-5 清洁生产目标完成情况统计表

项目	现状	近期目标		实际完成	
		绝对量	相对量/%	绝对量	相对量/%
单位产品电耗/(kW·h/t)	223	213	−4.48	184.5	−17.26
单位产品煤耗/(kg/t)	267	249	−6.38	241.14	−9.69
成品率/%	80	82.5	3.13	83.66	4.57
SO_2排放浓度/(mg/m^3)	324	200	−38.3	175	−45.99

第14章 环境信息披露制度

14.1 有关概念

环境信息披露，又称环境信息公开，是一种全新的环境管理手段，具体是指对公司环境活动在财务报告中所反映的环境经济信息和环境管理信息，按环境信息披露规定的要求，运用特定的披露方法，采用一定的披露方式，向外在环境信息使用者表达环境资源利用和管理受托责任情况的一种声明。

环境信息披露根据方式不同，可分为强制性披露和自愿性披露。环境信息根据要求的不同，可分为强制性环境信息和自愿性环境信息。强制性环境信息是指国家法律法规、标准、制度和政府文件等内容中要求上市公司必须披露的环境信息与履行的相关要求。自愿性环境信息是指企业积极承担社会责任，营造良好的社会形象，主动进行披露的环境信息。根据披露内容不同，环境信息可分为环保投资、排污费等可货币化的财务信息和环保政策等不可量化的非财务信息。

环境信息披露，是上市公司向外界传递其环境表现信息的载体，也是社会公众监督其生产行为和环保动向的渠道，因此愈发受到行业监管者、企业及社会公众等各方的重视。它的作用一方面体现在拓宽信息获取途径并增进公众对决策的参与程度，帮助利益相关者掌握更多的环境信息；另一方面，公众通过环境信息披露能够充分了解、监督、评价企业的排污活动、生产可能造成的污染及进行的环保行为。环境行为表现好的企业能够通过环境信息披露获得更多的认可，塑造良好的企业形象，这也迫使环境行为表现差的企业加强信息披露、提高环境意识，减少污染行为。

14.2 环境信息披露的必要性

在我国经济高速发展的进程中，环境污染问题日益严峻，受到越来越广泛的社会关注。环境保护需要政府、企业及公众多方面共同参与，而其前提是对环境信息的充分知情。环境信息作为一种公共信息资源，是政府、企业和公众实施环境行为选择和行动的重要信息基础。

环境污染与人民生活息息相关，公众有权了解环境现状及重要污染源的排污情况，也有权监督其他个体及单位的环境行为。《奥胡斯公约》第一条规定：各国应“保障公众在环境问题上获得信息、参与环境决策和诉诸法律的权利”。《中华人民共和国环境保护法》第五十三条明确规定：“公民、法人和其他组织依法享有获取环境信息、参与和监督环境保护的权利。”

党的十九大明确提出要构建政府为主导、企业为主体、社会组织和公众共同参与的环境治理体系，企业是践行和参与生态环境保护的重要力量，应推动企业切实增强生态环境保护守法意识，承担起生态环境保护治理主体责任。倡导企业公开生产设施、工艺流程和污染治理设施，接受社会监督，主动公开排放信息，增强和公众互信互动，自觉接受社会监督。努力倡导社会各界及公众参与美丽中国建设，让“绿水青山就是金山银山”的发展理念深入人心，让低碳环保的绿色生活方式成风化俗，在全社会营造人人、事事、时时、处处崇尚生态文明的社会氛围。

企业作为一个既有社会服务功能，也有盈利功能的经济组织，有义务履行其社会责任，披露环境相关信息。企业作为环境污染的主要来源和国民经济发展的主要推动力，其环境信息披露对协同和控制社会经济发展中的政府、企业和公众行为，改善生态环境，保障社会福利都具有重要作用。此外，环境信息披露对环境保护和社会稳定具有重要作用。上市公司既是我国国民经济的主力军，也是污染排放的重要贡献者。督促上市公司履行社会责任，真实、有效地披露环境信息，不仅可以培养上市公司环境守法意识、促进企业改进环境表现，而且有助于保护投资者利益、提升上市公司质量、优化资本市场结构。

14.3 我国企业环境信息披露要求

14.3.1 一般企业环境信息披露要求

自2006年《环境统计管理办法》发布以来，我国已出台了一系列法律法规以促进企业环境信息披露制度的发展。2007年，国家环境保护总局公布了《环境信息公开办法（试行）》[2019年8月22日，生态环境部决定予以废止该办法（中华人民共和国生态环境部令 第7号）]，要求超标排污企业强制披露污染信息、环保设施的建设运行情况、环境污染事故应急预案等环境信息，同时鼓励其他企业自愿披露环境信息。2011年，环保部发布了《企业环境报告书编制导则》（HJ 617—2011），对企业环境报告书的框架结构、编制原则、工作程序、编制内容和方法等进行了规定，以规范企业环境信息披露行为、促进企业环境管理水平提高。此外，环保部还于2010年和2013年针对事业单位与企业分别发布了《环境保护公共事业单位信息公开实施办法（试行）》《国家重点监控企业自行监测及信息公开办法（试行）》《国家重点监控企业污染源监督性监测及信息公开办法（试行）》，对国家重点监控企业的自行监测信息提出了披露要求。

2014年，全国人大对《中华人民共和国环境保护法》进行了修订，其中专设章节强调了环境信息公开和公众参与，要求重点排污单位如实向社会公开环境信息，以基本法的形式明确了“信息公开与公众参与”的地位。同年，环保部出台了《企业事业单位环境信息公开办法》，规定了重点排污单位所需披露的环境信息内容、公开途径、惩罚措施，这是目前我国企业环境信息披露的最主要的法律依据。2020 年 3 月，生态环境部发布的《生态环境保护综合行政执法事项指导目录（2020 年版）》中明确提出了“对重点排污单位等不公开或者不如实公开环境信息的行政处罚”的实施依据，包括《中华人民共和国环境保护法》《中华人民共和国清洁生产促进法》《企业事业单位环境信息公开办法》《排污许可管理办法（试行）》。已出台的其他有关环境信息披露的政策包括《全国污染源普查条例》《环境保护公众参与办法》《环境影响评价法》等。

生态环境部于 2021 年 12 月 11 日印发《企业环境信息依法披露管理办法》（生态环境部令 第 24 号）（以下简称《管理办法》）。《管理办法》分为六章，共三十三条，规定了企业环境信息依法披露的主体、内容和时限、监督管理、罚则等内容。明确了适用范围，规定了环境信息依法披露的部门职责、主体责任、基本要求、信息安全等内容。披露形式主要分为年度环境信息依法披露报告和临时环境信息依法披露报告。报告对包括企业基本信息、企业环境管理信息、污染物产生、管理与排放信息、碳排放信息、生态环境应急相关信息、生态环境违法信息、本年度临时环境信息依法披露情况和法律法规规定的其他环节信息共八类信息进行披露，同时也明确了监督管理和责罚的相关要求。

14.3.2　上市公司环境信息披露要求

2006 年，深交所（深圳证券交易所）发布《上市公司社会责任指引》，要求上市公司采取自愿信息披露制度。2007 年，证监会（中国证券监督管理委员会）发布《上市公司信息披露管理办法》，规定上市公司及其子公司受到重大行政处罚（包括重大环境行政处罚）后须披露临时报告。2008 年，国家环境保护总局正式发布了以上市公司环保核查制度和环境信息披露制度为核心的《关于加强上市公司环保监管工作的指导意见》，针对上海证券交易所和深圳证券交易所 A 股市场的所有上市公司，为上市公司环境信息公开提供了法律依据和技术指南。2010 年，环保部下发了《关于进一步严格上市环保核查管理制度加强上市公司环保核查后督察工作的通知》，同年环保部颁布了《上市公司环境信息披露指南（征求意见稿）》，对上市公司环境信息披露的准确性、及时性和完整性等方面都做出了明确的要求，但并未得以实施。证监会出台的《上市公司重大资产重组管理办法》《公开发行证券的公司信息披露内容与格式准则第 1 号——招股说明书（2015 年修订）》《首次公开发行股票并上市管理办法》等一系列文件中，也均有涉及上市公司环境信息公开的部分。

2015 年，中共中央和国务院印发的《生态文明体制改革总体方案》中要求“建立上市公司环保信息强制性披露机制”。2016 年，中央全面深化改革委员会会议审议通过的《关于构建绿色金融体系的指导意见》，全面部署了绿色金融的改革方向，并由我国首次倡导将绿色金融纳入 G20 议程。2017 年，中国人民银行、环保部等 7 部委印发《〈关于构建绿色金融体系的指导意见〉的分工方案》，要求“到 2020 年 12 月底前，证监会适时修订上市公司定期报告内容与格式准则，强制要求所有上市公司披露环境信息”。2017 年 6 月 12 日，环保部与证监会联合签署了《关于共同开展上市公司环境信息披露工作的合作协议》，旨在共同推动建立和完善上市公司强制性环境信息披露制度，督促上市公司履行环境保护的社会责任。

《公开发行证券的公司信息披露内容与格式准则第 2 号——年度报告的内容与格式》和《公开发行证券的公司信息披露内容与格式准则第 3 号——半年度报告的内容与格式》明确规定，属于环境保护部门公布的重点排污单位的上市公司在年报和半年报中需要强制性披露“主要污染物及特征污染物的名称、排放方式、排放口数量和分布情况、排放浓度和总量、超标排放情况、执行的污染物排放标准、核定的排放总量、防治污染设施的建设和运行情况”等环境信息，并要求“公司应当披露其他在报告期内发生的《证券法》《上市公司信息披露管理办法》所规定的重大事件，以及公司董事会判断为重大事件的事项。如欠款所涉重大事项已作为临时报告在指定网站披露，仅需说明信息披露指定网站的相关查询索引及披露日期”。2017 年 12 月 26 日，证监会再次对《公开发行证券的公司信息披露内容与格式准则第 2 号——年度报告的内容与格式》和《公开发行证券的公司信息披露内容与格式准则第 3 号——半年度报告的内容与格式》进行修订，在原有规定的基础上增加了 3 项上市公司应披露的环境信息，要求属于环境保护部门公布的重点排污单位的公司及其子公司在年报及半年报中披露主要污染物及特征污染物的名称、排放方式、排放口数量和分布情况、排放浓度和总量、超标排放情况、执行的污染物排放标准、核定的排放总量、防治污染设施的建设和运行情况、建设项目环境影响评价及其他环境保护行政许可情况、突发环境事件应急预案及环境自行监测方案等环境信息。准则还强调，“重点排污单位之外的公司可以参照上述要求披露其环境信息，若不披露的，应当充分说明原因”。

证券监管对重大环境行政处罚信息披露的部分要求如表 14-1 所列。

表 14-1　证券监管对重大环境行政处罚信息披露的部分要求

序号	文件名称	相关要求
1	《中华人民共和国证券法（2019 修订）》（主席令第三十七号）	第一百九十七条：信息披露义务人未按照本法规定报送有关报告或者履行信息披露义务的，责令改正，给予警告，并处以五十万元以上五百万元以下的罚款；对直接负责的主管人员和其他直接责任人员给予警告，并处以二十万元以上二百万元以下的罚款。发行人的控股股东、实际控制人组织、指使从事上述违法行为，或者隐瞒相关事项导致发生上述情形的，处以五十万元以上五百万元以下的罚款；对直接负责的主管人员和其他直接责任人员，处以二十万元以上二百万元以下的罚款。 信息披露义务人报送的报告或者披露的信息有虚假记载、误导性陈述或者重大遗漏的，责令改正，给予警告，并处以一百万元以上一千万元以下的罚款；对直接负责的主管人员和其他直接责任人员给予警告，并处以五十万元以上五百万元以下的罚款。发行人的控股股东、实际控制人组织、指使从事上述违法行为，或者隐瞒相关事项导致发生上述情形的，处以一百万元以上一千万元以下的罚款；对直接负责的主管人员和其他直接责任人员，处以五十万元以上五百万元以下的罚款
2	《上市公司信息披露管理办法》（中国证券监督管理委员会令第 40 号）	第三十条：发生可能对上市公司证券及其衍生品种交易价格产生较大影响的重大事件，投资者尚未得知时，上市公司应当立即披露，说明事件的起因、目前的状态和可能产生的影响

续表

序号	文件名称	相关要求
3	《公司债券发行与交易管理办法》（中国证券监督管理委员会令第 113 号）	第四十五条：公开发行公司债券的发行人应当及时披露债券存续期内发生可能影响其偿债能力或债券价格的重大事项。重大事项包括（九）发行人涉及重大诉讼、仲裁事项或受到重大行政处罚
4	《公开发行证券的公司信息披露内容与格式准则第 2 号——年度报告的内容与格式（2017 年修订）》（中国证券监督管理委员会公告〔2017〕17 号）	第四十五条和第四十六条规定：公司应当披露其他在报告期内发生的《证券法》《上市公司信息披露管理办法》所规定的重大事件，以及公司董事会判断为重大事件的事项。如前款所涉重大事项已作为临时报告在指定网站披露，仅需说明信息披露指定网站的相关查询索引及披露日期。公司的子公司发生的本节所列重大事项，应当视同公司的重大事项予以披露
5	《公开发行证券的公司信息披露内容与格式准则第 3 号——半年度报告的内容与格式（2017 年修订）》（中国证券监督管理委员会公告〔2017〕18 号）	第四十二条和第四十三条规定：公司应当披露其他在报告期内发生的《证券法》《上市公司信息披露管理办法》所规定的重大事件，以及公司董事会判断为重大事件的事项。如前款所涉重大事项已作为临时报告在指定网站披露，仅需说明信息披露指定网站的相关查询索引及披露日期。公司的子公司发生的本节所列重大事项，应当视同公司的重大事项予以披露
6	《深圳证券交易所股票上市规则》（深证上〔2023〕701 号）	7.7.7 规定：上市公司出现下列使公司面临重大风险情形之一的，应当及时向本所报告并披露。（九）公司因涉嫌违法违规被有权机关调查或者受到重大行政、刑事处罚
7	《上海证券交易所股票上市规则（2019 年修订）》（上证发〔2019〕52 号）	上市公司出现下列使公司面临重大风险的情形之一时，应当及时向本所报告并披露：（十）公司因涉嫌违法违规被有权机关调查，或者受到重大行政、刑事处罚
8	《上市公司证券发行管理办法（2020 年修正）》（证监会令〔第 163 号〕）	公开发行证券的条件的第九条：上市公司最近三十六个月内财务会计文件无虚假记载，并且不存在下列重大违法行为。（二）违反工商、税收、土地、环保、海关法律、行政法规或规章，受到行政处罚且情节严重，或者受到刑事处罚；（三）违反国家其他法律、行政法规且情节严重的行为

14.3.3　香港上市公司环境信息披露要求

中国香港关于上市公司环境信息披露的主要法律法规有《主板上市规则》《创业板上市规则》。2015 年 12 月，港交所（香港交易所）发布了《环境、社会及管治（ESG）报告指引》修订版，对在港交所挂牌的上市公司提出 ESG 信息披露要求，将环境管治报告由原先的“建议披露”级别提高至“一般披露责任”级别，即从“自愿性发布”上升至“不遵守就解释”的半强制性规定，并明确了需要披露的“关键绩效指标”（KPI）。这也使港交所成为 ESG 信息披露全球领先的交易机构。

14.4　玻璃行业上市公司环境信息披露现状

对 34 家（2019 年和 2020 年为 33 家）玻璃行业上市公司 2019～2021 年三年间年度报告的环境信息披露情况进行评估。评估依据为《公开发行证券的公司信息披露内容与格式准则第 2 号——年度报告的内容与格式（2017 年修订）》规定的上市公司须在定期报告中披露的 12 项常规环境信息，分别包括主要污染物及特征污染物的名称、排放方式、排放口数据、排放口分布情况、排放浓度或总量、超标排放情况、执行的污染物排放标准、核定的排污总量、防治污染设施的建设和运行情况、环评及其他环境保护行政许可情况、突发环境事件应急预案以及环境自行监测方案，每项赋 1 分，满分 12 分。

2019～2021 年玻璃行业上市公司环境信息披露得分情况如图 14-1 所示。2019 年 33 家玻璃行业上市公司平均分为 7.27 分，2020 年为 7.88 分，2021 年为 9.23 分，呈逐年上升趋势，说明各上市公司年报中环境信息披露内容更加详细，企业对环境保护也越来越重视。2019 年最高分为 12 分（总分为 12 分），最低分为 2 分，共有 8 家公司没有进行环境信息披露。2020 年最高分为 12 分，最低分为 5 分，共有 8 家公司没有进行环境信息披露。2021 年最高分为 12 分，最低分为 4 分，共有 4 家上市公司没有进行环境信息披露。

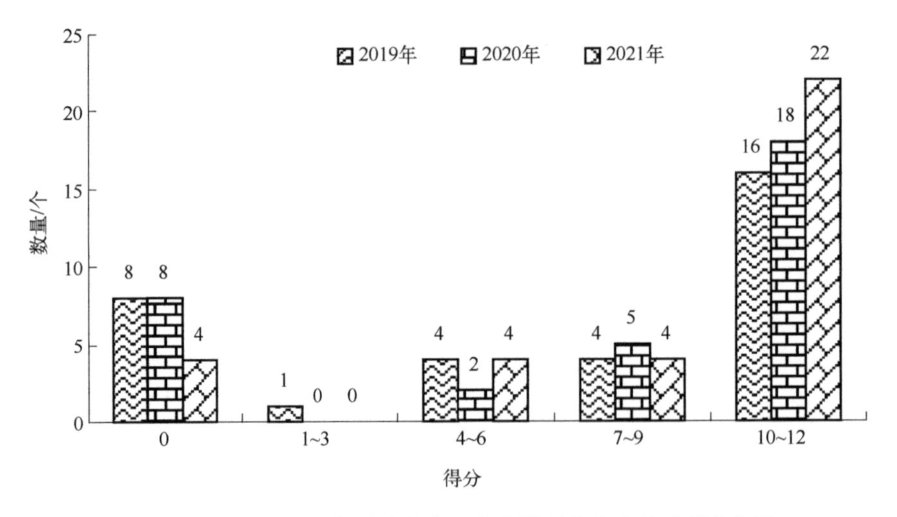

图 14-1　2019～2021 年玻璃行业上市公司环境信息披露得分情况

2019～2021 年各项应披露内容实际披露公司数量如图 14-2 所示。总体来看，各项指标披露的公司数量占比分布在 42%～100%。从各指标披露情况来看，12 项指标中“防治污染设施的建设和运行情况”、“突发环境事件应急预案”和“环境自行监测方案”的披露情况最好，大部分公司均对这 3 项指标进行了披露。其次是“环评及其他环境保护行政许可情况”的披露情况也相对较好。2021 年在年报中进行环境信息披露的公司中全部对“防治污染设施的建设和运行情况”、“突发环境事件应急预案”、“环境自行监测方案”和“环评及其他环境保护行政许可情况”4 项内容进行了披露。除“排放方式”相关内容外，其余各项环境信息内容披露公司数量均呈逐年上升趋势。说明各玻璃行业上市公司对年报中的环境信息披露越来越详细，对环境保护越来越重视，在重视公司效益的同时更加重视可持续发展。

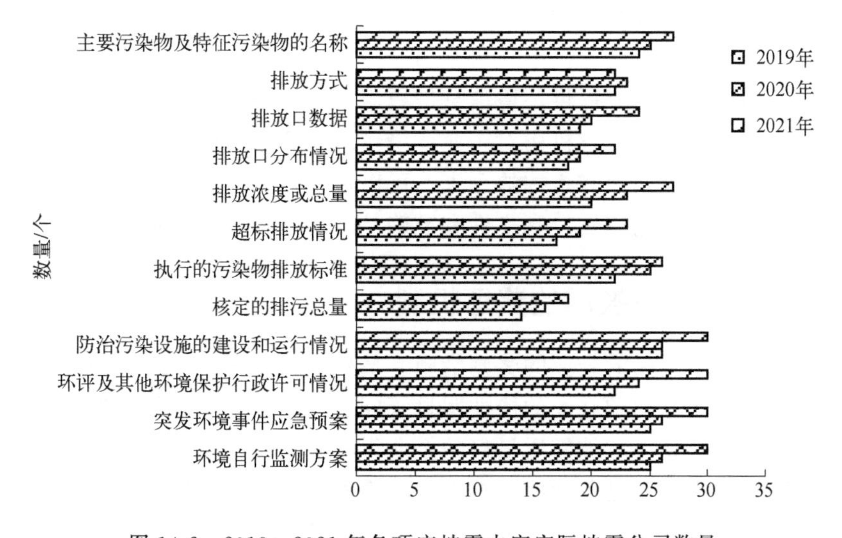

图 14-2　2019～2021 年各项应披露内容实际披露公司数量

14.5　玻璃企业环境信息披露建议

14.5.1　结合玻璃行业特点，规范披露内容

目前，玻璃企业环境信息披露质量不高，定量信息较少，内容不全面，未形成完整、统一的核算体系。应结合玻璃行业特点规范环境信息披露内容，坚持定量指标与定性指标相结合，正面信息与负面信息并存，并适当关注公司未来的环境信息。以主要污染物为例，既要包括玻璃熔窑排放的颗粒物、二氧化硫、氮氧化物、氨，还应包括施胶、喷涂等工序排放的 VOCs。以防治污染设施的建设和运行情况为例，应加强对颗粒物、VOCs 无组织排放管控措施等情况的说明，应加强对脱硫渣、脱硝废催化剂处理处置情况的说明。以执行的污染物排放标准为例，玻璃熔窑烟气排放执行《玻璃工业大气污染物排放标准》（GB 26453—2022）、《工业炉窑大气污染物排放标准》（GB 9078—1996）或地方污染物排放标准（河北、河南、山东、重庆、广东、天津等地颁布实施了地方污染物排放标准）。企业应说明执行的排放标准及排放限值。

14.5.2　玻璃行业上市公司全面披露环境信息

《关于实施〈建设绿色金融体系指导意见〉的分工方案》（银办函〔2017〕294 号）提出，到 2020 年底强制要求所有上市公司披露环境信息。如上文所述，2021 年共有 4 家玻璃上市公司未进行环境信息披露。这些公司多属于玻璃深加工行业，没有玻璃熔窑烟气排放，但仍会在施胶等工序排放大气污染物，或者在清洗等环节产生工艺废水和生活污水。相关企业应根据要求积极开展环境信息披露工作。

14.5.3　推动第三方机构参与环境信息披露工作，提升环境信息披露质量

目前，大多数玻璃企业对环境信息披露具有选择性，只披露对其有利的信息，仅个别企业披露了环保处罚及整改情况。亟须培育第三方专业机构（如行业协会、联盟、科研院所等）为上市公司和发债企业提供环境信息披露服务，参与采集、研究和发布企业环境信息与分析报告，并且通过第三方机构对企业环境信息披露进行验证与审核，使信息披露更加规范化和透明化。通过第三方机构的介入，可以进一步提升披露环境管理、绩效及环境信息的沟通等方面指标的完整性、真实性和准确性，增强环境信息披露文件的可读性。

14.5.4　强化环境信息披露的奖惩机制

我国缺乏对披露质量高的企业的奖励措施。从处罚角度来看，较低的违法成本会使企业存在侥幸心理以及环境问题整改的惰性明显等问题，而奖励措施的缺失，使得披露质量差的企业不会受到额外惩罚，披露质量好的企业得不到肯定，没有同行业优秀企业作为参照，企业进行环境披露尤其是负面信息披露的动力不足。因此，环境信息披露的奖惩机制应当与强制性环境信息披露框架配套实施。如编制玻璃行业上市公司环境信息披露绿色指数（corporate environmental disclosure index，CEDI）、开展上市公司环保领跑者评价等，并且对表现优秀的上市公司提供实质性的政策支持，以此激发上市公司披露环境信息的内在动力。

14.5.5　加强相关管理部门沟通和协作

完善环境信息披露相关部门的信息交流沟通机制和联合协作机制，进一步推动上市公司提升环境信息披露的及时性和有效性。这一机制的重点是重污染上市公司环境违法信息、污染排放和环境绩效信息的沟通共享，减少信息采集时造成的资源浪费，也为社会公众在收集相关信息时提供更多的便利，使得环境监管动态与污染排放信息能够及时传递给相关管理机构和市场主体，从而为推动上市公司环境信息及时、有效地披露奠定信息基础。

14.5.6　构建全方位监管监督体系

通过全方位监督体系的建立，使外部监督和内部监督互相加强，法律监督作用充分发挥，促使上市公司能够依法积极履行环境信息披露义务。企业外部，主要包括政府监管和公众监督。政府应加强信息公开能力建设，积极履行监督义务。媒体舆论监督是公众监督的有效方式之一，能够在上市公司披露环境信息违规时，对环境信息进行二次披露，从而对上市公司施加舆论压力，迫使其改正违规行为，提高环境治理水平。企业内部，应加强自我监管，从源头上杜绝违规现象的发生：第一，践行绿色环保理念，提升员工环保意识，使整个企业融合在环境和经济协调发展的氛围中；第二，建立专职环保机构，对企业的环境行为进行监管，督促企业依法履行环保义务，纠正企业环境违法行为。

第15章 企业环境管理体系

15.1 环境管理体系建设

15.1.1 环境管理机构

日用玻璃企业应设置专门的环境保护管理机构，由企业领导和环保人员组成，定期召开企业环保情况报告会和专题会。

企业环境管理机构可在企业总经理的领导下，由副总经理分管该部门，负责全厂的环境管理工作，同时任命环保部经理一名，运行、维护、监测相关工作人员若干，并制定环保部工作职责、环保部经理工作职责和环保员岗位职责。

15.1.2 环境管理机构职责

根据日用玻璃企业环境管理机构设置，明确该管理机构的职责、各组成成员职责以及涉及环境保护生产部门负责人职责，在各部门建立环境保护经验教训共享机制，将环境保护的目标责任与考核挂钩，在企业内部实行环境保护问责管理。

15.1.3 环境专业技术人员

根据我国现行环境保护法规，企业应设置环境保护和环境监测机构，企业环保技术人员全面负责本企业环境保护工作的管理和监测任务，并协调企业与政府环保部门的工作。

企业环境技术专业人员应包括废水、废气监测人员，危险化学品及危险废物管理人员，事故排放应急管理人员等；同时设立能够监测主要污染物和特征污染物的化验室，配备化验人员。

15.2 环境管理制度建设

15.2.1 基本要求

企业应进行以下管理体系认证。

① ISO 9001 质量管理体系认证；

② ISO 14001 环境管理体系认证；

③ ISO 50001 能源管理体系认证；

④ OHSA 18001 职业健康安全管理体系认证；

⑤ SA 8000 社会责任标准认证等。

企业环境管理制度应包括但不限于以下内容。

① 综合环境管理制度；

② 专项环境管理制度，包括危险化学品管理制度、污染防治设施管理制度、环境风险管理制度等。

15.2.2 综合环境管理制度

综合环境管理制度是将企业内部各部门进行环境保护责任的划分，并同时确定不同环境部门责任人。

综合环境管理制度重点包括企业资源能源管理，环保设施设备检查、维修及维修后验收，企业考核，企业内部节能减排达标考核，企业环保长远规划和年度总结报告，环境宣传教育和培训制度等。

15.2.3 污染防治设施管理制度

日用玻璃企业污染防治设施管理包括废水、废气等处理设施操作规程，环保交接班管理制度，台账制度，污染治理设施设备维护、保养、检修、操作管理规章制度。

明确熔窑烟气处理流程及各流程的操作技术规范；现场操作和管理人员实行岗位培训合格持证上岗制度；对污水、废气处理设施进行定期检查，对生产设备年故障率、布袋除尘等环保易损设备购买情况进行记录保存。因不可抗拒原因，污染治理设施必须停止运行时，应当事先报告当地人民政府防治污染行政主管部门，说明停止运行的原因、时段、相关污染预防措施等情况，并取得环境保护行政主管部门的批准。

日用玻璃窑炉烟气治理设备的运行、管理和维护制度可参考本书附录 3。

15.2.4 危险废物管理制度

日用玻璃企业危险废物主要为废弃催化剂、废矿物油及 VOCs 治理过程中产生的废过滤材料，其危险废物管理制度应包括危险废物专用场地管理制度、危险废物台账管理制度、危险废物事故报告制度及危险废物转移管理制度。

危险废物专用场地管理制度主要指排放的危险废物必须送至危险废物专用贮存点，并由专人管理危险废物的入、出库登记台账；危险废物贮存点不得放置其他物品，应配备相关的消防器材及危险废物标示；危险废物堆放整洁，保持贮存点场地的清洁。

危险废物台账管理制度指跟踪记录危险废物在生产单位内部运转的整个流程，与生产记录相结合，建立危险废物台账；记载危险废物的产生数量、贮存、流向等信息；提高危险废物管理水平以及危险废物申报登记数据的准确性。

危险废物事故报告制度包括速报和处理结果报告。速报的内容包括事故发生时间、地点、污染源、主要污染物质、经济损失数额、人员受害情况等初步情况；处理结果报告在速报的基础上，报告有关确切数据，事故发生的原因、过程，采取的应急措施，处理事故的措施、过程和结果，事故潜在或间接的危害、社会影响，处理后的遗留问题，参加处理工作的有关部门和工作内容，出具有关危害与损失的证明文件等详细情况。

危险废物转移管理制度指日用玻璃企业生产过程中产生的废弃催化剂、废矿物油、废过滤材料等必须由具有危废处理资质的单位进行集中处理处置；在危险废物转移时，危险废物产生单位每转移一车、船（次）同类危险废物，应当填写一份联单；每车、船（次）有多类危险废物时，应当每一类危险废物各填写一份联单。

15.2.5　危险化学品管理制度

涉及危险化学品使用的日用玻璃企业，特别是涉及罐区等危险化学品重大危险源的企业，须遵守国家有关危险化学品使用单位的相关规定，建立健全危险化学品安全管理制度体系，在制度体系管理方面，应以《安全生产法》对危险物品的相关规定为总则，以《危险化学品安全管理条例》作为建立企业常用危险化学品安全管理制度的主要依据，涉及危险化学品重大危险源的日用玻璃企业应按《危险化学品重大危险源辨识》《危险化学品重大危险源监督管理暂行规定》及玻璃行业有关规定，建立健全专业管理制度，包括岗位安全责任制，危险化学品购买、贮存、运输、发放、使用和废弃的管理制度，剧毒化学品、易制毒化学品和易制爆危险化学品的特殊管理制度，危险化学品安全使用的教育和培训制度，危险化学品事故隐患排查治理和应急管理制度，个体防护装备、消防器材的配备和使用制度，以及其他必要的安全管理制度。这些制度可以是单独的，也可以在相关制度中体现上述内容，但绝不可少。

15.2.6　事故应急管理制度

对日用玻璃企业氨泄漏等突发环境风险源进行识别、筛选和评估，结合企业周边社会经济和生态环境受体特征，编制《环境污染事故应急预案》。在应急预案中，设立应急救援机构和组织体系，明确应急处理指挥部领导成员职责、应急响应程序、应急处理措施，保障应急物资，并提出企业进行事故应急预案培训、演练的具体要求。

15.2.7　企业环境监督员制度

15.2.7.1　政策要求

《国务院关于落实科学发展观加强环境保护的决定》（国发〔2005〕39 号）提出：建立企业环境监督员制度，实施职业资格管理。

《国务院关于印发〈节能减排综合性工作方案〉的通知》（国发〔2007〕15号）提出：扩大国家重点监控污染企业实行环境监督员制度试点。

《关于深化企业环境监督员制度试点工作的通知》（环发〔2008〕89号）提出：以增强企业社会环境责任意识、规范企业环境管理、改善企业环境行为为目标，坚持执法与服务相结合、引导守法和强化执法相结合、企业自律与外部监督相结合原则，继续扩大、深化企业环境监督员制度试点工作，推进企业环保工作规范化建设，争取到2010年国家重点监控污染企业基本试行企业环境监督员制度，有条件的地区可以将试点范围扩大到省级或市级重点监控污染企业。积极探索引导企业增强守法能力和强化企业污染减排主体责任的有效机制，发挥企业在微观环境管理中的主动作用。

15.2.7.2 具体要求

日用玻璃企业环境监督员制度应参照《企业环境监督员制度建设指南（暂行）》。具体要求如下。

（1）企业环境管理制度框架

① 建立企业环境管理组织架构。

② 提高企业环境管理与监督人员素质。

③ 建立健全企业环境管理台账和资料。

④ 建立和完善企业内部环境管理制度。

（2）企业环境监督员职责

① 负责制订并监督实施企业的环保工作计划和规章制度。

② 负责企业污染减排计划实施和工作技术支持，协助污染减排核查工作。

③ 协助组织编制企业新建、改建、扩建项目环境影响报告及“三同时”计划，并予以督促实施。

④ 负责检查企业产生污染的生产设施、污染防治设施及存在环境安全隐患设施的运转情况，监督各环保操作岗位的工作。

⑤ 负责检查并掌握企业污染物的排放情况。

⑥ 负责向环保部门报告污染物排放情况、污染防治设施运行情况、污染物削减工程进展情况以及主要污染物减排目标实现情况，报告每季度不少于一次；接受环保部门的指导和监督，并配合环保部门监督检查。

⑦ 协助开展清洁生产、节能节水等工作。

⑧ 组织编写企业环境应急预案，对企业突发性环境污染事件及时向环保部门汇报，并进行处理。

⑨ 负责环境统计工作。

⑩ 负责组织对企业职工的环保知识培训。

15.3 环境保护档案管理

企业环保档案是环保部门现场检查的重要内容，是判断企业环境管理是否规范到位的重要依据。根据相关环保要求，企业建立时必须同步建立环保档案，企业环保档案一经建立，要专人管理，动态更新，并自觉接受环保部门的检查。

企业环保档案主要包括以下内容。

(1) 企业概况

① 企业简介。包括基本情况——企业（项目）位于何地，占地面积，建筑面积，总投资（其中环保投资），何时开始建设，何时通过验收（如有多个项目逐个说明）；生产产品——主要生产哪几种产品；生产工艺及设备——采用何种生产工艺，有哪些生产设备，设备数量（附生产工艺流程图）；生产规模——产品年产量；污染治理设施建设情况——在企业建设同期废水、废气、噪声和固体废物等治理设施或规范存放场所建设情况；治理工艺——采取何种治理工艺；污染物削减效果——废水、废气等污染物治理前后效果，分别说明每年的污染物削减效果；日常运行情况——生产情况和治理设施运行情况；环保管理制度建立情况——建立了何种环保管理制度，落实岗位责任制情况，制度执行情况；环保突发事件应急措施——有无建立应急预案和购置应急设施、物品，针对环境突发事件有何种应急机制，落实情况如何，为做好环保工作采取和落实了什么措施等。

② 企业法人营业执照复印件。

③ 厂区平面图（雨水、污水管网图）。

④ 企业用能、用水台账等资料，使用煤炭的企业应提供用煤含硫率等基础数据。

⑤ 循环经济、绿色企业、ISO 14001 等管理体系认证资料。

⑥ 企业环保培训、宣传等资料。

(2) 企业（项目）环保建设资料

① 企业自建设之日起的所有建设项目环评报告书（报告表或登记表）、立项报批、评估意见和审批意见等资料。

② 环保“三同时”验收材料。包括验收申报表格、验收意见和验收监测报告等资料。

③ 治理方案及环保设施设计、施工资料，治理工艺流程图等资料。

④ 排污口规范化建设情况及自动监控系统建设情况。包括排污口设计方案、标志牌照片等资料，在线监控系统（包括在线运行状态监控系统和污水自动控制系统）安装设计方案、到货单、在线监控系统验收意见等资料。

⑤ 环境突发事件应急设施建设资料。包括应急设施设计方案、岗位责任制度、使用制度和应急设施（如应急池）、设备、应急物品的照片等资料。

⑥ 排污许可证及污染物排放总量指标文件。包括近三年的排污许可证复印件及环保部门下达给企业的排放总量指标文件等资料。

(3) 企业环境管理资料

① 企业环保管理机构、环保管理制度等资料。包括成立企业内部环境管理机构的相关文件、企业环保管理制度等资料，如有环保监督员制度，则把相关文件及开展的工作报告或报表类资料归档，如无则免。

② 治理设施运行管理制度、作业指导书。包括治理设施运行管理制度（包括人员班制安排）、治理设施操作规程等资料。

③ 环境突发事件应急预案及应急演练情况。包括应急预案和近三年应急演练资料与照片，要求应急演练情况和总结以企业内部文件形式发布并归档。

④ 实施清洁生产审核相关资料。包括清洁生产审核报告、通过清洁生产审核的验收

类材料或证书等资料。

（4）企业治理设施运行资料

① 治理设施日常运行记录。包括一年以上治理设施日常运行记录、自行监测数据等。

② 治理设施设备维修、维护记录。包括一年以上治理设施维修和维护记录。

③ 治理设施电耗、药耗单据。包括一年以上的单据、合同等资料。

④ 固体废物及危险废物处理情况记录。包括处置合同协议、管理计划、管理台账、统计表、转移计划、转移联单，以及自行处置设施管理制度、操作规程、运行记录、维修维护记录等资料。

⑤ 治理设施及在线监控设备数据异常情况记录。包括一年以上治理设施的异常情况，在线监控系统设备故障、数据异常等情况记录表，以及在线监控系统运营商的设备（数据）异常情况报告等资料。

（5）环保部门监管情况资料

① 监测报告。包括委托监测报告、监督性监测报告等资料。

② 日常巡查记录。包括近三年环保部门的现场检查表、监察记录等原始资料。

③ 限期治理整改通知、处罚通知书等。包括近三年环保部门的限期治理整改通知、处罚通知书等资料。

④ 环境税缴纳凭证等。

附　录

附录1　日用玻璃熔窑烟气净化处理系统操作规程

日用玻璃熔窑烟气净化处理系统操作规程
——以干法脱硫＋布袋除尘＋SCR低温脱硝工艺流程为例

为了保证系统环保设备安全稳定并达标运行，运行操作人员首先必须熟悉掌握整套系统的工艺流程、系统主要设备组成以及主要设备性能参数，然后才能对系统进行运行操作和维护，通过实践经验的不断积累，逐步建立起完善的运行操作管理制度，形成对系统环保设备运行操作及维护的程序化、规范化管理。

为保证系统运行安全稳定，环保系统工段可配备工段长1人，负责环保系统运行的全面事务管理；系统运行操作可采用3班制，每班可配备4人，其中值班组长1人，控制系统操作员1人，现场巡视及操作工1人，加药及卸灰工1人。

现场运行维护需配备基本测试及检修、劳保工具等，如便携式烟气测试仪、万用表、防护装备、对讲机、夜间照明工具、运行维护工具、上料机具、卸灰小车以及其他所需的设备和工具等。

一、脱硫系统主要操作规程

1. 粉仓上料

① 确保粉仓雨棚具备防雨防潮功能。

② 检查粉仓下料口的手动插板阀、星型卸料阀关闭。

③ 检查脱硫剂无结块，性能符合标准。

④ 用电动葫芦将脱硫剂吊至粉仓入料口处。

⑤ 启动仓顶除尘器（如有）。

⑥ 通过筛网将脱硫剂加入料仓中。

⑦ 停止仓顶除尘器（如有）。

备注：为了防止结块脱硫剂和其他杂物进入料仓导致堵塞，脱硫剂必须通过筛网进入料仓。

2. 脱硫投运前准备

① 脱硫装置首次启动前需清理粉仓及输粉管道焊渣、杂物等，保证粉仓及输粉管道

内无焊渣、杂质等堵塞管道及设备。

② 粉仓内加入适当的脱硫剂，检查星型卸料器运转是否正常。

③ 检查粉仓料位计（如有）显示是否正常。

④ 打开输粉空气切断阀，检查脱硫剂输送电磁阀运行是否正常。

⑤ 检查脱硫塔入口烟气温度，如果入口烟气温度高于设计值，需通过烟气调温装置对烟气进行降温，如果烟气温度低于设计值则需增加辅助装置升温。

3. 脱硫装置的启动

① 打开脱硫塔进口烟道挡板门。

② 打开输粉空气切断阀。

③ 预设脱硫剂的喷吹时间及间隔周期。

4. 脱硫装置的运行与控制

① 当采用小苏打作为脱硫剂时，烟气温度控制在200～260℃；当脱硫剂采用消石灰时，烟气温度不能超过260℃。

② 将输粉喷吹压力控制在0.3MPa以上，含水量＜0.03mg/L，含油量＜0.03mg/L。

③ 设定卸料器频率，启动星型卸料阀，根据脱硫效率设置脱硫剂的喷吹时间及间隔周期。

④ 设置粉仓振动器振动周期5min（初定）；振动时间5s（初设）。可根据实际运行情况设定。

5. 脱硫装置的停运

① 尽量用完粉仓内的脱硫剂，防止少量脱硫剂在粉仓内结块，导致后期下料不畅。

② 关闭星型卸料阀及手动插板阀。

③ 输粉电磁阀继续运行，用压缩空气吹扫输粉管道内的脱硫剂粉尘及杂质，5min后关闭电磁阀，关闭电磁阀前后的切断阀，打开电磁阀的旁路，用压缩空气继续吹扫5min后关闭输粉管道的空气总切断阀。

④ 关闭脱硫塔前的挡板门。

6. 脱硫系统异常情况排查

(1) 脱硫喷粉异常，常见原因及解决方法

① 物料吸潮导致下料不畅，粉仓锥斗结块堵塞，拆掉手动插板阀和星型卸料阀将吸潮物料排出。

② 星型卸料阀不能正常工作，检查星型卸料阀是否有异物，电气是否故障，是否超负荷运行。

③ 喷粉管路堵塞，检查是否是结块造成堵塞。

④ 输粉电磁阀不动作，检修并排除故障。

⑤ 粉仓振打器或流化装置不动作。

⑥ 下料软连接堵料（如有），拆掉软连接，清理堵塞的物料。

⑦ 压缩空气压力过低或压缩管路堵塞，压缩空气品质不符合要求，检查空压站的供气压力是否足够，空气管路是否通畅。

(2) 脱硫不达标可能出现的原因及解决方法

① 脱硫喷粉输送系统故障，如压缩空气水分含量过高导致管道堵塞、下料装置（星

型卸料阀或螺旋给料机）不动作或下料不正常等。

解决办法：检查压缩空气冷干机、油水分离器工作是否正常，排除下料装置（星型卸料阀或螺旋给料机）故障。

② 烟气温度不满足干法脱硫所需温度的要求。

解决办法：调整小苏打烟气温度，烟气温度控制在 200～260℃。

③ 实际烟气中原始二氧化硫浓度超过设计值。

解决办法：调整燃料结构或玻璃原料配方，降低原烟气中二氧化硫的浓度至设计范围内，或增加脱硫剂的喷入量。

④ 实际运行烟气量超过设计值。

解决办法：降低原始烟气量、增加脱硫剂的喷入量或新增一级脱硫装置。

⑤ 脱硫剂的指标不符合要求：纯度过低、目数过小等。

解决办法：要求更换符合品质要求的脱硫剂。

⑥ 检测设备不准确，导致仪表显示不达标。

解决办法：重新标定、校对检测设备或更换其他检测设备。

二、 除尘系统主要操作规程

1. 除尘器启动前的准备工作

① 检查除尘器顶盖密封是否完好，低温脱硝前的除尘器顶盖密封是需设置双密封。

② 如果金属纤维滤袋是第一次投入使用或使用过但已离线清灰过了，为防止滤袋的堵塞，就必须对滤袋进行预喷涂。如果滤袋已经投入使用了，而除尘器只在一小段时间内处于离线状态，而且没有清过灰，那么滤袋上还会有残余的灰层，就不需要预喷涂。

③ 检查所有烟气管路的挡板门是否打开。

④ 检查设备空气管道和接头是否泄漏。

⑤ 调整脉冲喷吹压力 3～5kgf，脉冲频率初步设定为 5s（可调），脉冲宽度初步设置为 200ms（可调）。

⑥ 检查提升阀气源压力是否≥3kgf，管路是否通畅。

⑦ 检查手动插板阀、星型卸料阀、输灰螺旋、反吹清灰电磁脉冲阀和提升阀等设备运转是否正常。

⑧ 检查每个气室的进风挡板门（独立气室）是否打开。

⑨ 确保所有的人孔门、卸灰法兰等密封完好。

⑩ 检查除尘器进出口温度计、进出口压差变送器、灰斗料位计（如有）等仪表显示是否正常。

2. 除尘器的检漏试验

① 在清灰系统停止运行的条件下，引风机 60％以上开度运行（以能够将荧光粉吸入不致掉入灰斗为宜）；注意不能影响窑炉窑压，如果窑压不稳定需采取措施隔离。

② 荧光粉的投入口位置以距离除尘器进风口约 6m 以外为宜。

③ 从喂入口添加荧光粉时不需要特殊的设备，不过投料时间不宜太久，只需要正常将荧光粉倒入喂入口。

④ 荧光粉添加完成后，引风机在 10min 左右时间内停机。

⑤ 约过半小时后，打开净气室。

⑥ 用荧光笔照射净气室，查看是否有荧光粉，如有说明布袋有漏的地方或布袋和花板安装配合不到位，或查明其他渗漏的原因。

3. 除尘器的预喷涂

初次启动时新的滤袋更敏感，容易堵塞，启动时的烟气中含有相当数量的水汽和其他可冷凝气体，而且燃料燃烧也不完全，一开始滤料的温度将会低于水汽的露点温度，因此，在还没有达到稳定操作温度时，尽可能地保护滤料是很重要的，预喷涂将在滤料表面覆盖一层灰层，来防止由水汽凝结导致的堵塞。预喷涂分热态喷涂和冷态喷涂两种。

① 除尘器系统已做完检漏试验（采用荧光粉），确定所有滤袋无损坏或泄漏。

② 预喷涂采用消石灰或滑石粉，预喷涂的量按照 $500g/m^2$的使用量准备。

③ 除尘系统投运前 5d 之内安装布袋，防止滤袋安装时间过早引起滤袋受潮。

④ 除尘系统投运前 48h 内对除尘器进行预喷涂，超过 48h 容易引起滤袋潮湿。

⑤ 如果在预喷涂以前发现布袋已经受潮，可采用热烟气（进滤袋部分烟气走旁路，旁路挡板门可调）烘烤布袋后再做预喷涂，烘烤布袋的时间不得低于 48h（可根据除尘压差情况确定）或自然晾干。

⑥ 打开各个气室进风口手动调节阀，烟气缓慢进入各个气室。

⑦ 打开粉仓下料口的手动插板阀、星型卸料阀及输灰压缩空气系统。

⑧ 开始对除尘器预喷涂，先打开每个室的出风提升阀。

⑨ 在预喷涂过程中，所有气室的清灰定时器或脉冲阀应全部关掉，防止对滤袋清灰。

⑩ 持续向除尘器内喷入消石灰或滑石粉，直到每个室压力降增加值达到或超过 300Pa 为止。即使压力降超过增加值 300Pa，要根据风机的频率数值来判断 300Pa 的压差增加值是由滤料上的预喷涂造成的，而不是风量的增加造成的。

⑪ 预喷涂结束后，关闭预喷涂粉仓下料的星型卸料阀及电磁阀。

⑫ 如果环保设备和地下烟道共用一个烟囱，冷态喷涂时，可打开脱硫塔人孔门，拆开风机出口软连接，挡住烟囱进风口。冷态喷涂采用引风机抽空气＋吸附预喷涂物料方式进行，除尘器出口空气通过引风机出口膨胀节排出，冷态喷涂结束后，再重新安装引风机出口的软连接。

⑬ 除尘器启动初始，滤袋表面未形成完整的滤饼粉层，少量逃逸的细微粉尘将可能在烟囱口形成羽状烟。

4. 除尘器的运行

① 启动后，滤袋表面会形成滤饼层，除尘器就会在离线状态下进行清灰程序，为了减小窑压波动可以调整为在线清灰。

② 通常，除尘器性能的最佳显示就是除尘系统的压力降。压力降的突然升高或降低即意味着滤袋的堵塞、泄漏、阀不动作、清灰系统失灵或灰斗积灰过多。

③ 出于对滤袋的保护，除尘器进出口的压力降最高不得超过 2000Pa。

5. 滤袋的清灰

① 金属纤维滤袋除尘器的脉冲清灰控制采用定时控制方式，选择开关选定“自动”“定时”位置，系统满足定时控制条件后，先关闭 1# 室提升阀，1# 室清灰指示灯亮，开始喷吹，喷吹结束后打开 1# 提升阀，1# 室开始工作；间隔 20s 左右关闭 2# 室提升阀（重复 1# 室工作），依次完成所有仓室的清灰工作后进入下一周期，周期结束后再从 1# 室开始清

灰工序。

② 除尘器的清灰工序可以由操作人员在现场手动启动（如有设置就地控制箱）。

③ 当除尘器系统压差低于 800Pa，脉冲阀的脉冲宽度设置为 200ms，间隔时间 5min，循环周期 2h，当除尘器的压差超过 1200Pa 时，清灰循环周期设置 0.5h 或 1h（时间可调，可根据现场实际压差确定）。

6. 除尘器的关机

① 关机后，清除除尘器过滤室中的烟气，因为烟气中含有很多的水汽和其他可冷凝气体。

② 在除尘器冷却前对滤袋进行 3～5 次反吹清灰。

③ 将灰斗内的灰尘完全清空，关闭振打器或流化装置。

④ 关闭输灰系统，关闭清灰反吹系统。

⑤ 在离线的过滤室的进出风挡板门上悬挂标记并限位，防止人员在检修时突然打开。

⑥ 关闭引风机及冷却水进出口阀门，并排尽冷却水（针对冬天天气寒冷容易结冰地区）。

⑦ 关闭除尘器压缩空气系统，关闭除尘器进出口烟道挡板门。

7. 运行维护说明

除尘器的运行维护，须周期性地检查以促进“无故障操作”。

① 每天：对仓室压力降、阀、汽缸和进出风阀门的操作进行一次巡查，并至少每两小时记录一次，检查检测仪表就地和远传显示是否一致。

② 每周：对整个清灰循环系统进行观察，确认清灰循环、进出风挡板门的操作和 PLC 操作正常。检查门密封情况。

③ 每月：对所有的进出风阀门控制器、电磁阀、行程开关、电机和设备按其操作功能进行详细检查。

④ 每年：从每个气室中随机抽取一到两条滤袋，分析预测滤袋的使用寿命及需要的更换情况。

⑤ 一年一次：对除尘器各过滤室中花板在净气段可能的积灰、滤袋的状况、灰斗的积灰、电气元件的性能、各阀门的密封泄漏情况进行检查。

8. 除尘系统异常情况排查

（1）滤袋损坏的可能原因

① 高速气流中的大量灰尘粒子造成滤袋磨损。

② 灰斗积灰过高，滤袋长期被高温灰尘覆盖，烫坏滤袋。

③ 由于没有持续喷入小苏打或喷入的量不够，烟气中的煤焦油黏附在滤袋上，导致糊袋。

④ 滤袋安装垂直度不够，导致清灰时滤袋间的相互碰撞或滤袋和除尘器壁板的碰撞。

⑤ 防止烟温过低或温降过大导致温度低于酸露点，从而对滤袋造成腐蚀。

⑥ 防止过度的清灰及过大的清灰压力缩短滤袋的使用寿命。

（2）尘超标可能的原因及解决方法

① 旁路挡板门泄漏，检查旁路挡板密封不严实。

解决方法：检查挡板门密封条是否完好或更换密封条。

② 滤袋有磨损或掉袋的情况。

解决方法：更换布袋或掉的滤袋重新安装上。

③ 安装布袋和花板之间的配合不密实。

解决方法：按照要求重新安装布袋或修复花板。

④ 实际运行烟气量超过设计值，除尘器的过滤风速过高。

解决方法：减小烟气量或增加气室。

⑤ 花板或隔板焊接时有漏点。

解决方法：对花板或隔板的漏点重新补焊。

⑥ 系统漏风，氧含量过高，导致尘折算值不达标。

解决方法：检查系统的漏风点，对漏风点进行封堵。

⑦ 检查设备故障导致检测数据不准确。

解决方法：校对检测设备或第三方比对检测数据是否达标。

(3) 除尘器的压力降异常可能的原因及解决方法

① 除尘器压力降过低

解决方法：除尘系统可能有泄漏，检查烟囱是否冒烟、花板上是否有积灰。

② 过高的压力降：滤料堵塞、进出口挡板门故障、灰斗积灰过多、压差表的管路堵塞。

解决方法：检查滤袋是否糊袋，检查进出口挡板门是否非正常部分关闭，检查灰斗积灰情况，以及疏通压差表的引压管。

③ 清灰系统不能正常工作。

解决方法：检查吹灰系统是否正常工作。

④ 压差表显示不准确。

解决方法：检查压差表就地和远传是否一致，校对显示数值是否准确。

(4) 除尘器产生水汽的原因

① 除尘器室内的水汽现象，像锈斑，是水汽和热烟气中的酸的冷凝或从外面渗漏进来的。

解决方法：补焊漏点。操作温度的保温不够故造成热烟气冷凝而导致的，或因为过滤室的关闭时间过长且关闭时内部烟气温度过高，可以增加保温或纠正操作规程来消除这个问题。

② 挡板门、除尘器顶盖或卸灰阀的不正确紧固或密封垫引起的渗漏。

解决方法：正确紧固检查门，更换老化、变形的密封垫以解决检查门的渗漏。

(5) 电磁脉冲阀不动作的原因

① 膜片阀的故障可能是因为连续的激励、内部杂质堆积、膜片的过度磨损或磨损的火塞塞住了壳管。

解决方法：拆开脉冲阀膜片、清理积灰或更换膜片。

② 关闭故障的原因可能是激励信号太弱、线圈故障、内部杂质的堆积或活塞磨损过度。

解决方法：清理内部杂质或更换活塞。

③ 电磁操作或控制器有问题。

解决方法：需要更换电磁阀或控制器。

三、 脱硝系统主要运行规程

1. 氨水供应系统

(1) 氨水槽车卸载的准备

① 氨水罐已做渗水试验，确保氨水罐无泄漏。

② 氨水罐的液位远传和就地均显示正常。

③ 氨水罐顶的呼吸阀能够正常启闭。

④ 卸氨泵及相关管路安装结束，管路已经吹扫干净。

⑤ 卸氨泵就地和远程均运转正常。

(2) 氨水投加泵的启动

① 氨水投加泵通电成功，并能正常运转。

② 氨水投加泵的排气螺栓，排尽气体后才可启动氨水投加泵。

③ 就地确认氨水罐至氨水投加泵、泵出口至氨水罐上回流管道上的手动阀门全部打开，同时氨水喷射阀组阀门全部关闭。

④ 启动氨水投加泵。

⑤ 泵稳定后，缓慢开启喷射阀组上的主管路阀门。

⑥ 观察喷氨流量计，根据进出口氮氧化物数值，同时缓慢调节回流阀，调节氨水流量调节阀，使其满足机组 SCR 反应器氨水所需量。

备注：反应器入口烟气温度大于 200℃才能开启氨水投加泵。

(3) 氨水投加泵的停止

① 氨水投加泵回流管路阀门全部打开。

② 关闭氨水流量调节阀。

③ 关闭氨水投加泵，关闭泵进口阀门。

④ 所有氨水管路及氨水投加泵体内的氨水均需排空。

⑤ 关闭氨水管道上的所有阀门。

(4) 氨水流量调节

① 调节氨水流量调节阀开度。

② 调节氨水回流阀门开度。

2. 脱硝反应系统

(1) 脱硝系统启动前的准备

① 检查脱硝系统进出口及旁路挡板门开启、关闭是否正常。

② 检查脱硝反应器的进出口温度、压差就地与远传是否显示正常。

③ 吹灰系统逻辑编制结束，能按照设置要求正常吹灰。

④ 检查烟气温度是否达到 SCR 低温脱硝烟气温度设计条件。

(2) 脱硝系统的启动

① 打开脱硝系统出口和旁路挡板门，让烟气全部通过旁路烟道。

② 根据催化剂升温要求，缓慢关闭旁路挡板门，同时缓慢开启脱硝反应器入口挡板，反应器入口初始升温速率控制在 5℃/min，当反应器入口温度升至 200℃时可适当提高升温速率（升温的具体要求以催化剂厂家提供的升温曲线为准）。

③ SCR 低温脱硝，烟气温度一般升至 200℃时即可喷氨（特殊情况下独特设计的低

温催化剂低于200℃也可以喷氨）。

④ 开始清灰程序，经过除尘后再脱硝系统清灰周期可以设置为4～8h，设置的时间可根据实际运行压差进行调整，脱硝反应器的压差控制在800Pa以内。

（3）氨水喷射系统的启动

① 检查氨水喷枪是否堵塞。

② 检查氨水、压缩空气管路是否通畅。

③ 氨水喷枪的空气压力是否能达到设计要求（一般0.6MPa）。

④ 氨水调节阀是否正常启动。

⑤ 氨水流量计流量显示是否正常。

⑥ 喷枪空气管路及氨水管路上的压力表显示是否正常。

⑦ 拔出氨水喷枪，先调节氨水管路上的阀门开度，再调节空气管路的阀门开度，当氨水为雾化状时即可。

3. 反应器吹灰控制

（1）吹灰系统启动

① 检查吹灰系统的空气压力是否≥0.7MPa。

② 确认压缩空气总管至每层管网吹灰器上的管道手动阀门全打开。

③ 设定电磁阀间隔时间、层与层间隔时间、循环时间。

④ 分为自动、手动、单层启动。

a. 吹灰系统自动控制：点击自动按钮，再点击自动开始按钮。

b. 吹灰系统手动控制：点击电磁阀单个控制画面，单个电磁阀打开、关闭（没有时间间隔控制）。

c. 吹灰系统单层控制：先点击复位按钮进入初始状态。点击单层开始按钮，进入层的自动控制模式，层结束时，点击层的结束按钮，当前层吹灰完毕。逐层吹灰，同此步骤。

（2）吹灰系统的停止

停止所有吹灰器，并终止循环，关闭每层空气管路切断阀。说明：管网吹灰器的吹灰时间可根据设定时间调整。

4. 烟气挡板门操作

① 当烟气挡板门显示自动控制时，再点击手动开、关挡板门按钮即可实现远程控制。

② 当烟气挡板门显示就地控制时，在现场可以手动开关烟气电动挡板门。

③ 当烟气挡板门开到位或关到位时，电脑屏显亮。

备注：当SCR反应器出口挡板门开启时，烟气进口挡板门和旁路挡板门严禁同时关闭。

5. 控制系统的操作规程

（1）重要参数报警

点击报警画面按钮，自动弹出报警画面：温度、压差、CEMS排放浓度数值等报警。

（2）重要参数趋势图

点击趋势画面按钮，自动弹出趋势画面：温度、压差、喷氨量、CEMS排放浓度等数值的变化趋势。

6. 脱硝系统异常情况排查

（1）脱硝温度偏低可能原因及解决方法

① 原始烟气温度过低。

解决方法：要求业主尽可能提高烟气温度，或增加烟气加热装置。

② 烟气加热装置（如有）未能正常启动。

解决方法：开启燃烧机，加热烟气，将烟气温度升至脱硝反应的设计温度。

③ 烟气检测温度计显示不准确。

解决方法：校对温度计。

(2) 脱硝反应器压差增长过快可能的原因及解决方法

① 前端脱硫效果不达标，导致脱硝入口烟气中的二氧化硫浓度超过脱硝设计的要求，过量的二氧化硫在低温条件下催化剂的催化环境中与氨反应生成铵盐，造成催化剂堵塞。

解决方法：增加脱硫剂喷入量，降低脱硝入口中二氧化硫的含量。

② 前端除尘器效果不好，脱硝入口烟气中含尘量过高。

解决方法：检查除尘器的运行状况，检测除尘器出口含尘量是否达到设计要求。

③ 脱硝吹灰器安装高度不正确，吹灰效果不好。

解决方法：调整吹灰器安装高度，检查吹灰器喷吹管路是否堵塞。

④ 压差变送器引压管堵塞或变送器测量值不准确。

解决方法：校对压差变送器显示数值，检查引压管是否堵塞。

(3) 脱硝系统不达标可能原因及解决方法

① 烟气温度偏低，不能满足脱硝烟气温度基本要求。

解决方法：提高烟气温度或启动烟气加热装置。

② 催化剂表面积灰或煤焦油黏附在催化剂表面，影响催化剂的反应活性。

解决方法：检查除尘器运行状况及旁路是否漏气，检测除尘器出口烟气中含尘量及煤焦油含量是否超标，烟气中煤焦油含量应$<30mg/m^3$（标）。

③ 物料输送系统故障。

解决方法：检查氨水管路、阀门、喷枪及雾化效果是否良好等。

④ 压缩空气系统故障，导致喷枪雾化压力不够或气量不足。

解决方法：检查压缩空气压力是否达到设计要求、空气管路是否通畅。

⑤ 脱硝长期在低温下运行，导致催化剂中毒。

解决方法：提高烟气温度至360℃以上，激活催化剂的活性。

⑥ 脱硝系统入口氮氧化物浓度超过设计值。

解决方法：降低原始烟气中氮氧化物的浓度或加装催化剂并增加喷氨量。

⑦ 检查设备故障导致检测数据不准确。

解决方法：校对检测设备或第三方比对检测数据是否达标。

⑧ 氨水品质不合格。

解决方法：更换合格的氨水。

⑨ 氧含量过高导致排放浓度折算值超标。

解决方法：检查系统的漏风点，增加密封措施，降低烟气中的氧含量。

四、 引风机系统

1. 开车前的检查

① 风机出口挡板门应处于关闭状态或变频器开度处于低频位。

② 检查机壳、电机、联轴器附近、传动带防护装置等处，应无妨碍转动的杂物。

③ 检查轴承油箱的油位是否正常，油位应在最高与最低油位之间。

④ 检查电器控制器、指示器及仪表是否正常。

⑤ 联轴器或者皮带轮传动部分必须有防护罩。

⑥ 检查基础地脚螺栓，应保证紧固。

⑦ 通知电工有效切断风机电源，手动盘车转动叶轮一次至二次，确认叶轮无卡住和摩擦声，其他部件无卡顿现象。

⑧ 风机冷却水要正常供应。

2. 试车与正常开停车的操作

(1) 试车与正常开车的操作

① 通知电工送电，确认电气部分正常。点动检查叶轮旋向与标牌是否一致，各部位接线、仪表是否显示正常。检查有无漏水、漏油现象，有无异味、异响、振动、松动等异常现象，若有应排除后再行试开车。

② 开启引风机的进出口挡板门。风机启动正常后，逐渐开大调节阀门开度或提高变频器频率，直至达到要求负荷，运转过程中轴承温升不超过周围环境温度40℃，轴承表温不高于70℃。对新安装的风机满载荷试运转不少于2h，对修理后的风机满载荷试运转不少于0.5h。运行中发现流量过大或者电流过大，通过关小调节门或降低变频器频率进行调节，直至运行正常。

③ 根据生产要求或短时间内需要较小的流量时，可关小调节门或降低变频器频率进行调节，但是风机的温升不得超过设计使用要求。

(2) 停车操作

① 风机停车后关闭调节阀门或将变频器调整旋钮关至最小。

② 通知电工切断风机电源。

③ 若有冷却装置，必须待风机温度降至环境温度后关闭冷却水。

④ 排尽风机冷却水管路中的水，特别是轴承箱内的水（冬天天气温度较低的地区需要特别注意）。

3. 主要注意事项

在风机的开车、停车或运转过程中，发现下列不正常现象，必须紧急停车并进行检查。

① 发觉风机有剧烈的噪声。

② 轴承的温度剧烈上升。

③ 风机发生剧烈振动和撞击。

④ 对温度计及油标的灵敏性定期检查。

⑤ 除每次拆修后应更换润滑油外，正常情况下3～6月更换一次润滑油。检查轴承的油是否在最高与最低油位之间。

⑥ 风机安装在室外，要有防雨和防冻措施。

⑦ 对风机设备的修理，严禁在运转中进行。

⑧ 发现联轴器减振胶圈打烂或传动胶带拉长，出现打滑现象，应及时调整或更换。

五、系统停运操作

当系统停运时，对应系统设备应按正常程序停止运行，同时根据系统设备运行情况，在停运期间重点检查和维护保养相关设备与部位。

系统停运操作过程及注意事项一般如下。

① 停运氨水或氨气喷射系统。

② 缓慢关闭窑炉出口烟气电动挡板门，缓慢停运引风机，烟气解列至原有地下旁路烟道。

③ 催化剂吹灰器系统在烟气解列后继续正常吹扫约4h后停运。

④ 滤袋除尘器系统在烟气解列后继续正常喷吹约4h后停运。

⑤ 系统热态运行时脱硝催化剂层总体压差一般不高于800Pa并保持平稳状态，滤袋除尘器进出口压差一般不高于1200Pa并保持平稳状态，如有异常应在烟气解列后及时查找原因并予以解决。

六、 系统安全管理规程

1. 系统安全管理基本要素

① 在日常运行维护过程中严格监控系统所要求的温度、压力、液位、流量以及泵体、引风机等动力设备的运行状态，确保各设备及系统正常安全运行。

② 加强运行巡视，及时处理设备运行中的缺陷损伤等；保持现场照明系统、消防系统、应急系统等的正常投入；对使用频繁的监测仪表及设备应定期进行冲洗、校核。

③ 建立并执行系统运行记录及设备检修维护、更换修改记录，以及值班登记和交接班制度。

④ 在日常运行维护中，如遇突发故障，应沉着冷静做好设备的安全工作，切忌盲目乱动设备。

⑤ 日常事故处理完毕后，值班人员应将事故发生原因、过程以及处理的详细情况记入值班日志。

2. 系统安全管理规程

系统区域内主要的危险危害因素包括机械设备事故，电气设备的触电伤害，氨水、氨气管路及压缩空气泄漏，小苏打或消石灰粉体泄漏及扬尘，以及生产过程中的噪声、高空坠落等。主要的安全管理措施如下。

(1) 防火防爆

环保设施区域内应设置室内外消火栓，环保设施区域内的建筑物和设备根据消防设计规范设置移动式灭火器。

(2) 防腐蚀、防噪声伤害

对环保区域内的氨水管路、小苏打或消石灰粉体输送系统以及主要转动设备的噪声进行控制，防止药剂接触腐蚀以及长时间噪声所造成的伤害。

(3) 防电伤、防机械伤害

为保证电气检修人员和接近电气设备人员的安全，各种电压等级的电气设备的对地距离、操作走廊尺寸等严格按规程规定执行。

(4) 防坠落

环保设施区域内现场所有爬梯、平台以及罐体设备顶部应设置栏杆，并考虑防滑措施，以保证人员安全；对于相关工作场所及设备应设置必要的安全标志。

附录2 涂装工序挥发性有机物治理设施运行管理技术指南

一、 总则

① VOCs治理设施运行管理应符合《排污许可证申请与核发技术规范 总则》(HJ 942)第6.2.1条及排污许可证中规定的运行管理要求。

② VOCs治理设施应指定专职人员负责运行管理，保障治理设施正常运行，确保VOCs污染物稳定达标排放。

③ 企业应建立VOCs治理设施运行管理制度，并严格落实。运行管理制度应包括但不限于运行控制要求、故障（不正常运行）处理要求、记录与报告、责任人和工作要求等内容。

④ VOCs治理设施应设置明显标识，包括但不限于设备名称、流体走向、旋转设备转向、阀门启闭方向和定位等内容。

⑤ VOCs治理设施运行中的废气、废水、废渣、粉尘、噪声、振动等二次污染排放，应符合生态环境保护要求。

⑥ VOCs治理设施应安全运行，防止事故发生。

⑦ 企业应建立培训宣传机制，树立源头减排理念；对VOCs治理设施运行、维护、检修相关人员，培训其专业技能；推动各方共同参与VOCs治理设施的运行维护，持续优化管理水平，降低能耗物耗，不断减少VOCs排放量。

二、 运行控制要求

1. 运行程序

VOCs治理设施应在生产设施启动前开机；在生产设施运营全过程（包括启动、停车、维护等）保持正常运行；在生产设施停车后，将生产设施或自身存积的气态污染物全部进行净化处理后停机。

2. 控制指标

企业应根据生态环境保护要求以及相关的技术文件资料，设定VOCs治理设施正常运行的控制指标，控制指标应明确划定正常运行的范围限值，控制指标中温度、压力（压差）、时间和频率应连续测量并记录。VOCs治理设施的控制指标应包括但不限于附表2-1所列指标。

附表2-1 VOCs治理设施的控制指标

序号	设备和设施	控制指标
1	VOCs治理设施	处理风量
2	密闭排风设施	（即用）开口面积
3	局部排风设施	（即用）捕集距离

续表

序号	设备和设施		控制指标
4	换热器/冷凝器		出口温度
5	吸附床	热脱附再生式	(1) 吸附周期； (2) 脱附时间和温度
6		真空脱附再生式	(1) 吸附周期； (2) 脱附时间和压力
7		更换式	吸附介质更换周期
8	催化氧化器		催化（床）温度
9	热氧化炉		（炉膛）燃烧温度
10	洗涤器/吸收塔		喷淋液压力
11	变频控制排风机		电机频率

3. 巡视检查

① 企业应组织相关人员定期检查 VOCs 治理设施运行状况，巡视检查内容和相关说明参见附表 2-2。

② VOCs 治理设施巡视检查可采用感官判断（目视、鼻嗅、耳闻）、现场仪表指示值读取和信息资料收集、量具和便携式检测仪现场测量、现场采样实验室分析等方法。

③ VOCs 治理设施巡视检查频次，除总用电量瞬时值和累计值应连续测量之外，应不少于每班次或批次一次；污染物浓度的监测符合《排污单位自行监测技术指南 总则》(HJ 819—2017) 及排污许可证中规定的自行监测管理要求；非甲烷总烃的连续监测符合生态环境保护要求。

④ 企业应依据巡视检查结果对 VOCs 治理设施运行状况作出定性或定量评估。

附表 2-2 VOCs 治理设施巡视检查内容和相关说明

序号	设备和设施	巡视检查内容	相关说明
1	生产设施	生产设施运行负荷，如涉 VOCs 原辅材料物化特性和投用量资料、排风量、温度、湿度等	生产负荷变大，VOCs 治理设施运行负荷增大
2	VOCs 治理设施	总用电量、总燃料耗量、其他能源耗量	用电量、燃料等能耗变化，指征 VOCs 治理设施运行负荷变化
3	密闭排风设施	设施周边气味状况	气味变大，密闭性变差
		设施开口面积	开口面积变大，捕集效果变差
		设施内外压差	负压变小，逸散变多
4	局部排风设施	散发源周边气味状况	气味变大，捕集效果变差
		设施与散发源距离	距离变大，逸散变多
5	排风调节阀	开启位置	阀体位置不固定或无规则变动，处理风量波动大

续表

序号	设备和设施	巡视检查内容	相关说明
6	应急排放/旁通阀	启闭状况	开启或部分开启，直接排放变多或（野风进入）有效处理风量变少
7	颗粒过滤器	流程压差	流程压差变高，处理风量变少；流程压差变低，滤料短路或破损问题变大
8	冷却器/冷凝器	出口温度	出口温度变高，冷却/冷凝效果变差说明： （1）冷冻型冷凝器因换热器表面结霜和除霜，出口温度呈现规律性变化。 （2）冷凝器出口温度可表征出口浓度。由于冷凝器出口浓度可高达爆炸极限范围，便携式检测仪的探头会因静电成为火源，需谨慎进行现场实测
		冷却介质流量和压力	冷却介质流量变低、压力变低，冷却/冷凝效果变差
		出口温度与冷却介质进口温度的差值	差值变小，冷却/冷凝效果变差
		冷凝器的不凝性气体收集净化状况	收集净化变差，污染排放变多
		冷凝器的溶剂回收量	按月周期统计，回收量变少，冷凝效果变差
		蒸发型冷却器的喷嘴雾化状况	喷嘴雾化变差，冷却效果变差
		开式冷却系统的冷却水浑浊度	冷却水水质变浑浊，冷却效果变差
9	吸附床	吸附温度和湿度	吸附温度变高、湿度变大，吸附效果变差
		吸附周期	吸附周期变长，吸附效果变差
		流程压差	流程压差变低，吸附床局部短路问题变大；流程压差变高，吸附床局部堵塞问题变大
		脱附周期	脱附周期变短，脱附效果变差，吸附容量变小
		脱附尾气收集净化状况	收集净化变差，污染排放变多
		蒸汽/真空脱附压力和温度	蒸汽压力和温度变低，脱附效果变差，吸附容量变少；真空度变低，脱附效果变差，吸附容量变少
		蒸汽冷凝液分离尾气收集净化状况	收集净化变差，污染排放变多
		溶剂水溶液分离后水相曝气尾气收集净化状况	收集净化变差，污染排放变多
		溶剂回收量	按月周期统计，回收量变少，吸附、冷凝、分离性能变差
		转轮/桶型吸附床转速	转速变低，吸附周期变长，吸附能力变差；转速变高，脱附周期变短，脱附率变低，吸附容量变少

续表

序号	设备和设施	巡视检查内容	相关说明
9	吸附床	热气体脱附温度和流程压差	① 脱附温度变低，脱附率变低，吸附容量变少； ② 转轮/转筒吸附器脱附温度变高，相邻吸附区受热，吸附容量变少； ③ 脱附流程压差低，脱附风量变小，脱附率变低，吸附容量变少
		更换式吸附介质更换日期、更换量	更换日期延后，吸附失效；更换量短于设计填充量，实际吸附周期短于设计吸附周期
		吸附床内部积水、积尘状况	内部积水、积尘，吸附效果变差
		吸附床底座破损	底座破损，吸附介质流失，吸附周期受损，吸附效果变差
		吸附床装填高/厚度	高/厚度变低，吸附效果变差
10	催化氧化器	催化（床）温度	催化温度变低，催化效果变差
		催化床温升	催化床温升变小，污染物进口浓度变低或催化活性变低
		催化床出口温度	催化床出口温度变高，催化剂易高温受损，应急排放阀可能开启
		催化床流程压差	流程压差变高，催化床局部堵塞问题变大
11	热氧化炉	（炉膛）燃烧温度	燃烧温度变低，净化效果变差；燃烧温度变高，应急排放阀可能开启
		蓄热床流程压差	流程压差变大，蓄热床局部堵塞问题变大
		二床式蓄热床切换尾气控制状况	控制变差，污染排放变多
12	洗涤器/吸收塔	喷嘴雾化和布水均匀性状况	雾化及布水变差，局部堵塞或水压不足问题变大，净化效果变差
		循环液箱水位	水位波动幅度变大，净化效果变差
		洗涤/吸收液压力	压力变低，洗涤/吸收液流量变小，净化效果变差
		填料床流程压差	流程压差变大，填料局部堵塞问题变大，净化效果变差
		pH 值	酸碱性控制类吸收塔，pH 值变低或变高，化学反应条件变差，净化效果变差
		药剂添加周期和添加量	周期变长或添加量变少，化学反应条件变差，净化效果变差
		洗涤/吸收液更换周期和更换量	周期变长或更换量变少，化学反应条件变差，净化效率变差
		氧化还原电位（ORP）值	氧化反应类吸收塔，ORP 值过低或过高，化学反应条件不佳，吸收净化率低
		填料高度	填料高度变低，净化效果变差

续表

序号	设备和设施	巡视检查内容	相关说明
13	排风机	风机转动方向	转向逆反，排风量变小
		风机振动	叶轮锈蚀、磨损、物料黏附等引起振动变大，风量、风压变小
		皮带驱动型的皮带啸叫噪声	皮带啸叫，风量、风压缺失
14	排气筒	排气颜色、携带液滴和颗粒物状况	(1) 颜色变深、携带量变大，净化效果变差； (2) 热氧化类和催化氧化类设备排放携带可见物变多，燃烧器异常或存在燃烧产物凝结物问题变大，净化效果变差
		排气（下风向）气味	气味变大，净化效果变差
15	罩体/风管/设备	连接/密封处缝隙状况	缝隙变大，净化效果变差
		壳体变形	变形增大，处理风量变小
		壳体损坏、锈蚀	(1) 损坏、锈蚀多，疑散逸或野风大，净化效果变差； (2) 活性炭蒸汽脱附凝结液、溶剂回收液、含酸根的燃烧产物均可具腐蚀性，对设备本体或下游管道、部件造成锈蚀，净化效果变差
		隔振/隔声材料变形、脱落	变形脱落严重，防护性能缺失，净化效果变差
		绝热材料变形、脱落	变形脱落严重，保温防护性能缺失，净化效果变差

4. 维护保养

企业应组织技术人员按照相关产品资料、控制指标波动趋势以及巡视检查的评估结果，适时开展VOCs治理设施维护保养，维护保养工作不宜在运行期间进行，包括但不限于及时更换失效的净化材料、尽快修复密封点的泄漏以及损坏部件、按期更换润滑油及易耗件、定期清理设备与设施内的黏附物和存积物并对外表面进行养护。

三、 故障（不正常运行）处理要求

VOCs治理设施的控制指标，1h平均值超出正常工作范围限值，则判断为故障小时；VOCs治理设施持续存在12个故障小时，则判定为不正常运行，应立即进入停机程序，并在确保安全的前提下尽快停机；VOCs治理设施出现故障时应将故障报警信息及时发送至相关人员及当地生态环境管理部门，并在现场和远程控制端设置明显的故障标识；治理设施发生故障后应尽快检修，未修复前不应投入运行。

四、 记录与报告要求

VOCs治理设施的运行程序实施信息、控制指标运行数据巡视检查记录、维护保养台账和故障处理资料应予以保存，并符合《排污单位环境管理台账及排污许可证执行报告技术规范 总则（试行）》（HJ 944—2018）第4条及排污许可证中规定的环境管理台账要求；VOCs治理设施的故障等信息按法律、法规、规章等生态环境保护要求进行报告。VOCs治理设施基本信息与运行管理信息表参见附表2-3。

附表 2-3 VOCs 治理设施基本信息与运行管理信息表

设施名称	编码	设施型号	规格参数			运行状态			污染物排放情况			排气筒高度/m	排口温度/℃	副产物		药剂情况		
			参数名称	设计值	单位	开始时间	结束时间	是否正常	烟气量/(m^3/h)	污染因子	治理效率/%			名称	产生量	名称	添加时间	添加量/t

附录 3　玻璃窑炉烟气治理设备的日常运行、管理、维护操作的规章制度及操作规范

一、总则

为进一步加强环保设备的设施运行和监督管理，充分发挥环保设备设施的运行效率，提高环保设施在保护和改善环境中的作用，确保环保设施稳定高效运行，制定本制度。

本规定适用于环保设施及其辅助设备的运行和监督管理。

各类环保设备均为生产设施的重要组成部分，与生产设施一样纳入正常检修计划，同步运行，同步生产。

二、人员配置与职责

1. 人员配置

玻璃窑炉烟气治理设备的运行维护人员建议配置如附表 3-1 所列。

附表 3-1　人员配置表

<table>
<tr><th>班组</th><th colspan="3">各岗所需人员</th></tr>
<tr><td>1 班</td><td rowspan="3">班长 1 名</td><td>粉仓上料；复合陶瓷纤维一体化设备排灰；运行数据记录；巡检
至少 2 名</td><td>至少 3 人</td></tr>
<tr><td>2 班</td><td>粉仓上料；复合陶瓷纤维一体化设备排灰；运行数据记录；巡检
至少 2 名</td><td>至少 3 人</td></tr>
<tr><td>3 班</td><td>粉仓上料；复合陶瓷纤维一体化设备排灰；运行数据记录；巡检
至少 2 名</td><td>至少 3 人</td></tr>
</table>

2. 班长职责

① 负责全班安全生产，领导全班人员坚守岗位，履行职责。

② 每班接班后，交代本班安全注意事项；每班交班前召开交班会，简要通报本班所发生的情况。

③ 按时接班，认真、全面了解各系统运行方式、设备运行状况，以及粉仓存料、复合陶瓷纤维一体化设备排灰情况；召开接班会，布置、落实生产任务；根据不同的运行方式特点、天气变化作好事故预想。

④ 根据当班天气情况，做好事故预想；运行过程中，对现场设备、岗位人员的工作进行全面检查。

⑤ 监督并指导本班人员精心操作，认真监视，确保环保系统各设备按运行参数安全经济运行，做好有关记录。

⑥ 值班期间应督促各岗位人员对设备进行认真巡视检查，及时发现设备隐患，组织值班员将故障及时消除，将潜在事故处理在初始阶段；对危及设备运行的问题应亲自确认处理。

⑦ 当设备出现异常情况或故障时，应组织值班员及时处理，自己不能处理时，通知检修人员前来处理，将故障出现的时间、检修人员处理情况、处理结果、注意事项等记入运行日志，根据实际情况调整运行方式，确保系统正常运行。

⑧ 当班发生的缺陷应及时正确地记录，对检修人员处理完毕后的缺陷应认真验收。

⑨ 对清扫工布置有关任务，在设备运行过程中及时与清扫工沟通信息；当设备故障需清扫工清理时，应做好相应的安全措施，确保人身安全。

⑩ 做好班组建设及包干区域清洁卫生工作，督促清扫工做好现场卫生工作。

⑪ 班长是本班安全的第一责任者，组织班内各岗位人员开展安全活动、技术培训、合理化建议、劳动竞赛等。

⑫ 关心群众生活，加强班组思想政治工作，充分调动班组人员积极性，组织职工参加企业民主管理。

3. 操作人员职责

① 在班长直接领导下，在操作上受班长的指挥。

② 做好当班期间的设备定期巡检工作，对现场设备的安全稳定运行负责，发现缺陷及时汇报班长，得到班长确认后联系相关人员处理。

③ 按系统运行参数运行系统设备，负责协助脱硝脱硫除尘所属设备的安全、经济运行和日常维护工作。

④ 负责粉仓的上料及复合陶瓷纤维一体化设备的排灰操作。

⑤ 协助主值做好设备运行日志记录，内容翔实。

⑥ 做好各项定期工作、巡回检查、交接班、卫生清洁等工作。

⑦ 针对本部门的重要环境因素，制定有效的应急预案。

⑧ 严格执行各种法规、规程、制度。

⑨ 配合班长完成好本班的各项培训任务和其他临时性工作。

⑩ 离开岗位需经班长同意，离开后保证随叫随到。

三、 巡检制度

1. 巡回检查主要内容

① 检查 CEMS 系统运行情况：电气、仪表指示是否正常，报警联锁信号是否正确；温度、压力、流量、液位（料位）变化、排放指标是否符合工艺指标等。

② 检查设备运行情况：有无振动、异声；轴位移、油压是否正确；检查主油泵、轴瓦温度、轴承温度变化；检查电流、电机温度及信号指示装置是否正确；定期排放油水、冷凝液等。

③ 检查塔、罐、器、仓等的温度计、压力表、波位计（料位计）、振动器、输送管道是否正常并符合工艺指标。

④ 检查系统设备、管道、法兰、阀门等是否有“跑、冒、滴、漏”现象。

⑤ 每班必须全面检查每条生产线、每项内容，并与运行情况、监控系统对照检查结果。

2. 巡回检查周期

① 交接班前后必须全面检查一次。

② 班中原则上每两小时检查一次。

③ 重点设备、仪表、控制点应经常检查。

④ 异常情况应加强检查，并重点检查。

3. 巡回检查后处理

① 凡属正常操作范围内的波动，要及时调节处理。

② 机械故障、电气故障，能当时解决的，按操作规程即时解决。不能即时解决的，报班长或经理，协调专业人员或业主解决。

③ 影响整个系统正常运行、影响重要设备正常工作的异常情况，及时果断处理或立即报告经理并协助处理。

④ 将检查、处理的结果记录到运行记录中，并在交接班时做好口头交代。

四、 安全操作规定

① 进入生产场区必须佩戴安全帽。女工长发必须盘起放入安全帽内，不得穿裙装或有飘逸性、外露性的飘带或绳带的服装，不得穿高跟鞋进入生产场区。

② 高空（离地 1.5m 以上）作业必须系好安全带。

③ 工作时必须穿戴好劳动保护用品；卸灰操作、加料操作必须戴口罩、防护眼镜、耳塞、防护手套。

④ 熟知厂区及环保设备的禁明火、有毒、有电等区域，严格执行相关区域的禁止吸烟、禁动明火、用电防护、禁打电话、戴防毒面具等规定。

⑤ 掌握急救方法。熟知清洗水源、备用药品、电源开关、灭火器等的位置，并熟练使用。

⑥ 不准高空抛物，应用绳子或钢绳吊放有关物体并有专人监管。

⑦ 严格执行检修挂牌制度，谁挂牌谁取走，其他人不得擅取；运输带、刮板机等检修时必须切断电源开关，带电设备的检修必须有效切断电源后进行；必要时还应指定专人看守。

切断电源的标准：a. 拉下闸刀、开关或拔掉插头；b. 验电证明无电；c. 挂牌。

⑧ 在明电线附近工作，必要时切断电源，挂牌及留专人看守，注意不准攀摸及接触明电线。

⑨ 电气设备起火时，应用二氧化碳或干粉灭火器灭火，不能用水灭火，同时立即切断电源，并通知电工负责处理。

⑩ 设备运转时，操作者应注意倾听机械运转声是否正常，发现异响时应立即停车，查明原因后恢复正常运行。

⑪ 严禁操作工擅自处理电气、机械设备故障。

参考文献

[1] 宁可，孙晓峰，王均光．我国日用玻璃行业碳排放特征及减排措施［J］．环境科学研究，2022，35（7）：1752-1758.

[2] 宁可，孙晓峰，陈达，等．日用玻璃行业窑炉烟气治理技术与工程实例［J］．中国环保产业，2022，289（7）：22-25.

[3] 李明，彭海军，路晓锋，等．金属纤维袋除尘器在玻璃窑炉烟气治理中的应用［J］．玻璃，2020，47（1）：56-59.

[4] 唐黎标．玻璃行业烟气综合治理技术的现状和发展探析［J］．玻璃与搪瓷，2019，47（5）：45，53-55.

[5] 刘海伦，司志娟，刘辉．SCR法烟气脱硝液氨区消防设计要点［J］．化学工程与装备，2019（1）：285-287.

[6] 叶轶．欧洲玻璃联盟及其脱碳方略［J］．玻璃纤维，2022（3）：42-45.

[7] 范银华，丁浩，王玉珍，等．佛山市某玻璃制造企业职业病危害现况［J］．职业与健康，2017，33（22）：3034-3036.

[8] 吴娇．浮法玻璃企业职业病危害因素识别与防治［J］．玻璃，2020，47（9）：41-44.

[9] 中国建筑材料联合会．水泥行业碳减排技术指南、平板玻璃行业碳减排技术指南［EB/OL］．2022-11-4.

[10] 耿海堂，高云飞．玻璃熔窑电助熔［J］．玻璃，2004（1）：8-39，42.

[11] 王晓轩，武绍山，赵恩录，等．玻璃窑炉污染预防技术与低排放节能窑炉设计［J］．玻璃，2020，47（1）：16-19.

[12] 崔兴光，王均光，沈建兴，等．玻璃窑炉节能减排技术改造及应用［J］．玻璃搪瓷与眼镜，2022，50（4）：10，24-29.

[13] 资双德．日用玻璃生产企业碳中和路径研究［J］．中国资源综合利用，2022，40（7）：181-183.

[14] 刘云相，臧金秋，杨传玺，等．干法脱硫技术在日用玻璃窑炉烟气治理中的应用［J］．科技创新与应用，2022，12（27）：1-5.

[15] 黄健．平板玻璃行业排污许可证执法废气现场检查要点研究［J］．绿色环保建材，2021（3）：36-37.

[16] 刘文彬，赵军，周琳秋，等．玻璃工厂环境影响评价需注意的几个要点问题［J］．玻璃，2009，36（10）：45-48.

[17] 宁可．日用玻璃行业炉窑烟气治理技术及发展趋势蓝皮书（2021）［R］．北京：北京市科学技术研究院资源环境研究所，2022.

[18] 全国碳排放管理标准化技术委员会．GB/T 32151.7—2015 温室气体排放核算与报告要求 第七部分：平板玻璃生产企业［S］．北京：中国标准出版社，2015.

[19] Schmitz A，Kaminski J，Scalet B M，et al. Energy consumption and CO_2 emissions of the European glass industry［J］．Energy policy，2010，39（1）：142-155.

[20] Larsen A W，Merrild H，Christensen T H. Recycling of glass：Accounting of greenhouse gases and global warming contributions［J］．Waste management & research，2009，27（8）：754-762.

[21] 王双龙，郭新生．浅谈玻璃原料质量对熔化的影响［J］．山西建材，1996（4）：22-24.